信息技术应用创新丛书

FPGA开发及应用

基于紫光同创Logos系列器件及Verilog HDL

微课视频版

龙海军　马　瑞◎编著

清华大学出版社

北京

内 容 简 介

本书以紫光同创公司的 FPGA 为例,全面系统地讲述了基于可编程逻辑器件的设计方法,结合实践讲解了大量的典型实例,便于读者理解和演练。书中从国内企业生产的 EDA 工具的使用到 FPGA 应用设计,再到 Cortex-M1 软核处理器的设计与应用,几乎涉及 FPGA 开发设计的所有知识,具体内容包括紫光同创 FPGA 芯片介绍、Pango Design Suite 开发工具概述、Verilog 语言、基本逻辑电路设计、ModelSim 仿真、IP 介绍、大量实例讲解、Cortex-M1 设计开发等。

本书可作为 FPGA 开发初学者及工程技术人员的参考用书,也可作为电子信息工程、计算机科学与技术等相关专业本科生、研究生的教材。

图书在版编目(CIP)数据

FPGA 开发及应用:基于紫光同创 Logos 系列器件及 Verilog HDL:微课视频版/龙海军,马瑞编著.—北京:清华大学出版社,2022.8(2025.2重印)
(信息技术应用创新丛书)
ISBN 978-7-302-61037-3

Ⅰ.①F… Ⅱ.①龙… ②马… Ⅲ.①可编程序逻辑器件－系统开发－高等学校－教材 Ⅳ.①TP332.1

中国版本图书馆 CIP 数据核字(2022)第 099523 号

责任编辑:刘 星 李 晔
封面设计:刘 键
责任校对:郝美丽
责任印制:刘 菲

出版发行:清华大学出版社
  网 址:https://www.tup.com.cn,https://www.wqxuetang.com
  地 址:北京清华大学学研大厦 A 座 邮 编:100084
  社 总 机:010-83470000 邮 购:010-62786544
  投稿与读者服务:010-62776969,c-service@tup.tsinghua.edu.cn
  质量反馈:010-62772015,zhiliang@tup.tsinghua.edu.cn
  课件下载:https://www.tup.com.cn,010-83470236
印 装 者:三河市铭诚印务有限公司
经 销:全国新华书店
开 本:186mm×240mm 印 张:22.5   字 数:509 千字
版 次:2022 年 10 月第 1 版   印 次:2025 年 2 月第 4 次印刷
印 数:3801~3950
定 价:89.00 元

产品编号:094788-01

序

FPGA 是 Field Programmable Gate Array 的缩写,翻译过来为"现场可编程门阵列"。这个名字很有距离感,不太容易理解其意思。其实,简单来说,FPGA 就是一类通用数字芯片,芯片的功能是由用户自定义的。这就好比一张白纸,用户在纸上画画,可以精雕细琢,也可以推倒重来。这张白纸就好比是 FPGA 的硬件,画笔就好比是 FPGA 的 EDA 软件工具,用户通过画笔让自己的构思跃然纸上,用户不需要每个细节都一笔一画勾勒,已经画好的单元就好比可重用的 IP,最终由硬件、软件和 IP 携手呈现出来的作品,就是针对某个特定应用场景的芯片级解决方案。

技术进步推动新兴市场发展,而技术方案本身需要硬件载体来实现。在技术迭代过程中,FPGA 兼具 CPU 和 ASIC 的性能,成为最佳的技术验证和迭代的载体,也是实现技术方案差异化的利器,特别是在通信领域,可以说 FPGA 是推动每一次新一代通信技术产业化的急先锋。同时,不论是系统厂商还是芯片厂商都认识到,在系统用量达到海量之前,相比 ASIC 的设计周期、NRE 成本和流片失败风险,FPGA 能够实现最短的上市时间、维持更佳的性价比、提供超长的生命周期。因此,FPGA 既是新技术和新市场的催化剂,也是数字芯片领域的"万金油"。

正因为如此,自 1984 年由 Xilinx 发明以来,FPGA 一直紧跟摩尔定律,通过采用最先进的制造工艺,追求最优的性能和功耗,以满足新技术应用的要求。FPGA 的产品形态,由最初单纯的可编程逻辑单元,逐步开始集成存储器、DSP、高速 Serdes 等丰富的片上资源。2010 年左右,SoC FPGA 形态诞生,标志着集成 CPU 的多核异构系统可编程平台开始启航。2015 年以来,在 5G 通信、大数据和人工智能推动下,FPGA 开始集成应用处理器、实时处理器、神经网络、图像视频、射频等专用异构引擎,软件工具链及其所囊括的应用生态,成为链接底层硬件加速和上层应用开发的关键,FPGA 由此成为与 CPU、GPU、DPU 同台竞技的计算加速方案之一。随着全球前两大 FPGA 厂商 Altera 和 Xilinx 相继被 Intel 和 AMD 收购,在通用计算和计算加速领域,基本形成 Intel、AMD 和 Nvidia 三大阵营的局面。

中国的 FPGA 产业发展较晚,与国外厂商相比,在各方面还存在较大差距,目前还处于中低端领域的替代阶段,应用生态的构建以及基于应用生态的自我迭代,仍然任重道远。感谢本书作者和清华大学出版社,能够及时出版这样一本优质的基于紫光同创 FPGA 的图书，希望本书能够帮助广大 FPGA 爱好者和工程师熟悉紫光同创的器件和开发环境，共同营造基于国产 FPGA 的应用生态，携手共创属于国产 FPGA 的未来！

吕 喆

深圳市紫光同创电子有限公司市场总监

2022 年 6 月于深圳

前言

在中国 FPGA 市场中，早已形成 Xilinx（现已被 AMD 公司收购）和 Altera（现已被 Intel 公司收购）主导的局面，两者市场占比高达 52％和 28％，从技术到知识产权等方面，国内企业生产的 FPGA 厂商都面临着不小的挑战。正如一位专业人士表示："国内企业生产的 FPGA 目前仍处于起步阶段，企业在判断 FPGA 器件性能时，重点不在于看 FPGA 器件有多少 LUT（查找表），这种硬件堆砌的模板设计难度并不大，配套的 EDA 软件和相应的 IP 才是选择 FPGA 性能的重要参数。如 LUT 可以达到多少利用率，时钟网络能否很好地适配，器件对应的 IP 是否稳定，兼容性如何，等等，这些方面才是国内企业的 FPGA 需要提升的重点。"

紫光同创公司的产品拥有独立自主、完整可控的产业链。在通信、工业和消费等领域的 FPGA、CPLD 芯片实现了量产发货，并且与多家行业内的知名企业建立了合作关系，包括推出 ARM Cortex-M1 软核解决方案、专业的低成本评估和学习开发板卡套件、针对各垂直领域的 IP 解决方案等。同时，紫光同创也在积极推动与新兴市场，比如人工智能和数据中心加速器等领域的专业方案商的战略合作，推进大学计划培育国内企业的 FPGA 开发生态，扩展与高校的产学研合作模式，与客户和合作伙伴携手推动基于国内企业 FPGA 方案的创新，并逐步得到国内 FPGA 应用生态的认可。

在挑战中寻求机遇，在封锁中突破重围。国内企业的 FPGA 想要立足，必须搭建完整的生态系统，其中 EDA 软件、丰富的 IP 库、材料、设备等缺一不可。只有建设完善的生态系统，才能灵活应对不同的应用场景和市场环境。

本书以紫光同创公司的 FPGA 为例，全面系统地讲述了基于可编程逻辑器件的设计方法。本书讲解了大量的典型实例，便于读者理解和演练。

【本书特色】

（1）提供大量源代码，学习效果好。本书分享了大量的程序源代码并附有详细的注解，有助于读者的理解，提高学习效率。这些源代码可以在配套资源中下载。

（2）内容全面，由浅入深。本书从 FPGA 技术的基础开始讲解，如语法、仿真、IP 介绍等，然后逐步深入到大量的设计实例，最后深入到 Cortex-M1 软核处理器的高级开发技术及应用。内容由易到难，讲解由浅入深，循序渐进。

（3）实例丰富，源于工程。本书从应用的角度出发，通过大量的工程实例，帮助读者更好地理解各种概念和开发技术，体验实际编程，迅速提高开发水平。

视频讲解

【本书内容及结构】

第1～6章为FPGA基础知识， 主要内容包括Pango Design Suite软件的基础知识和使用方法、Verilog语言的基础知识、使用Verilog语言描述基本逻辑电路的方法、简单实验、ModelSim仿真以及国内企业自主IP介绍。

第7～9章为FPGA实例开发， 由基础实验、进阶实验及综合实验组成，主要内容包括串口、HDMI显示、DDR读写、ADC采集、摄像头采集显示、数码相框、千兆以太网通信、光纤通信、简易逻辑分析仪设计、摄像头采集传输显示系统设计，设计实例由浅入深，便于读者学习。

第10章为FPGA软核应用开发， 主要内容包括Cortex-M1软核处理器的基础知识、基于Pango Cortex-M1软核的程序设计、基于Keil5的Cortex-M1应用工程设计以及串口、中断、I^2C、SPI及数据采集等设计实例。

【配套资源】

- 程序代码、原理图、开发软件及驱动、用户手册等，扫描下方二维码或者到清华大学出版社官方网站本书页面下载。

资源下载

- 微课视频（600分钟，40集），扫描正文中各章节相应位置的二维码观看。

本书能够顺利出版要感谢FPGA厂家紫光同创公司给予的关心和大力支持；感谢徐志武、刘东辉等同志在此书上付出的努力；感谢编辑部同志默默无闻的工作，他们均提出了宝贵的意见和建议，在此表示衷心的感谢！

由于编者水平有限，时间比较仓促，书中难免有错误和疏漏之处，恳请读者指正。

编　者

2022年6月于上海

目录

微课视频清单

视频名称	时长/min	书中位置
1-书籍内容简介和开发板硬件介绍	5	前言
2-PDS 和 Modelsim 安装	7	2.1 节节首
3-LED 流水灯工程设计	24	2.2 节节首
4-Verilog 基础语法 1	17	3.1 节节首
5-Verilog 基础语法 2	15	3.3 节节首
6-Verilog 基础语法 3	25	3.4 节节首
7-格雷码编码器	8	4.1 节节首
8-异步清零加法器	9	4.2 节节首
9-数码管显示	10	4.3 节节首
10-乘法器	9	4.4 节节首
11-基本触发器	7	4.5 节节首
12-四位全加器	10	4.6 节节首
13-表决器	7	4.7 节节首
14-抢答器	9	4.8 节节首
15-序列检测器	9	4.9 节节首
16-数字频率计	17	4.10 节节首
17-数字时钟	14	4.11 节节首
18-RAM 介绍	19	6.1 节节首
19-ROM 介绍	13	6.2 节节首
20-FIFO 介绍	17	6.3 节节首
21-PLL 介绍	10	6.4 节节首
22-添加 IP	11	6.5 节节首
23-按键消抖	13	7.2 节节首
24-串口通信	16	7.3 节节首
25-HDMI 显示	28	7.4 节节首
26-DDR 读写测试	22	7.5 节节首
27-摄像头采集显示	18	8.1 节节首
28-数码相框显示	35	8.2 节节首
29-模数采集显示	18	8.3 节节首
30-千兆以太网通信	46	8.4 节节首
31-逻辑分析仪设计	23	9.1 节节首
32-软核介绍	23	10.2 节节首
33-应用工程创建	21	10.3 节节首

续表

视频名称	时长/min	书中位置
34-Hello World	8	10.4 节节首
35-LED 流水灯	8	10.5 节节首
36-用户中断	6	10.6 节节首
37-SPI 读写实验	8	10.7 节节首
38-串口收发实验	8	10.8 节节首
39-I^2C 实验	10	10.9 节节首
40-综合实验	17	10.10 节节首

第1章

FPGA 芯片及板卡介绍

1.1 FPGA 技术发展及基本架构

FPGA(Field Programmable Gate Array,现场可编程门阵列)是在 PAL、GAL、CPLD 等可编程器件基础上发展的产物,是一种可灵活编程、自主设计功能的集成电路,既可以弥补定制电路的不足,又克服了原有可编程器件门电路数有限的缺点,灵活配置、大规模集成化是其一大特点。

FPGA 到底能做什么? 对于不了解 FPGA 的人来说,FPGA 是比较抽象的,不知道与 CPU/MCU 的区别。有这样一个例子描绘得比较生动,CPU/MCU 好比是已刻录的 CD,一旦刻录好了是无法修改的,功能就固定不变了,而 FPGA 则好比是一个 U 盘,你今天复制这个文件,明天也可以复制那个文件,功能可以自己定制。

经过这些年的发展,一提到 FPGA 厂家,就会想到美国。现在格局是美国主导,四大巨头 Xilinx、Intel、Lattice、Microsemi 割据的局面。2020 年上半年 Xilinx 在全球 FPGA 市场的占有率达到 49%,四大巨头共占据 96% 的市场份额,如图 1-1 所示。

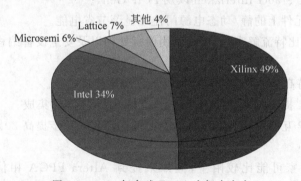

图 1-1 2020 年全球 FPGA 市场占有率

1.1.1 FPGA 的发展

1. Xilinx FPGA

由于工艺的更新与升级,Xilinx 目前主要产品有四个工艺等级。通常情况下,Xilinx 的产品每个工艺都会有 Spartan、Artix、Kintex 和 Virtex 四个族，如表 1-1 所示。

表 1-1　Xilinx 目前主要产品的四个工艺等级

工艺等级	产　　品			
45nm	Spartan-6			
28nm	Virtex-7	Kintex-7	Artix-7	Spartan-7
20nm	Virtex UltraScale	Kintex UltraScale		
16nm	Virtex UltraScale+	Kintex UltraScale+		

（1）45nm 工艺的产品只有 Spartan-6，其余系列产品均已"下架"，随着 Spartan-7 进入量产阶段，Spartan-6 的使命即将完结。

（2）28nm 工艺的 7 系列芯片目前应用得比较多，可以说是主流产品，Virtex-7、Kintex-7 主要针对客户强调性能时选择；其他客户对性价比有要求时更倾向 Artix-7、Spartan-7。

（3）20nm 的 Virtex UltraScale 与 Kintex UltraScale，从名字上就可以理解，即超规模的 Virtex 与 Kintex，说明其规模、性能、功耗都有优化。

（4）16nm 的工艺有 Virtex UltraScale+ 与 Kintex UltraScale+，与上面类似。

什么是 UltraScale 架构？UltraScale 架构的创新总结起来有如下几点。

（1）面向 90% 利用率的新一代布线方法、类似 ASIC 时钟和逻辑基础设施的增强。

（2）高速存储器串联有助于消除 DSP 和包处理的瓶颈。

（3）增强型 DSP Slice 整合 27×18 位乘法器和两个加法器，可显著提升定点及 IEEE Std 754 浮点运算性能与效率。

（4）3D IC 芯片间带宽的阶梯函数增长可实现虚拟单片设计。

（5）大量 I/O 带宽再加上通过多个集成型 ASIC 级模块实现的显著时延减少，可为 100Gb/s 以太网提供 RS-FEC、150G Interlaken 以及 PCIe Gen4。

（6）各种功能元件上的静/动态电源门控可显著节省电能。

（7）通过 AES 比特流解密与认证、密钥模糊处理以及安全设备编程等高级方法实现新一代安全应用。

（8）DDR4 支持高达 2666Mb/s 的大容量存储器接口带宽。

（9）UltraRAM 提供大容量片上存储器，支持 SRAM 器件集成。

（10）创新性 IP 互联优化技术可将性能功耗比优势进一步提高 20%～30%。

2. Intel FPGA

Intel FPGA 大家可能比较陌生，但如果提到 Altera FPGA 相信大部分人都知道，Altera 与 Xilinx 是 FPGA 行业的两大巨头。2015 年，Intel 斥巨资收购了 Altera，从而改名为 Intel FPGA。其工艺与 Xilinx 相近，可以找到大部分与 Xilinx 对标的产品，主要有如下系列：

（1）Cyclone 系列——中低端应用，容量中等，可满足一般的逻辑设计。

（2）Stratix 系列——侧重于高性能应用，容量大，使用 Stratix 设计 ASIC 的原型，然后用 HardCopy 器件无缝移植。

（3）Arria 系列——适合高性能计算应用。

3. Lattice FPGA

Lattice 公司 2019 年被 Canyon Bridge 公司收购，目前 Lattice 公司的产品主要如下：

（1）针对低端市场的低成本 FPGA Lattice ECP2/M。

（2）针对高端市场的系统级高性能 FPGA Lattice SC/M。

（3）带嵌入式闪存的非易失性 FPGA Lattice XP 和 MachXO。

（4）混合信号 PLD ispClock 和 Power Manager Ⅱ。

4. Microsemi FPGA

Microsemi FPGA 就是原来的 Actel FPGA，Actel 公司的 FPGA 主要用在美国军工和航空领域，禁止对外出售。Actel 是 Flash 架构的 FPGA（而 Intel 和 Xilinx 的都采用 SRAM 架构，掉电后数据丢失），其 Flash 架构的优点是 SRAM 架构的 FPGA 不能比拟的，这是 Microsemi FPGA 优势所在。

1.1.2 FPGA 内部结构

虽然各个厂家生产不同的 FPGA，但 FPGA 内部结构大同小异，这里以 Xilinx 一款简单 FPGA 芯片为例进行介绍，其内部结构如图 1-2 所示。

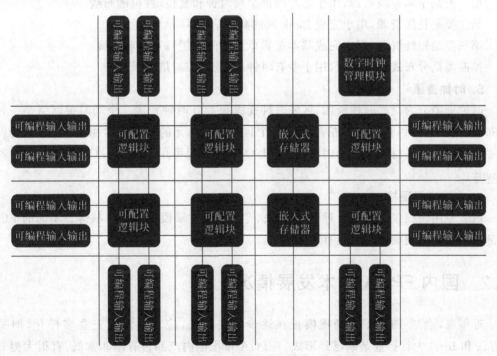

图 1-2 FPGA 内部结构

1. 可编程的输入/输出单元

可输入/输出单元(IOB)支持不同的 I/O 引脚配置：I/O 标准、单端或差分、电压转换速率和输出强度、上拉或者下拉电阻、数控阻抗，可以使用 IODELAY 元件做输出延迟。

2. 可配置逻辑块

可配置逻辑块(Configure Logic Block,CLB)是实现各种逻辑功能的电路，是 Xilinx 基本逻辑单元。在 Xilinx FPGA 中，每个可配置逻辑块包含 2 个 Slice。每个 Slice 包含查找表(LUT)、寄存器、进位链和多个多数选择器构成。可配置成移位寄存器，或者 ROM 和 RAM。逻辑片中的每个寄存器可以配置为锁存器使用。

3. 嵌入式存储器

Xilinx FPGA 的嵌入式存储器(BRAM)有两种类型：专用 Block RAM(BRAM)和可配置成为分布式 RAM 的 LUT。BRAM 是双端口的 RAM，可支持同步读写操作，两个端口对称且完全独立，共享数据，每个端口可以根据需要改变其位宽和深度。BRAM 可以配置为单端口 RAM、双端口 RAM、内容可寻址存储器(CAM)以及 FIFO 等。

4. 布线资源

布线资源用来连通 FPGA 内部的所有单元。FPGA 内部有着丰富的布线资源，可分为如下几类。

第一类是全局布线资源，用于芯片内部全局时钟和复位/置位的布线。

第二类是长线资源，用于完成 Bank 间的高速信号。

第三类是短线资源，用于完成基本逻辑单元之间的逻辑互联和布线。

第四类是分布式布线资源，用于专有时钟、复位等控制信号线。

5. 时钟资源

时钟资源分为全局时钟资源、区域时钟资源和 I/O 时钟资源。全局时钟网络是一种全局布线资源，它可以保证时钟信号到达各个目标逻辑单元的时延基本相同；区域时钟网络是一组独立于全局时钟网络的时钟网络；I/O 时钟资源可用于局部 I/O 串行器/解串器电路设计。

6. 内嵌专用硬核

内嵌专用硬核包括时钟管理 DSP 模块、专用的收发器模块、ARM 核等。不同的 FPGA 内部包含的专用硬核模块可能有所不同。

1.2　国内 FPGA 技术发展情况

近年来，全球 FPGA 市场规模正在逐步稳定增长，应用领域也正在多样化，但是以 Xilinx 和 Intel 为首行业垄断已经形成。FPGA 市场国内产品占有率非常低，有很大提升空间。近年来，国内 FPGA 的厂家主要有高云半导体、京微齐力、上海安路信息科技有限公司、紫光同创等。

1. 高云半导体

高云半导体是国内一家从事现场可编程逻辑器件设计的研发公司。2015年推出国内第一块产业化的55nm工艺中密度FPGA芯片，2016年推出55nm嵌入式Flash＋SRAM的非易失性FPGA芯片，也正在推出28nm的中低密度的产品。

2. 京微齐力

京微齐力是较早进入自主研发、规模生产、批量销售通用FPGA芯片及新一代异构可编程计算芯片的企业之一。其产品将FPGA与CPU、MCU、Memory、ASIC、AI等多种异构单元集成在同一芯片上，资料显示公司侧重于新一代面向人工智能/智能制造等应用领域的AiPGA芯片（AI in FPGA）、异构计算HPA芯片（Heterogeneous Programmable Accelerator）、嵌入式可编程eFPGA IP核（embedded FPGA）三大系列产品。

3. 上海安路信息科技有限公司

上海安路信息科技有限公司主要专注于为客户提供高性价比的可编程逻辑器件、可编程系统级芯片（SoC）、定制化可编程芯片及相关软件设计工具和创新系统解决方案。公司目前已形成Elf系列CPLD、Eagle系列低成本FPGA、Phoenix系列高性能FPGA、集成SDRAM SIP FPGA等产品。

4. 紫光同创

紫光同创全称深圳市紫光同创电子有限公司，系紫光集团下属紫光国微的子公司，专业从事可编程逻辑器件（FPGA、CPLD等）研发与生产销售工作，产品市场覆盖通信网络、信息安全、人工智能、数据中心、工业物联网等领域。该公司产品有Titan系列、Logos系列以及最近的28nm工艺的Titan2系列、Logos2系列，资源规模覆盖50～700 000个查找表，Serdes速率超过12.5Gb/s，支持多种高速DDR协议接口，是目前国内最高性能自主产权FPGA产品，已广泛应用于通信、信息安全等领域。

从这几年国内FPGA的应用情况来看，国内的FPGA的厂家技术实力相当，产品工艺及技术与国外相比落后不少。但从好的方面来看，近年来国家层面向企业提供的支持以及国外FPGA方面人才的引进，使得国内在这一领域发展比较迅速。

1.3 紫光同创FPGA芯片介绍

紫光同创在国内FPGA厂家中比较有影响力，近年来在技术研发方面投入比较多，FPGA品种也比较齐全，覆盖了低、中、高端三大系列产品。本书选用紫光同创的FPGA Logos系列进行介绍。

1.3.1 Logos系列FPGA概述

Logos系列可编程逻辑器件是紫光同创推出的全新低功耗、低成本FPGA产品，采用了完全自主产权的体系结构和主流的40nm工艺。Logos系列FPGA包含创新的可配置逻辑模块（CLM）、专用的18Kb存储单元（DRM）、算术处理单元（APM）、多功能高性能I/O以及丰富的片上时钟资源等模块，并集成了存储控制器（HMEMC）、模数转换模块（ADC）

等硬核资源,支持多种配置模式,同时提供位流加密、器件 ID(UID)等功能以保护用户的设计安全。Logos 系列 FPGA 广泛适用于视频、工业控制、汽车电子和消费电子等多个领域。

1.3.2　Logos 系列 FPGA 产品特性

1. 低成本、低功耗

(1) 低功耗、成熟的 40nm CMOS 工艺。

(2) 低至 1.1V 的内核电压。

2. 支持多种标准的 I/O

(1) 多达 308 个用户 I/O,支持 1.2V、1.5V、1.8V、2.5V、3.3V I/O 标准。

(2) 支持 HSTL、SSTL 存储接口标准。

(3) 支持 MIPI D-PHY 接口标准。

(4) 支持 LVDS、MINI-LVDS、SUB-LVDS、SLVS(MIPI 二线电平标准)、TMDS(应用于 HDMI、DVI 接口)等差分标准。

(5) 可编程的 I/O 缓冲器,高性能的 I/O 逻辑。

3. 灵活的可编程逻辑模块 CLM

(1) LUT5 逻辑结构。

(2) 每个 CLM 包含 4 个多功能 LUT5 和 6 个寄存器。

(3) 支持快速算术进位逻辑。

(4) 支持分布式 RAM 模式。

(5) 支持级联链。

4. 支持多种读写模式的 DRM

(1) 单个 DRM 提供 18Kb 存储空间,可配置为 2 个独立的 9Kb 存储块。

(2) 支持多种工作模式,包括单口(SP)RAM、双口(DP)RAM、简单双口(SDP)RAM、ROM 以及 FIFO 模式。

(3) 双口 RAM 和简单双口 RAM 支持双端口混合数据位宽。

(4) 支持正常写、透传写以及读优先写模式。

(5) 支持 Byte-Write 功能。

5. 高效的算术处理单元 APM

(1) 每个 APM 支持 1 个 18×18 运算或 2 个 9×9 运算。

(2) 支持输入/输出寄存器。

(3) 支持 48 位累加器。

(4) 支持 Signed 以及 Unsigned 数据运算。

6. 集成存储控制器硬核 HMEMC

(1) 支持 DDR2、DDR3、LPDDR。

(2) 单个 HMEMC 支持 x8、x16 数据位宽。

(3) 支持标准的 AXI4 总线协议。

(4) 支持 DDR3 写入均衡和 DQS 门控训练。

（5）DDR3 最高速率达 800Mb/s。

7. 集成模拟数字转换器（ADC）硬核

（1）10 位分辨率、1MSPS（独立 ADC 工作）采样率。

（2）多达 12 个输入通道。

（3）集成温度传感器。

8. 丰富的时钟资源

（1）支持 3 类时钟网络，可灵活配置。

（2）基于区域的全局时钟网络。

（3）每个区域有 4 个区域时钟，支持垂直级联。

（4）高速 I/O 时钟，支持 I/O 时钟分频。

（5）可选的数据地址锁存、输出寄存器。

（6）集成多个 PLL，每个 PLL 支持多达 5 个时钟输出。

9. 灵活的配置方式

（1）支持多种编程模式。

（2）JTAG 模式符合 IEEE 1149 和 IEEE 1532 标准。

（3）Master SPI 可选择最高 8 位数据位宽，有效提高编程速度。

（4）支持 BPI x8/x16、从串、从并模式。

（5）支持 AES-256 位流加密，支持 64 位 UID 保护。

（6）支持 SEU 检错纠错。

（7）支持多版本位流回退功能。

（8）支持看门狗超时检测。

（9）支持编程下载。

（10）支持在线调试。

1.3.3 Logos 系列 FPGA 资源规模与封装信息

Logos 系列 FPGA 资源规模与封装信息如表 1-2 和表 1-3 所示。

表 1-2 Logos FPGA 资源数量

器　　件	CLM				18Kb 专用 RAM 模块	APM	PLL	ADC	HMEMC	最大用户 I/O 数	SD RAM
	LUT5	等效 LUT4	FF	分布式 RAM/位							
PGL12G	10400	12480	15600	84480	30	20	4	1	0	160	0
PGL22G	17536	21043	26304	71040	48	30	6	1	2	240	0
PGL22GS	17536	21043	26304	71040	48	30	6	0	0	140	1
PGL25G	22560	27072	33840	242176	60	40	4	0	0	308	0
PGL50H	42800	51360	64200	544000	134	84	5	0	0	304	0

表 1-3　Logos FPGA 封装信息与用户 I/O 数量

器　　件	型　　号	FBG256	FBG484	MBG484	MBG324	LPG176	LPG144
	尺寸/mm	17×17	23×23	23×23	15×15	22×22	22×22
	中心距离（Pitch）/mm	1.0	1.0	0.8	0.8	0.4	0.5
PGL12G	用户 I/O	160	—	—	—	—	103
PGL22G		186	—	—	240	—	—
PGL22GS		—	—	—	—	140	—
PGL25G		186	308	—	226	—	—
PGL50H		296	304	190	—	—	—

1.3.4　Logos 系列 FPGA 模块介绍

1. 可配置逻辑模块

可配置逻辑模块（Configurable Logic Module,CLM）是 Logos 系列产品的基本逻辑单元,它主要由多功能 LUT5、寄存器以及扩展功能选择器等组成。CLM 在 Logos 系列产品中按列分布,有 CLMA 和 CLMS 两种形态。CLMA 和 CLMS 均支持逻辑功能、算术功能以及寄存器功能,仅有 CLMS 支持分布式 RAM 功能。CLM 与 CLM 之间,CLM 与其他片内资源之间通过信号互连模块联结。

每个 CLMA 包含 4 个 LUT5、6 个寄存器、多个扩展功能选择器及 4 条独立的级联链等。CLMS 是 CLMA 的扩展,它在支持 CLMA 所有功能的基础上增加了对分布式 RAM 的支持。CLMS 可配置为单口 RAM 或者简单双口 RAM。

2. 存储单元 DRM

单个 DRM 有 18Kb 存储单元,可以独立配置为 2 个 9Kb 或 1 个 18Kb 单元,其支持多种工作模式,包括双口 RAM、简单双口 RAM、单口 RAM 或 ROM 模式,以及 FIFO 模式。DRM 支持可配置的数据位宽,并在 DP RAM 和 SDP RAM 模式下支持双端口混合数据位宽。PGL12G 不支持 ROM。详细的 DRM 使用可参考官网"Logos 系列 FPGA 专用 RAM 模块(DRM)用户指南"。

3. 算术处理单元（Arithmetic Process Module,APM）

每个 APM 由 I/O 单元、前加法器、乘法器和后加法器功能单元组成,支持每一级寄存器流水。每一个 APM 可实现 1 个 18×18 乘法器或 2 个 9×9 乘法器,支持预加功能;可实现 1 个 48 位累加器或 2 个 24 位累加器。Logos FPGA 的 APM 支持级联,可实现滤波器以及高位宽乘法器应用。

4. 输入/输出模块

（1）IOB：Logos FPGA 的 I/O 按照 BANK 分布,每个逻辑 BANK 由独立的 I/O 电源供电。I/O 灵活可配置,支持 1.2～3.3V 电源电压以及不同的单端和差分接口标准,以适应不同的应用场景。所有的用户 I/O 都是双向的,内含 IBUF、OBUF 以及三态控制

TBUF。Logos FPGA 的 IOB 功能强大,可灵活配置接口标准、输出驱动、压摆率、输入迟滞等。详细的 I/O 特性及使用方法可参考官网"Logos 系列 FPGA 输入/输出接口(I/O)用户指南"。

(2) IOL:IOL 模块位于 IOB 和内核之间,对要输入和输出 FPGA 内核的信号进行管理。IOL 支持各种高速接口,除了支持数据直接输入/输出、I/O 寄存器输入/输出模式外,还支持以下功能:

- ISERDES——针对高速接口,支持 1:2、1:4、1:7、1:8 的输入串并转换器。
- OSERDES——针对高速接口,支持 2:1、4:1、7:1、8:1 的输出并串转换器。
- 内置 I/O 延迟功能——可以动态/静态调整输入/输出延迟。
- 内置输入 FIFO——主要用于完成从外部非连续 DQS(针对 DDR 存储接口)到内部连续时钟的时钟域转换和一些特殊应用中采样时钟和内部时钟的相差补偿。

5. 存储器控制系统

PGL DDR 存储器控制系统为用户提供一套完整的 DDR 存储控制器解决方案,配置方式比较灵活。

PGL22G 集成了 HMEMC,其特点如下:

(1) 支持 LPDDR、DDR2、DDR3。

(2) 支持 x8、x16 存储设备。

(3) 支持标准的 AXI4 总线协议(突出类型不支持固定的)。

(4) 一共 3 个 AXI4 主端口,其中 1 个 128 位,2 个 64 位。

(5) 支持 AXI4 读重排序。

(6) 支持 BANK 管理。

(7) 支持低功耗、自动刷新、省电模式及深度省电模式。

(8) 支持旁路内存控制器、支持旁路硬核存储控制器。

(9) 支持 DDR3 写入均衡和 DQS 信号门控训练。

(10) DDR3 最快速率达 800Mb/s。

PGL12G、PGL25G、PGL50H 只能采用软核实现 DDR 存储器的控制,其特点如下:

(1) 支持 DDR3。

(2) 支持 x8、x16 存储设备。

(3) 最大位宽支持 16 位。

(4) 支持裁剪的 AXI4 总线协议。

(5) 一个 AXI4 128 位主端口。

(6) 支持自动刷新、省电模式。

(7) 支持 DDR3 写入均衡和 DQS 信号门控训练。

(8) DDR3 最快速率达 800Mb/s。

6. 模拟数字数转换器(ADC)

每个 ADC 分辨率为 10 位、采样率为 1MSPS,有 12 个通道,其中 10 个模拟输入与通用

GPIO 复用，另外 2 个采用专用模拟输入引脚。12 个通道的扫描方式完全由 FPGA 灵活控制，用户可以通过用户逻辑决定最终由几个通道分享 1MSPS 的 ADC 采样率。

ADC 提供对片上电压及温度的监测功能。可对 VCC、VCCAUX、VDDM（内部 LDO 输出电压）进行检测。

7. 时钟资源

Logos 系列产品被划分为不同数量的区域，提供了丰富的片上时钟资源，包含锁相环 PLL 以及三类时钟网络（全局时钟、区域时钟、I/O 时钟）。其中 I/O 时钟相比其他时钟具有频率高、时钟偏移小以及延时时间少的特点。时钟资源如表 1-4 所示。

表 1-4　Logos 系列产品时钟资源

特　　性	PGL12G	PGL22G	PGL25G	PGL50H
区域数量	4	6	4	6
全局时钟数	20	20	20	30
每个区域支持全局时钟数	16	12	16	16
每个区域支持局域时钟数	4	4	4	4
I/O BANK 数	4	6	4	4
每个 I/O BANK 支持的 I/O 时钟数	2	2	4	BANK0/2：4 BANK1/3：6
总 I/O 时钟数	8	12	16	20
PLL 数量	4	6	4	5

Logos FPGA 内嵌多个 PLL，每个 PLL 多达 5 个时钟输出，支持频率综合、相位调整、动态配置、支持源同步、零延时缓冲等模式，另外，PLL 支持断电模式，如果在某一段时间内不使用 PLL，用户可以关闭 PLL 以达到降低功耗的目的。

为了提高时钟的性能，Logos FPGA 还提供了 CLK 相关的特殊 I/O，包括 4 类：时钟输入引脚、PLL 参考时钟输入引脚、PLL 反馈输入时钟引脚以及 PLL 时钟输出引脚。与普通 I/O 相比，使用这些时钟输入/输出引脚可以避免普通布线资源带来的干扰，从而得到较好的时钟性能。

不作为时钟输入/输出时，这些时钟引脚可作为普通 I/O 使用。关于时钟具体使用详情见官网"Logos 系列 FPGA 时钟资源用户指南"。

8. 配置

配置是对 FPGA 进行编程的过程。Logos FPGA 使用 SRAM 单元存储配置数据，每次上电后都需要重新配置；配置数据可以由芯片主动从外部 Flash 获取，也可通过外部处理器或控制器将配置数据下载到芯片中。

Logos FPGA 支持多种配置模式，包括 JTAG 模式、主 SPI 模式、从 SPI 模式、从并模式、从串模式和主 BPI 模式。各个器件支持的配置模式如表 1-5 所示。

表 1-5 配置模式

模　　式	数据位宽	PGL12G		PGL22G		PGL22GS	PGL25G	PGL50H
		LPG144	FBG256	FBG256	MBG324	LPG176	FBG256 MBG324 FBG484	FBG484 MBG484 MBG324
JTAG	1	支持	支持	支持	支持	支持	支持	支持
主 SPI	1	不支持	支持	支持	支持	支持	支持	支持
	2	不支持	支持	支持	支持	支持	支持	支持
	4	不支持	支持	支持	支持	支持	支持	支持
	8	不支持	支持	支持	支持	支持	支持	不支持
从 SPI	1	支持	支持	支持	支持	不支持	不支持	不支持
从并	8	支持	支持	支持	支持	不支持	不支持	不支持
	16	支持	支持	支持	支持	不支持	不支持	不支持
	32	支持	支持	不支持	支持	不支持	不支持	不支持
从串	1	支持	支持	支持	支持	支持	支持	支持
主 BPI	8(异步)	不支持	不支持	不支持	支持	支持	支持	不支持
	16(异步)	不支持	不支持	不支持	支持	支持	支持	不支持
	16(同步)	不支持	不支持	不支持	支持	不支持	不支持	不支持

Logos FPGA 的配置相关功能如下所述：

（1）支持配置数据流压缩，可有效减小比特流的大小，节约存储空间和编程时间。

（2）支持通过 JTAG 接口、从并行接口进行 SEU 1 位纠错和 2 位检错。

（3）支持看门狗超时检测功能。

（4）在主 BPI/主 SPI 模式下，支持配置位流版本回退功能。

为保护用户设计，Logos FPGA 还提供 UID 功能。每一个 FPGA 器件都有与之对应的唯一编号，该编号在器件出厂的时候已经唯一确定。用户可以通过 UID 接口和 JTAG 接口读取，并且以自己特有的加密算法处理后将得到的结果并入编程数据流。每一次重载数据流后，FPGA 进入用户模式，用户逻辑都会先读取该 UID 以用户独特的加密算法处理后与之前编程数据流中的结果相比对，若有不同，则 FPGA 无法正常工作。

1.3.5 Logos 系列 FPGA 参考资料

上述只是对 Logos 系列作的简要概述，要了解相应模块的详细信息，请查阅 Logos FPGA 相关的用户指南文档，可在官网查阅表 1-6 中列出的相关文档。

表 1-6 Logos 系列 FPGA 用户指南文档

文档编号	文档名称	文档内容
UG020001	Logos 系列 FPGA 可配置逻辑模块（CLM）用户指南	Logos 系列 FPGA 可配置逻辑模块功能描述
UG020002	Logos 系列 FPGA 专用 RAM 模块（DRM）用户指南	Logos 系列 FPGA 专用 RAM 模块功能描述

续表

文档编号	文档名称	文档内容
UG020003	Logos 系列 FPGA 算术处理模块（APM）用户指南	Logos 系列 FPGA 算术处理模块功能描述
UG020004	Logos 系列 FPGA 时钟资源用户指南	Logos 系列 FPGA 时钟资源，包括 PLL 的功能与用法描述
UG020005	Logos 系列 FPGA 配置用户指南	Logos 系列 FPGA 配置接口、配置模式、配置过程等的描述
UG020006	Logos 系列 FPGA 输入输出接口（I/O）用户指南	Logos 系列 FPGA 输入输出接口功能描述
UG020009	Logos 系列 FPGA 模数转换模块（ADC）用户指南	Logos 系列 FPGA 模数转换器功能描述
UG020011	Logos 系列产品 HMEMC 应用实例用户指南	Logos 系列 FPGA 存储控制系统应用实例描述
UG020013	UG020013_Logos 系列 FPGA 高速串行收发器（HSST）用户指南	Logos 系列 FPGA 高速串行收发器应用描述

1.4 ALINX FPGA 板卡介绍

AXP50 开发板架构是采用核心板＋扩展板的模式来设计的。核心板和扩展板之间使用高速板间连接器连接。

核心板主要由 FPGA＋DDR3＋QSPI Flash 构成，承担 FPGA 高速数据处理和存储的功能，加上 FPGA 和 DDR3 SDRAM 之间的高速数据读写，数据位宽为 32 位，整个系统的带宽高达 25Gb/s(800M×32 位)；另外，DDR3 容量高达 1GB，满足数据处理过程中对高缓冲区的需求。FPGA 芯片选用的是紫光同创公司的 PGL50H FBG484 芯片，封装为 FBG484。

整个开发系统的结构示意图如图 1-3 所示。

通过这个示意图，AXP50 板能实现的功能如下所述。

1. 核心板

由 PGL50H＋2 片 512MB DDR3＋128MB QSPI Flash 组成，另外，板上有一个高精度的 50MHz 和 125MHz 晶振，为 FPGA 系统和高速串行收发器 HSST 模块提供稳定的时钟输入。

2. 两路 SFP 高速光纤接口

Logos FPGA 的 HSST 收发器的 2 路高速收发器连接到 2 个光模块的发送和接收，实现 2 路高速光纤通信。每路的光纤数据通信接收和发送的速度高达 6.375Gb/s。

3. 一路 10Mb/s/100Mb/s/1000Mb/s 以太网 RJ-45 接口

千兆以太网接口芯片采用 KSZ9031RNX 以太网 PHY 芯片为用户提供网络通信服务。

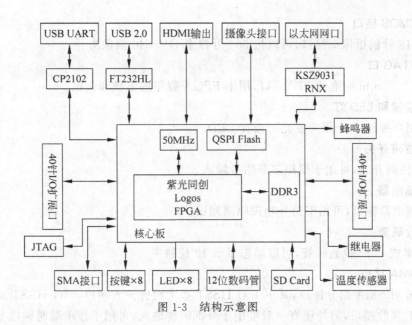

图 1-3 结构示意图

KSZ9031RNX 芯片支持 10Mb/s/100Mb/s/1000Mb/s 网络传输速率；全双工和自适应。

4. 一路 HDMI 输出

使用 FPGA 的 4 路 LVDS 差分信号（3 路数据加 1 路时钟）接口直接驱动 HDMI 输出，为开发板提供不同格式的视频输出接口。

5. 一路高速 USB 2.0 接口

使用 FTDI Chip 公司的 FT232H 单通道 USB 芯片，可用于开发板和 PC 之间的 USB 2.0 高速通信，最高速率达 480Mb/s。

6. 一路 USB UART 串口

一路 UART 串口转 USB 接口，用于和计算机通信，方便用户调试。串口芯片采用 Silicon Labs CP2102GM 的 USB-UART 芯片。

7. Micro SD 卡座

一路 Micro SD 卡座，支持 SD 模式和 SPI 模式。

8. EEPROM

板载一片 I^2C 接口的 EEPROM 24LC04。

9. RTC 实时时钟

一路 RTC 实时时钟，配有电池座，电池的型号为 CR1220。

10. 温度传感器

板载一片温度传感器芯片 LM75，用于检测板子周围环境的温度。

11. 40 针 I/O 扩展口

预留 2 个 40 针 2.54mm 间距的扩展口，可以外接的各种模块（双目摄像头、TFT LCD 屏、高速 A/D 模块等）。扩展口包含 5V 电源 1 路、3.3V 电源 2 路、地 3 路、I/O 口 34 路。

12. CMOS 接口

一个 18 针的摄像头接口，可以接 500 万像素 OV5640 摄像头。

13. JTAG 口

10 针 2.54mm 标准的 JTAG 口，用于 FPGA 程序的下载和调试。

14. 按键和 LED 灯

8 个用户按键，8 个用户发光二极管 LED。

15. 拔码开关

16 路拔码开关，可用于模拟多路信号输入。

16. 继电器

2 路继电器输出，可用于信号物理隔离测试。

17. 数码管

板上集成了 12 位数码管，可以动态显示 12 位数字。

18. SMA 接口

板载 6 对 SMA 差分接口，其中 1 对 HSST 参考时钟输入端口，2 对 HSST 发送端口和 2 对 HSST 接收端口，另外还有一对可用于外部时钟输入，可用于接单端时钟或差分时钟输入信号。

19. 蜂鸣器

1 路蜂鸣器，可用于有声实验测试。

20. 其他

板上引出了 I^2C 和 SPI 接口，可用于连接用户自己的外设。

第 2 章

Pango Design Suite 开发环境

Pango Design Suite(PDS)是紫光同创研发的一款致力于 FPGA 开发的工具软件,其主要功能包括设计输入、综合、仿真、实现和位流。Pango Design Suite 具有界面友好、操作简单等特点,能够借助一些常用的第三方 EDA 软件(主要是逻辑综合工具和仿真工具)完成 FPGA 全流程开发。PDS 软件开发工具经过几年的完善和版本的迭代,至今版本已到 Pango Design Suite 2020.4,由于 Pango Design Suite 2020.3 比较经典,界面也比较完善,书中讲解采用此版本,接下来具体了解该软件的主要功能。

2.1 安装 Pango Design Suite 软件

视频讲解

首先准备好 Pango Design Suite 2020.3,可到官网 www.pangomicro.com 下载。接下来介绍 Pango Design Suite 2020.3 软件的安装。

2.1.1 安装步骤

Pango Design Suite 2020.3 有 Linux 版本和 Windows 版本;安装过程是在 Windows 10 64 位系统下进行的。注意:一般安装包不能解压在有中文路径的目录下;在安装之前请把计算机上的所有杀毒软件关闭,以确保能够正常安装。

双击 Setup.exe 文件,会弹出安装引导窗口,依次单击 Next→I Agree→Install(安装路径默认)→Next(等待安装)→Finish(安装完成)按钮。

安装完成后,弹出的对话框中提示是否需要安装 vcredist_VS2017.exe。若计算机之前未安装过,则需要安装此运行库后才能运行 PDS,单击"是"按钮进行安装;否则无须再次安装,单击"否"按钮不进行安装。由于以前没有安装过,所以安装步骤为:单击"是"按钮,勾选"我同意许可条款和条件(A)",单击"安装"按钮,单击"关闭"按钮。

接下来进行 USB 接口下载器驱动的安装,弹出对话框中提示是否需要安装 USB Cable Drive,操作步骤为:单击"是"按钮,单击"下一步"按钮,勾选"我接受这个协议(A)",单击"完成"按钮。至此,USB 下载器驱动安装完成。

图 2-1　桌面图标

完成以上步骤后，Pango Design Suite 2020.3 软件安装完成，在桌面上可看到如图 2-1 所示图标。

2.1.2　License 关联

软件安装完成后，要相应的 License 软件才能正常工作，License 的获取可到官网填写申请表格或联系我们（申请表模板如表 2-1 所示），申请通过后会将 License 文件发送到申请邮箱。

表 2-1　License 申请表

项　目	客户信息	说　明
姓名		
电话		
职位		
公司名称		请在"客户信息"栏填上自己的信息
公司地址		
邮箱		
操作系统		

下面介绍如何将 License 文件与 Pango Design Suite 软件相关联。

1. 设置环境变量

为了方便管理 License 文件，在 C 盘的安装目录下新建一个 license 文件夹来存放 License 文件（申请通过后邮箱收到的 License 文件），文件存放路径为 C:\pango\license\pds_license.lic（环境变量的变量值）。

如图 2-2 所示，进行环境变量设置，首先，右击"我的电脑"图标，在弹出的菜单栏中单击"属性"，然后，依次单击高级系统设置→环境变量→新建，环境变量中添加变量名：PANGO_LICENSE_FILE，再单击图中"浏览文件（F）…"按钮，找到保存 PDS License 文件的位置，最后单击"确定"按钮即可添加变量值。

2. 建立虚拟网卡

虚拟网卡的安装文件可以在本书配套资源中找到或下载 TAP-Windows 的软件，然后双击 TAP-Windows 安装文件，最后按照提示操作即可。

如图 2-3 所示，安装完成后，打开设备管理器，在网络适配器一栏可以看见 TAP-Windows Adapter V9 的虚拟网卡。

3. 设置 MAC 地址

单击任务栏中网络图标的"网络和 Internet 设置"选项并进入界面，然后单击"更改适配器选项"按钮，会出现如图 2-4 所示的 TAP-Windows Adapter V9 图标，右击此图标，在弹出快捷菜单中单击"属性"命令。

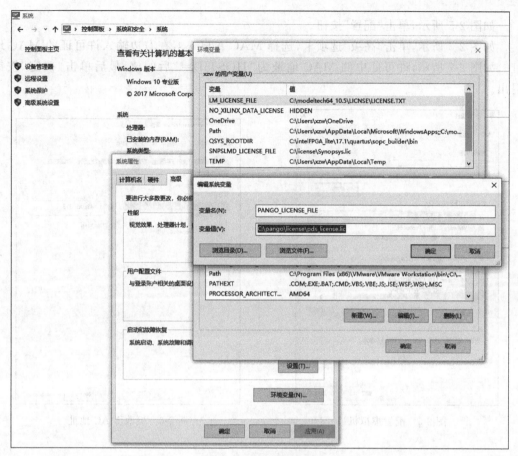

图 2-2 设置环境变量

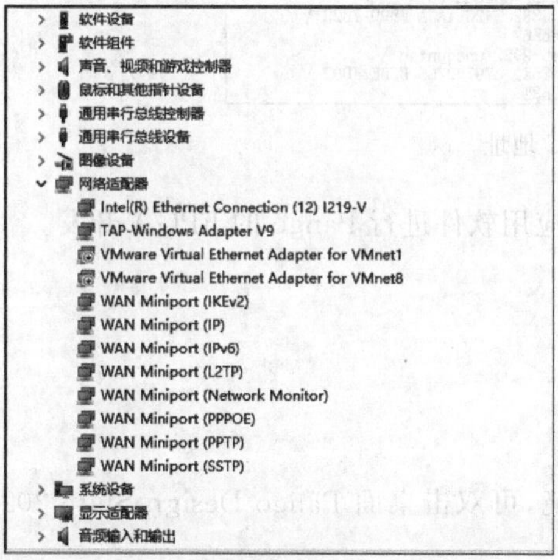

图 2-3 设备管理器

图 2-4 更改属性

如图 2-5 所示，单击"配置"按钮。

如图 2-6 所示，单击"高级"选项卡，选择 MAC Address，在右边输入许可证的 MAC 地址。如图 2-7 所示，许可证中的 MAC 地址为"HOSTID＝"后的值，最后单击"确定"按钮退出。

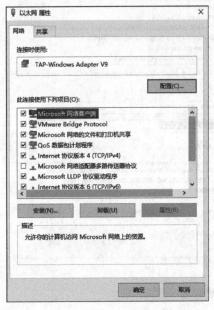

图 2-5　配置虚拟机

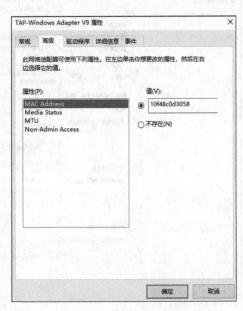

图 2-6　更改 MAC 地址

图 2-7　MAC 地址

至此，License 关联成功，重启计算机后就可应用软件进行 Pango 的 FPGA 开发。

2.2　PDS 工程

视频讲解

2.2.1　创建工程

要进入 Pango Design Suite 2020.3 开发环境，可双击桌面 Pango Design Suite 2020.3 的图标直接打开软件。

如图 2-8 所示，在 PDS 开发环境中双击 New Project 或者选择菜单栏命令 File→New Project，这两种方式都可创建一个新工程，并且弹出一个 PDS 的工程向导，单击 Next 按钮。

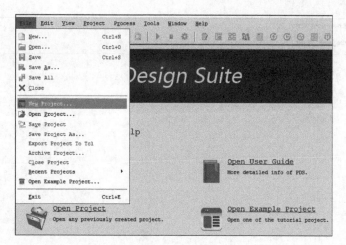

图 2-8　工程开始界面

如图 2-9 所示,在弹出的对话框中输入工程名和工程存放的文件夹名称,这里以 led_
test 作为工程名,单击 Next 按钮。

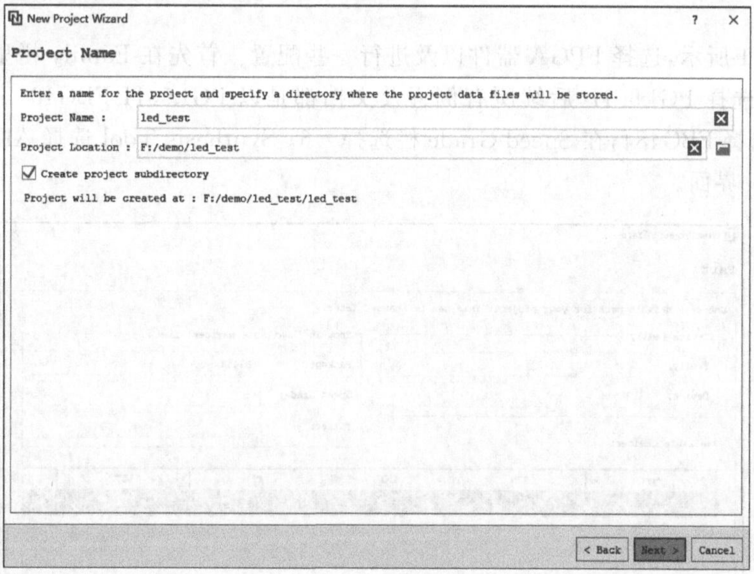

图 2-9　工程路径

如图 2-10 所示,默认选中 RTL project 单选按钮,因为这里使用 Verilog 行为描述语言
来编程,单击 Next 按钮,进入 Add Design Source Files 界面,这里先不添加任何设计文件,
单击 Next 按钮,进入 Add Existing IP 界面,是否添加已有的 IP,保持默认不添加,单击
Next 按钮,进入 Add Constraints 界面,是否添加已有的约束文件,这里约束文件还没有设
计好,也不添加,单击 Next 按钮。

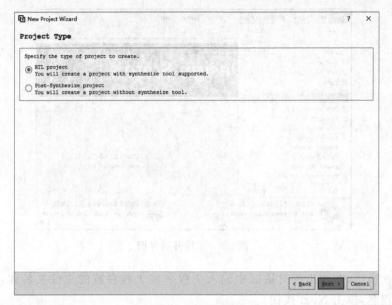

图 2-10   工程类型

如图 2-11 所示，选择 FPGA 器件以及进行一些配置。首先在 Family 栏里选择 Logos，在 Device 栏选择 PGL50H（后续所有例程及文档都是以 PGL50H FBG484 进行介绍），在 Package 栏选择 FBG484，在 Speed Grade 栏选择－6；Synthesis Tool 选择 ADS；单击 Next 按钮进入下一界面。

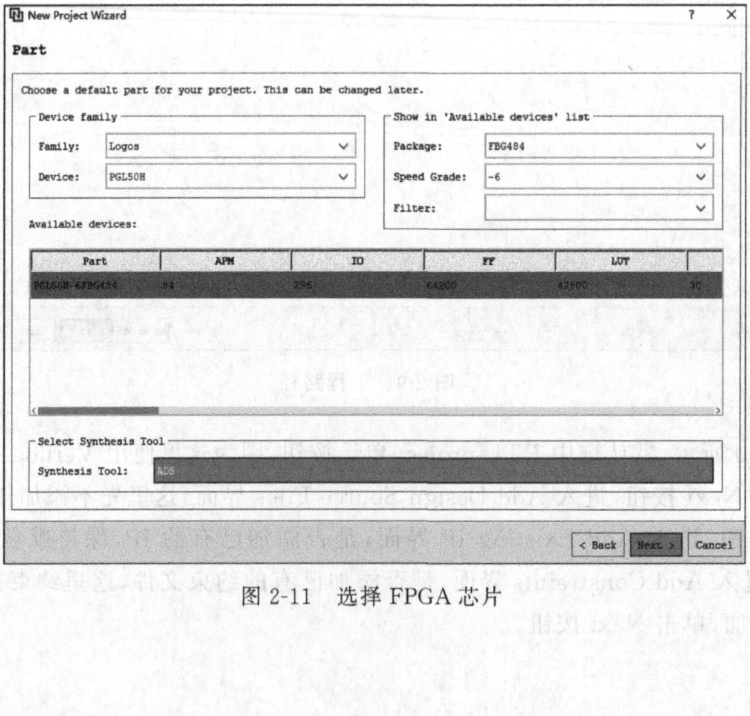

图 2-11   选择 FPGA 芯片

如图 2-12 所示是创建的新工程概要信息(上述步骤的设置情况),再次确认 FPGA 型号有没有选对,没有问题再单击 Finish 按钮完成工程创建。

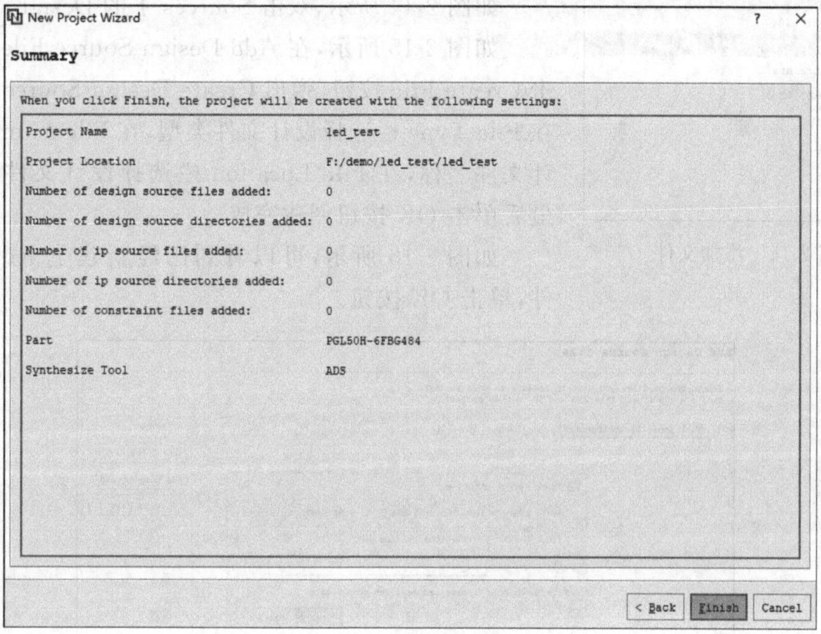

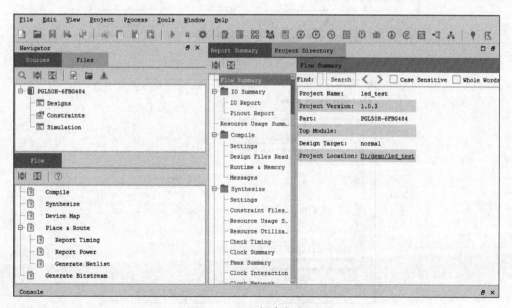

图 2-12 工程设置总览

工程创建后如图 2-13 所示。

图 2-13 工程创建完成界面

图 2-14　添加文件

2.2.2　Verilog 代码编写

如图 2-14 所示，双击 Sources 下的 Designs 图标。

如图 2-15 所示，在 Add Design Source Files 界面中单击 Create File 按钮，弹出 Create Design Source File 窗口，在 File Type 栏选择设计文件类型，在 File Name 栏填写设计文件名称，在 File Location 栏选择设计文件保存地址，最后单击 OK 按钮创建完成。

如图 2-16 所示，可以看到已经新建了 led_test.v 文件，单击 OK 按钮。

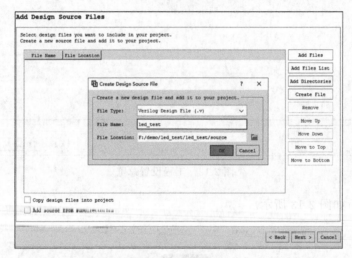

图 2-15　创建文件

图 2-16　文件添加到工程

如图 2-17 所示,向导会提示定义 I/O 端口,这里可以不定义(后面在程序中编写就可以),单击 OK 按钮完成设计文件的添加。

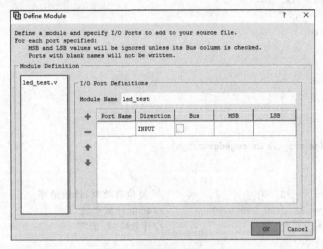

图 2-17　定义 I/O 端口

如图 2-18 所示,在 Navigator 界面的 Designs 下面已经有了一个 led_test.v 文件,并且自动成为项目的顶层(Top)模块了。

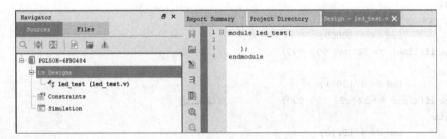

图 2-18　文件添加完成

接下来编写 led_test.v 的程序,这里定义了一个 32 位的寄存器 timer,用于循环计数 0～199_999_999(4s),当计数到 49_999_999(1s)的时候,熄灭第一个 LED 灯;当计数到 99_999_999(2s)的时候,熄灭第二个 LED 灯;当计数到 149_999_999(3s)的时候,熄灭第三个 LED 灯;当计数到 199_999_999(4s)的时候,熄灭第四个 LED 灯,计数器再重新计数。具体代码如下。

```verilog
`timescale 1ns/1ns
module led_test
(
    sys_clk,                           // 系统时钟 50MHz
    rst_n,                             // 复位,低有效
    led                                // 控制 LED 信号
```

```verilog
);

    input        sys_clk;
    input        rst_n;
    output[3:0]  led;

    //定义计数器
    reg[31:0]  timer;
    reg[3:0]   led;


    always@(posedge sys_clk or negedge rst_n)
    begin
    if(~rst_n)
            timer <= 32'd0;                      // 复位有效时,计数清零
    else if(timer == 32'd199_999_999)            //4s 的计数个数
            timer <= 32'd0;                      //计数完成,清零
    else
            timer <= timer + 1'b1;               //每个时钟上升沿,计数加 1
    end

    always@(posedge sys_clk or negedge rst_n)
    begin
    if(~rst_n)
            led <= 4'b0000;
    else if(timer == 32'd49_999_999)             //LED1 亮


            led <= 4'b0001;
    else if(timer == 32'd99_999_999)             //LED2 亮
    begin
            led <= 4'b0010;
    end
    else if(timer == 32'd149_999_999)            //LED3 亮
            led <= 4'b0100;
    else if(timer == 32'd199_999_999)            //LED4 亮
            led <= 4'b1000;
    end
    endmodule
```

编写好代码后保存,选择菜单命令 File→Save All。

2.2.3　添加 UCE 约束

User Constraint Editor(Timing and Logic)简称 UCE,主要是完成引脚的约束、时钟的约束及组的约束。这里需要将 led_test. v 程序中的输入/输出端口分配到 FPGA 的真实引脚上。

选择菜单命令 Tools→User Constraint Editor→Device→I/O,出现顶层设计文件的 I/O 端口,如图 2-19 所示。

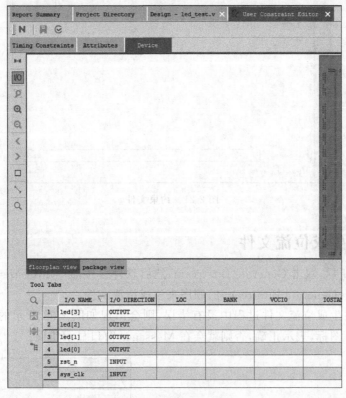

图 2-19 选择 I/O 端口

如图 2-20 所示,分配引脚,LOC 就是与硬件中 FPGA 相对应的引脚,VCCIO 是 FPGA 的 I/O 的电压标准,与硬件对应。

	I/O NAME	I/O DIRECTION	LOC	BANK	VCCIO	IOSTANDARD	DRIVE	BUS_KEEPER	SLEW
1	led[3]	OUTPUT	B1	BANK3	3.3	LVCMOS33	8		SLOW
2	led[2]	OUTPUT	M5	BANK3	3.3	LVCMOS33	8		SLOW
3	led[1]	OUTPUT	R3	BANK3	3.3	LVCMOS33	8		SLOW
4	led[0]	OUTPUT	K6	BANK3	3.3	LVCMOS33	8		SLOW
5	rst_n	INPUT	W20	BANK1	3.3	LVTTL33			
6	sys_clk	INPUT	P20	BANK1	3.3	LVTTL33			

图 2-20 分配引脚

如图 2-21 所示,单击保存图标后会弹出对话框,在这里保存文件名选择默认即可,单击 Save 按钮退出。

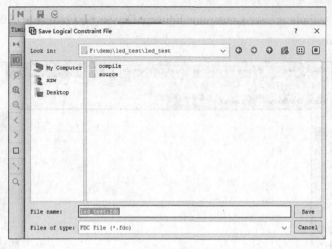

图 2-21　约束文件

2.2.4　生成位流文件

如图 2-22 所示，双击 Generate Bitstream，然后软件会按照 Synthesize→Device Map→Place & Route→Generate Bitstream 的顺序来生成位流文件。

如果工程在生成位流文件过程中没有错误，则会出现如图 2-23 所示的界面，每一步前面都有一个"√"图标，表示正确，否则就会在 Messages 窗口显示错误。

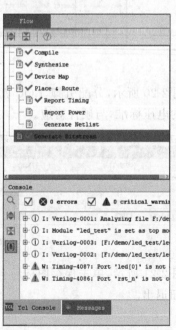

图 2-22　生成位流文件　　　　图 2-23　编译工程信息

至此,位流文件已生成,PDS工程创建完毕,程序下载及调试在后面的基本实验中会详细介绍。

2.3　菜单栏介绍

双击软件图标后弹出的第一个界面如图2-8所示,需要注意以下4个选项:

(1) New Project——创建新的工程。

(2) Open Project——打开已有的工程。

(3) Open User Guide——打开软件的使用手册,安装文件夹里面存放了软件常用的文档,这些文档的内容对熟悉软件非常有帮助。

(4) Open Example Project——打开软件中自带的一些例程。

在软件界面上方有一排菜单栏,下面介绍菜单栏的功能。

1. File 菜单

File菜单主要对工程和文件进行操作,如创建、打开、保存等操作。File菜单如图2-24所示。

(1) New:新建工程里的文件。

(2) Open:打开工程里面的文件。

(3) Save:保存文件。

(4) Save As:保存为另一个文件。

(5) Save All:保存所有文件。

(6) Close:关闭文件。

(7) New Project、Open Project、Open Example Project:前面已介绍。

(8) Save Project:保存当前工程。

(9) Save Project As:保存当前工程成另外工程。

图 2-24　File 菜单

(10) Export Project To Tcl:导出 Tcl 运行工程脚本。

(11) Archive Project:打包压缩当前工程。

(12) Close Project:关闭当前工程。

(13) Recent Projects:打开近段时间用过的工程,其中显示了打开过的工程列表。

2. Edit 菜单

Edit菜单用于对文本内容进行操作,如剪切、复制、粘贴等。Edit菜单如图2-25所示。

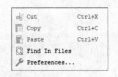

图 2-25　Edit 菜单

(1) Cut、Copy、Paste 比较常见,分别用于对文件进行剪切、复制、粘贴操作。

(2) Find In Files:查找文件中的需查找的字符。

(3) Preferences:这个选项比较有用,可用于设置字体和颜色,还可以选择第三方文本编辑工具。

3. View 菜单

View 菜单，可以对软件界面部分功能进行显示或隐藏，View 菜单如图 2-26 所示。

（1）Reset Window Layout：恢复软件默认的界面窗口布局。

（2）Navigator：工程导航面板，可以显示或隐藏 Navigator 工程管理界面；软件默认打开此面板，如图 2-27 所示。

（3）Console：控制台面板，可以显示或隐藏 Console 界面，软件默认打开此面板，如图 2-28 所示。

（4）File Tool、Edit Tool、Process Tool、Widget Tool、Help Tool：依次是文件工具栏、编辑工具栏、进度工具栏、工具栏组件、帮助工具栏；可以显示或隐藏这些工具栏；软件默认打开此面板，如图 2-29 所示。

图 2-26　View 菜单

图 2-27　Navigator 界面

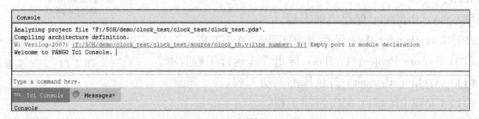

图 2-28　Console 界面

图 2-29　Tool 界面

4. Project 菜单

Project 菜单如图 2-30 所示。

（1）New IP：新建一个 IP 到当前工程。

（2）Add Source：为当前工程添加一个新的源文件。

（3）Project Setting：设置当前工程选项。

（4）Project Cleanup：清理工程运行流程生成的临时文件。

图 2-30　Project 菜单

5．Process 菜单

Process 菜单如图 2-31 所示。

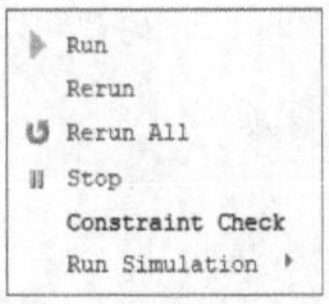

图 2-31　Process 菜单

（1）Run：执行当前选中操作。

（2）Rerun：重新执行当前选中操作之前的所有未执行过的操作（包括前选中操作），如果当前选中操作之前的操作是已过期的，则跳过该操作。

（3）Rerun All：重新执行当前操作及其前序步骤的所有操作。

（4）Stop：立即停止当前执行的操作。

（5）Constraint Check：约束检查。该按钮的功能是对添加至项目中所有约束文件进行检查。如果需要对单个约束文件进行检查，可通过右击项目中约束文件，选择相应命令进行单个约束文件检查。ADS 流程使用该功能，将生成约束检查报告（.ccr）；OEM 流程使用该功能，生成约束检查报告（.rpt）。

（6）Run Simulation：运行仿真。

6．Tools 菜单

Tools 菜单如图 2-32 所示。

（1）User Constraint Editor(Timing and Logic)：用户时序或逻辑约束。

（2）Physical Constraint Editor(Post-Map)：打开物理约束。

（3）Route Constraint Editor：打开布线约束。

（4）Design Editor：查看 PnR 结果或者进行手动 PnR。

（5）Power Calculator：功耗分析软件。

（6）Power Planner：功耗估算软件。

（7）Timing Analyzer：时序分析工具。

（8）SSN Estimator：同步噪声估算工具。

图 2-32　Tools 菜单

（9）SSN Analyzer：同步噪声分析工具。

（10）Inserter：Inserter 软件。

（11）Debugger：Debugger 软件。

（12）Configuration：Configuration 软件。

（13）IP Compiler：IP Compiler 软件。

（14）Synplify Pro：Synplify Pro 软件（仅配置 Synplify Pro 工具的 PDS 有此项）。

（15）Compile Simulation Libraries：编译仿真库。

（16）Schematic Viewer：包含 View RTL Schematic 和 View Technology Schematic 两个菜单项。

（17）Language Templates：语言例化模板。

7. Window 菜单

Window 菜单用来控制软件是否全屏显示（Full Screen），如图 2-33 所示。

8. Help 菜单

Help 菜单如图 2-34 所示。

（1）Help Topics：显示 Help 助手。

（2）Show User Quick Start：查看 Pango Design Suite 用户手册。

（3）About：显示 Pango Design Suite 相关信息。

图 2-33　Window 菜单　　　　　　图 2-34　Help 菜单

2.4　User Constraint Editor 简介

这节主要描述了 User Constraint Editor（UCE）的使用方法和主要用到的功能。UCE 能够对实例和 I/O 进行时序约束和逻辑约束。UCE 主界面如图 2-35 所示。

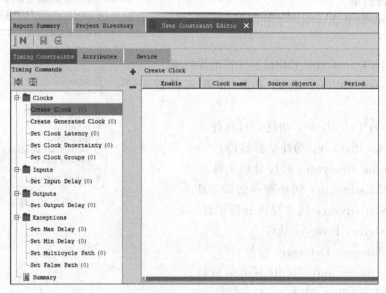

图 2-35　UCE 界面

2.4.1　UCE 启动

打开新建好的工程并在工程中添加好.v 文件后,Synthesis Tool 选择 ADS;如图 2-36 所示,选择菜单栏 Tools→User Constraint Editor(Timing and Logic),即可打开。

当已经在工程中添加了约束文件(.sdc 文件、.lcf 文件、.fdc 文件)时,这些约束文件会显示在 PDS 主界面的 Navigator→Sources→Constraints 目录下面,如图 2-37 所示,双击此目录下的文件,也可以打开 UCE。

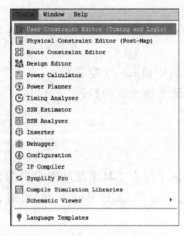

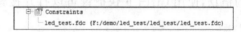

图 2-36　UCE 菜单栏启动　　　　　　　图 2-37　UCE 约束文件启动

该目录下支持添加多个.fdc 文件,均显示在 Constraints 目录下方。右击多个.fdc 文件中的任意一个,单击 Set As Target File 命令,目标文件将会保存 UCE 中新增的约束,切换目标文件,则切换保存新增约束的约束文件。未修改的约束将保存在原约束文件中。保存时,如果没有指定目标文件,则会在弹出窗口中提醒用户选择目标文件。

目前只支持简单的多约束文件,即多个约束文件的内容彼此之间独立(如时序约束、I/O 约束等放在不同的约束文件中)。若多约束文件中的约束信息有关联,则可能会造成先使用、后定义的情况出现,导致约束检查报错或者约束被覆盖没有生效等问题。目前Constraints 层级下,多约束文件按照显示的顺序进行读取,即顺序读取。若约束文件中有约束是其他约束文件中约束信息的前置条件,则将该约束文件显示顺序调至前面。

2.4.2　UCE 主界面功能

打开 UCE 后,其主界面为一系列表格,这些表格分为 Timing 约束和 Logical 约束两类,其中 Timing Constraints 为 Timing 约束相关,Attribute 和 Device 为 Logical 约束相关,Logical 约束在约束文件里皆以 Attribute 命令的形式体现;Compile Points 表格用来设置 Compile Points。

UCE 的输入文件为用户设计文件、约束文件和器件信息。打开 UCE 时,会进行约束检查，然后将正确的约束内容显示在 UCE 中。错误的约束将被过滤，不显示在 UCE 界面上。

在 UCE 界面中进行修改、删除等操作后，可以通过 Save 按钮保存约束文件。

修改后的 UCE 界面约束保存 fdc 处理规则：

（1）新增约束以增量形式添加到.fdc 文件中。

（2）修改约束在原有行的基础上修改约束命令。

（3）删除约束将客户约束直接注释掉。

（4）原有约束文件中的注释需要保留。

+ Insert Row	Ctrl+I
— Remove Row	Ctrl+R
Clear Constraint	Ctrl+D
Clear All Constraint	Ctrl+Shift+D

图 2-38　UCE 表格操作

1. 右键菜单

在 UCE 界面空白处右击会弹出一个菜单框，如图 2-38 所示。

（1）Insert Row：在该表中插入一个空白行。

（2）Remove Row：删除光标所在的行。

（3）Clear Constraint：清空光标所在行约束。

（4）Clear All Constraint：清空该表的所有约束。

2. UCE 界面搜索工具

UCE 中为 Attribute 表格和 Compile Points 表格提供了搜索工具来帮助搜索当前表格中的信息，使用 Ctrl＋F 快捷键可以打开搜索工具，其位置处于 UCE 界面下方，如图 2-39 所示。

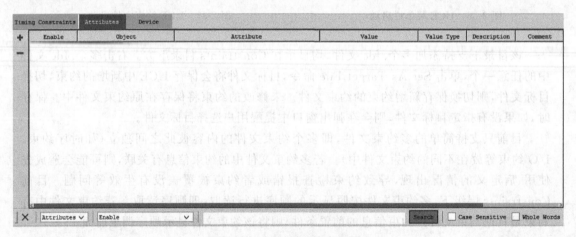

图 2-39　UCE 界面搜索工具

其中第一个下拉列表用来选择将要搜索哪一个表格，第二个指定搜索的列，后边紧接着输入要搜索的内容，单击 Search 按钮就可以在 UCE 中定位到对应位置了。

3. UCE 的网表搜索工具

UCE 中为 Attribute 表格和 Timing Constraints 界面提供了网表搜索工具来帮助搜索当前网表中的内容，该搜索工具的入口统一表现为窗口或者表格中的按钮，在需要输入网表内容的地方单击即可。该搜索工具的显示窗口如图 2-40 所示。

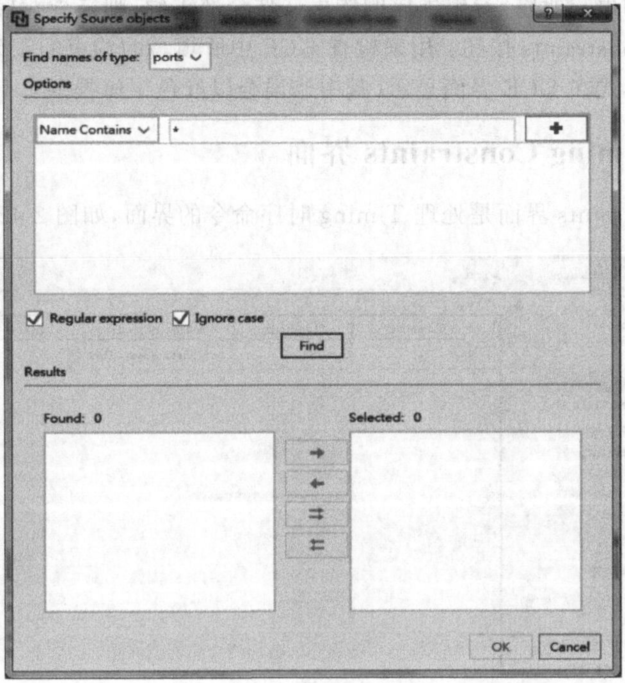

图 2-40　UCE 网表搜索工具

该搜索工具分上下两部分：上半部分为搜索条件，下半部分为搜索结果。搜索条件基于该搜索工具入口处支持的搜索类型，并提供正则匹配、忽略大小写、搜索层级结构等搜索方式；用户也可以增加对不同类型的不同匹配方式，比如：搜索端口时可以指定 direction 的类型为 in、out、inout 之一。下半部分中左侧为搜索结果的显示，右侧为用户挑选的搜索结果。

该搜索工具可以在网表中搜索 insts、ports、nets、pins、clocks 五种类型的信息。在 Attribute 和 Timing Constraints 界面中，均只显示入口处支持的 Object 类型。

4. UCE 按钮

UCE 界面的上方有 3 个按钮，依次为 Design Browser、Save、Check Constraints。

（1）Design Browser 按钮可以打开 UCE 的网表查看工具，通过该工具可以查看该阶段设计网表的结构和内容。网表的内容大致分为 3 类：Ports、Leaf Cells 和 Nets，由于 UCE 阶段会有层级结构，在用户约束阶段若有该种结构也会显示。

单击 Design Browser 按钮以后会在 UCE 左侧显示树状结构，如图 2-41 所示。

图 2-41　设计浏览结构

（2）Save 按钮：用来将当前 UCE 中填写的所有约束保存到约束文件中，不会过滤掉检查报告中的错误约束。所以，若想生成的约束文件全部正确，则先查看检查报告。

（3）Check Constraints 按钮：用来检查 UCE 中所填写的约束的正确性，检查结果会以弹出检查报告的形式在 UCE 界面显示（其中错误会以红色字体提醒）。

2.4.3　Timing Constraints 界面

Timing Constraints 界面是处理 Timing 时序命令的界面，如图 2-42 所示。

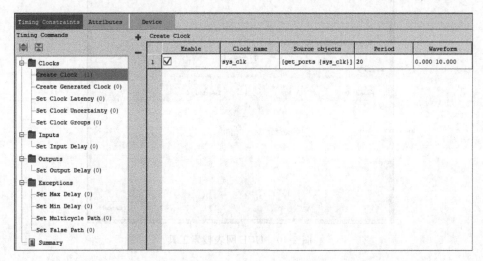

图 2-42　Timing Constraints 表格

Timing Constraints 界面分为左右两部分：左边的树状结构显示命令及命令的数量。树状结构可以通过其上面的按钮来实现折叠或者展开。右侧表格显示每种命令的内容。每条命令对应一个表格。

树状结构显示支持的时序命令，共 4 类：Clocks、Inputs、Outputs、Exceptions，一共 11 条时序命令。选择图 2-42 的树状结构中的 Summary，可调出预览命令界面。单击命令则切换表格；双击命令或在表格空白处双击，则弹出创建命令窗口界面。双击已存在命令，打开修改该条命令的窗口。单击 Summary，查看 UCE 中已设置的全部 Timing 命令。Summary 上部分为从文件中读取进来已保存的命令。unsaved-constraint 标签中为在 UCE 中新创建的命令。保存以后命令状态则改变为已保存。

每条命令均有独立的创建命令窗口界面，界面中对命令的每个选项均提供输入操作。单击 OK 按钮，若窗口界面的命令错误，则会弹出错误信息。只有命令正确才能通过窗口界面传递到表格中。下面介绍常用的时序约束方法。

1. Create Clock 窗口及表格

Create Clock 窗口创建 create_clock 命令，窗口上部为该条命令的简介；中间为创建该条命令的操作，Command 行可以显示创建命令的形式以及参数；在下部单击 Reset 按钮则重置该界面。窗口界面如图 2-43 所示。

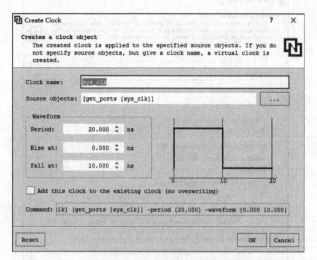

图 2-43　创建时钟窗口

Create Clock 表格用来显示该条命令,如图 2-44 所示。

Create Clock							
	Enable	Clock name	Source objects	Period	Waveform		Add
1	☑	free_clk	[get_ports {free_clk}]	20	0.000 10.000	☐	

图 2-44　创建时钟表格

其各列介绍如下:

(1) Enable 列——该列是一个复选框,默认勾选,如果不勾选,则在保存约束文件时在该条约束最后加上-disable,除了 I/O Table,其他表格都有 Enable 列,其用法是一样的,不再赘述。

(2) Clock name 列——创建时钟的名字。

(3) Source objects 列——对应 create_clock 命令创建时钟的源,如 port、pin 等,当其为空时,表示创建一个虚拟时钟。

(4) Period 列——对应 create_clock 命令所创建时钟的周期;它对应于 create_clock 命令的-period period_value 选项。

(5) Waveform 列——对应 create_clock 命令所创建时钟上升沿和下降沿的位置。

该表格所填写的值在保存约束文件时会体现为 create_clock 命令。

2. Create Generated Clock 窗口及表格

Create Generated Clock 窗口创建 create_generated_clock 命令,窗口上部为该条命令的简介;中间为创建该条命令的操作,Command 行可以显示创建命令的形式以及参数;在下部单击 Reset 按钮则重置该界面。窗口界面如图 2-45 所示。

Create Generated Clock 表格用来显示该条命令,如图 2-46 所示。

图 2-45 创建生成时钟窗口

图 2-46 创建生成时钟表格

该表格用来创建 create generated_clock 命令，就是在指定的 source clock 的基础上通过一些变换，产生一个新的 clock，即 generated clock；所以 Create Generated Clock 表格指定的内容分两类：指定 source clock，指定如何进行变换。各列说明如下：

（1）Enable 列——该列是一个复选框，默认勾选，如果不勾选，则在保存约束文件时在该条约束最后加上-disable，除了 I/O Table，其他表格都有 Enable 列，其用法是一样的，不再赘述。

（2）Clock name 列——对应表格在 source clock 的基础上产生的 generated clock 的名字。

（3）Master pin（source）列——用于描述产生该 generated clock 的 source clock 所在的 source。

（4）Source objects 列——用于描述产生该 generated clock 所作用的 source object。

（5）Master clock 列——用于描述产生该 generated clock 的 source clock，如果上面的 Source objects 列填写的 source 上只有一个 clock，本处可以不写；反之，如果 Source objects 有多个 clock，则 Master clock 必须填写。

（6）Multiply By 列——multiply_by 选项也是用来变换 source clock 的频率值，描述倍频系数，source clock 的频率值乘以 multiply_by 选项值得到 generated clock 的频率值；它对应于 create_generated_clock 命令的-multiply_by factor 选项。

（7）Divide By 列——顾名思义，divide_by 是"被除以"之意，这里是指 source clock 的频率"被除以"，所以本选项描述分频系数，source clock 的频率值除以 divide_by 选项值得到 generated clock 的频率值。

（8）Duty Cycle 列——用于描述高电平在整个周期中所占比例，需要配合 multiply_by 一起使用；当 multiply_by 选项未指定时，若指定 duty_cycle 选项则会告警并忽略过去。

（9）Edges 列——表示从 source clock 引用的边沿序号，数目必须为 3。

（10）Edge Shift 列——配合 Edges 使用，用于描述每条边的偏移量，单位是时间；当 Edges 选项未指定时，若指定 Edge_shift 选项则会告警并忽略过去。

（11）Invert 列——用于将 source clock 的信号取反。

（12）Add 列——用于描述当有多个 clock 扇入到某 source object 时如何处理；当指定-add 选项时，且某 source object 已经存在 clock，则还会加到上面，不过需要指定不同的名字；否则就先去掉 Source objects 上面的 clock。

3. Set Clock Latency 窗口及表格

Set Clock Latency 窗口创建 set_clock_latency 命令，窗口上部为该条命令的简介；中间为创建该条命令的操作，Command 行可以显示创建命令的形式以及参数；窗口界面如图 2-47 所示，单击 Reset 按钮则重置该界面。

图 2-47　设置时钟延迟窗口

Set Clock Latency 表格用来显示该条命令，如图 2-48 所示。

其各列介绍如下：

（1）Enable 列——该列是一个复选框，默认勾选，如果不勾选，则在保存约束文件时在该条约束最后加上-disable，除了 I/O Table，其他表格都有 Enable 列，其用法是一样的，不再赘述。

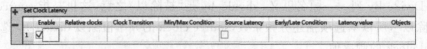

图 2-48　设置时钟延迟表格

（2）Relative clocks 列——指定 Clock。

（3）Clock Transition 列——指定是否为 clock rise latency、clock fall latency。

（4）Min/Max Condition 列——指定 max、min 参数。

（5）Source Latency 列——指定 latency 的类型，为 network latency、source latency。

（6）Early/Late Condition 列——指定 source 类型的 latency 的参数 early、late，该 option 只有在 latency 类型为 source 时才能指定。

（7）Latency value 列——指定 latency 的 value。

（8）Objects 列——指定 objects，类型为 clock/port/pin。

4. Set Clock Uncertainty 窗口及表格

Set Clock Uncertainty 窗口创建 set_clock_uncertainty 命令，窗口上部为该命令的简介；中间为创建该条命令的操作，Command 行可以显示创建命令的形式以及参数；在下部单击 Reset 按钮则重置该界面。窗口界面如图 2-49 所示。

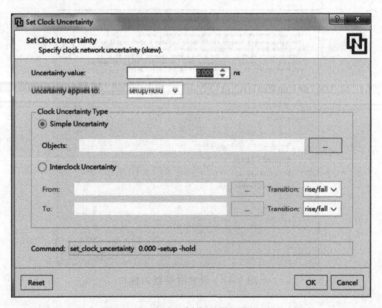

图 2-49　设置时钟不确定度窗口

Set Clock Uncertainty 表格用来显示该条命令，如图 2-50 所示。

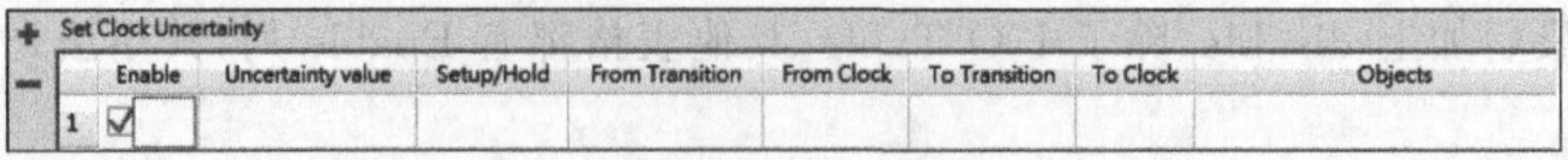

	Enable	Uncertainty value	Setup/Hold	From Transition	From Clock	To Transition	To Clock	Objects
1	☑							

图 2-50　设置时钟不确定度表格

其各列介绍如下：

（1）Enable 列——该列是一个复选框，默认勾选，如果不勾选，则在保存约束文件时在该条约束最后加上-disable，除了 I/O Table，其他表格都有 Enable 列，其用法是一样的，不再赘述。

（2）Uncertainty value 列——指定 value 值。

（3）Setup/Hold 列——表示进行的是 setup/hold 分析。

（4）From Transition 列——指定 from 的 transition，类型为-rise/-fall。

（5）From Clock 列——指定 clock。

（6）To Transition 列——指定 to 的 transition，类型为-rise/-fall。

（7）To Clock 列——指定 clock。

（8）Objects 列——指定 objects，类型为 clock/port/pin。

5. Set Clock Groups 窗口及表格

Set Clock Groups 窗口创建 set_clock_groups 命令，窗口上部为该条命令的简介；中间为创建该条命令的操作，Command 行可以显示创建命令的形式以及参数；在下部单击 Reset 按钮则重置该界面。窗口界面如图 2-51 所示。

图 2-51　设置时钟组窗口

Set Clock Groups 表格用来显示该条命令，如图 2-52 所示。

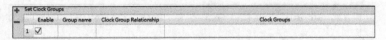

图 2-52　设置时钟组表格

其各列介绍如下：

（1）Enable 列——该列是一个复选框，默认勾选，如果不勾选，则在保存约束文件时在该条约束最后加上-disable，除了 I/O Table，其他表格都有 Enable 列，其用法是一样的，不再赘述。

（2）Group name 列——时钟组 clock group 的名字，它对应于 set_clock_groups 命令的-name group_name 选项。

（3）Clock Group Relationship 列——时钟组 clock group 的类型，目前只有-asynchronous 异步类型一种。

（4）Clock Groups 列——指定的时钟组。

6. Set Input/Output Delay 窗口及表格

Set Input Delay 和 Set Output Delay 命令的选项完全一样，创建命令的窗口也基本一样，只有两条命令的名字不一样。以下只对 Set Input Delay 做说明。

Set Input Delay 窗口创建 set_input_delay 命令，窗口上部为该条命令的简介；中间为创建该条命令的操作，Command 行可以显示创建命令的形式以及参数；在下部单击 Reset 按钮则重置该界面。窗口界面如图 2-53 所示。

图 2-53　设置输入延迟窗口

Set Input Delay 表格用来显示该条命令，如图 2-54 所示。

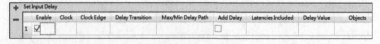

图 2-54　设置输入延迟表格

其各列介绍如下：

（1）Enable 列——该列是一个复选框，默认勾选，如果不勾选，则在保存约束文件时在该条约束最后加上-disable，除了 I/O Table，其他表格都有 Enable 列，其用法是一样的，不再赘述。

（2）Clock 列——指明该 delay 作用的 clock 名。

（3）Clock Edge 列——指明该 delay 作用于 clock 的下降沿。

（4）Delay Transition 列——指定该 delay 只在 rising/falling transition 时有效。

（5）Max/Min Delay Path 列——指明这个 delay 作用于最长路径/最短路径。

（6）Add Delay 列——指定是否将当前 delay 覆盖已有的 delay。

（7）Latencies Included 列——该 option 表示时延值包含的时间，该值的含义为：-source_latency_included，表示该延时值（数据路径的延迟）已经包含了时序路径的时钟源延迟时间；-network_latency_included 表示该延时值（数据路径的延迟）已经包含了时序路径的网络延迟时间。

（8）Delay Value 列——指定 delay 值，对应命令的 delay_value 项。

（9）Objects 列——指明该 delay 作用的 port，对应命令的 objects 选项。

7. Set Max/Min Delay 窗口及表格

Set Max Delay 和 Set Min Delay 命令的选项完全一样，创建命令的窗口也基本一样，只有两条命令的名字不一样，以下只对 Set Max Delay 做说明。

如图 2-55 所示，Set Max Delay 窗口创建 set_max_delay 命令，窗口上部为该条命令的简介；中间为创建该条命令的操作，Command 行可以显示创建命令的形式以及参数；在下部单击 Reset 按钮则重置该界面。

图 2-55　设置最大延迟窗口

Set Max Delay 表格用来显示该条命令,如图 2-56 所示。

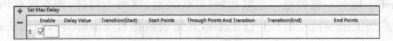

图 2-56 设置最大延迟表格

其各列介绍如下：

(1) Enable 列——该列是一个复选框,默认勾选,如果不勾选,则在保存约束文件时在该条约束最后加上-disable,除了 I/O Table,其他表格都有 Enable 列,其用法是一样的,不再赘述。

(2) Delay Value 列——设置 delay 值。

(3) Transition(Start)列——表示 path 的 transition。

(4) Start Points 列——表示 path 的 start point。

(5) Through Points And Transition 列——表示 path 必须经过的中间点。

(6) Transition(End)列——表示 path 的 transition,对应命令中的-to 选项。

(7) End Points 列——表示 path 的 end point,对应命令中的 to_list 选项。

8. Set Multicycle Path 窗口及表格

如图 2-57 所示,Set Multicycle Path 窗口创建 set_multicycle_path 命令,窗口上部为该条命令的简介；中间为创建该条命令的操作,Command 行可以显示创建的命令的形式以及参数；在下部单击 Reset 按钮则重置该界面。

图 2-57 Set Multicycle Path 窗口

Set Multicycle Path 表格用来显示该条命令,如图 2-58 所示。

图 2-58 Set Multicycle Path 表格

其各列介绍如下:

(1) Enable 列——该列是一个复选框,默认勾选,如果不勾选,则在保存约束文件时在该条约束最后加上-disable,除了 I/O Table,其他表格都有 Enable 列,其用法是一样的,不再赘述。

(2) Path Multiplier 列——设置 path multiplier 的值。

(3) Setup/Hold 列——表示进行的是 setup/hold 分析。

(4) Start/End 列——Start 表示 launch clock 右移的 clock 周期数目,End 表示 capture clock 右移的 clock 周期数目。

(5) Transition(Start)列——表示 path 的 transition。

(6) Start Points 列——表示 path 的 start point。

(7) Through Points And Transition 列——表示 path 必须经过的中间点。

(8) Transition(End)列——表示 path 的 transition。

9. Set False Path 窗口及表格

如图 2-59 所示,Set False Path 窗口创建 set_false_path 命令,窗口上部为该条命令的简介;中间为创建该条命令的操作,Command 行可以显示创建的命令的形式以及参数;在下部单击 Reset 按钮则重置该界面。

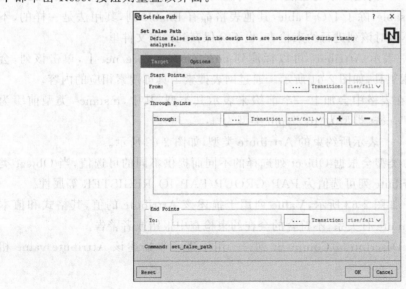

图 2-59 Set False Path 窗口

Set False Path 表格用来显示该条命令,如图 2-60 所示。

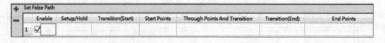

图 2-60　Set False Path 表格

其各列介绍如下:

(1) Enable 列——该列是一个复选框,默认勾选,如果不勾选,则在保存约束文件时在该条约束最后加上-disable,除了 I/O Table,其他表格都有 Enable 列,其用法是一样的,不再赘述。

(2) Setup/Hold 列——表示进行的是 setup/hold 分析。

(3) Transition(Start)列——表示 path 的 transition。

(4) Start Points 列——表示 path 的 start point。

(5) Through Points And Transition 列——表示 path 必须经过的中间点。

(6) Transition(End)列——表示 path 的 transition。

(7) End Points 列——表示 path 的 end point。

2.4.4　Attribute 表格界面

Timing Constraints 界面是处理 Timing 时序命令的界面。

Attribute 表格用来设置 UCE 功能中的逻辑约束,目前逻辑约束是以 attribute 形式体现在约束文件中的。下面分别介绍该 Attribute 表格的各列。

(1) Enable 列——该列是一个复选框,默认勾选,如果不勾选,则在保存约束文件时在该条约束最后加上-disable,除了 I/O Table,其他表格都有 Enable 列,其用法是一样的,不再赘述。当勾选时,不会对该列进行约束检查,也不会保存到约束文件里。

(2) Object 列——表示 Attribute 可以标注到 port/pin/instance/net 上,单击该列,会出现 UCE 的网表搜索工具,如图 2-61 所示。通过网表搜索工具可搜索相应的内容。

Object 列的对象在表格中会加上一个前缀来表示其类型,其中,instance 类型前缀为"i:",net 类型为"n:",port 类型为"p:",pin 类型为"t:"。

(3) Attribute 列——表示所约束的 Attribute 类型,如图 2-62 所示。

这里的 Attribute 类型会根据 Object 列选择的不同而提供不同的可选值,当 Object 类型选 instance 时,Attribute 列可选值为 PAP_GROUP/PAP_IO_REGISTER 等属性。

(4) Value 列——如图 2-63 所示,Value 列用于描述该 Attribute 的值,其格式和值本身的要求与具体 Attribute 有关系,不符合的会在约束检查中报错或者警告。

(5) Value Type/Description/Comment 列——用于进一步描述该 Attribute value 相关的特性,目前忽略。

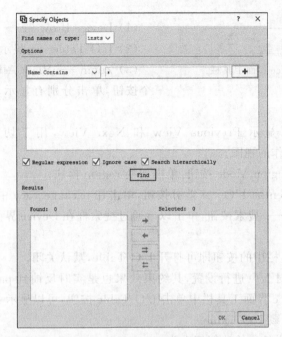

图 2-61　UCE 的网表搜索工具

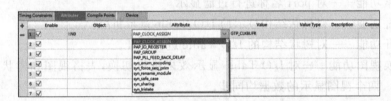

图 2-62　Attribute 表格的 Attribute 列

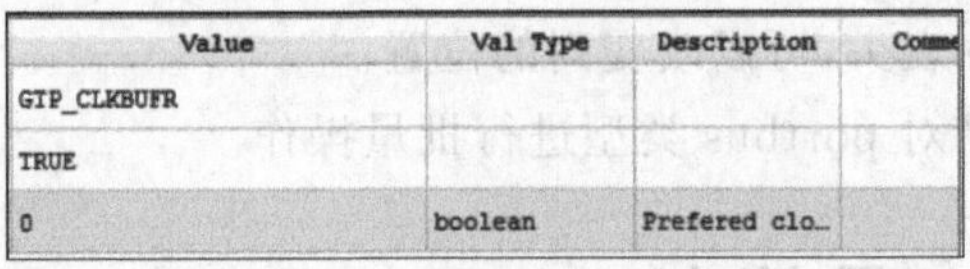

Value	Val Type	Description	Comm
GTP_CLKBUFR			
TRUE			
0	boolean	Prefered clo...	

图 2-63　Attribute 表格的 Value 相关列

2.4.5　Device 界面

Device 界面主要用来处理约束：对用户设计的顶层端口进行约束，比如其位置、电平标准等；对区域进行约束，包括某些设计约束到区域中；对预留的位置进行标记，并传递到后续步骤中。

1. Device 界面工具栏

Device 界面工具栏如图 2-64 所示。

在图 2-64 中，从左到右依次为：

图 2-64　Device 界面工具栏

（1）Device Browser——显示浏览结构图。

（2）I/O Table——显示 I/O 表格。

（3）Zoom——View All、Zoom In、Zoom Out 三个按钮，单击分别有显示资源整体布局、放大、缩小的功能。

（4）History——显示 Previous View 和 Next View，用于切换 floorplan view 或 package view 历史操作的视图。

（5）Mode——Region Mode 按钮，单击切换 region 模式。

（6）Show Differential I/O——差分按钮，单击在 package view 中显示差分信息。

（7）Search Inst——搜索按钮，单击以后通过搜索框在 Device 界面搜索 Device 信息。

2. I/O Table

单击 Device 工具栏中的按钮即可打开 I/O Table，默认关闭。

I/O Table 可以对 I/O 进行设置，其约束效果也是实时反馈到 package view 和 Design Browser 中。在 Device 界面工具栏中单击 I/O Table 按钮，可以显示 I/O Table。再次单击 I/O Table 按钮，则隐藏 I/O Table。

I/O Table 工具栏各项的功能依次为：

（1）搜索功能——对 port 名称进行过滤显示。

（2）折叠功能——对树状结构显示的 I/O Table 进行折叠。

（3）展开功能——对树状结构的 I/O Table 进行展开。

（4）切换视图功能——对 I/O Table 显示效果进行切换，表格视图和树状结构视图两者切换显示。两个视图显示的数据均同步。

另外：

（1）单击 I/O Table 表头，可以进行行排序。

（2）移动 I/O Table 表头，可以改变列的位置。

（3）树状结构中支持对 portbus 类型进行批量操作。

2.5　ADS 综合工具简介

在介绍 ADS 综合工具前，应首先了解 Synplify Pro for Pango 综合工具，它是 Pango 委托 Synopsys 开发的成熟的 FPGA 综合工具，支持的 HDL 语言有 Verilog-2001、SystemVerilog 可综合子集、VHDL-1993、部分 VHDL-2008 和 VHDL-2019 语言可综合子集。在以前的版本，普遍使用 Synplify Pro for Pango 进行综合，但近年来由于国家策略及公司对自主综合工具的规划，研发了 Pango 自己的综合工具，即 ADS。

ADS 是紫光同创自研的 FPGA 综合工具，当前支持 Verilog-2001 可综合子集及有限的 SystemVerilog 语法。

当前支持的 SystemVerilog 语法包括二维数组形式的 input/output 端口声明，

$clog2、$signed 和 $unsigned 系统函数。

在 PDS_2020.3 版本中,ADS 默认支持的语言为 Verilog-2001,当使用 SystemVerilog 语法的工程时需要手动打开 SystemVerilog 支持。后续 Pango 公司的 FPGA 器件综合都是利用自研的 ADS 工具进行完成的。

2.5.1　ADS Flow 概述

ADS(Architecture Driven Synthesis)是一款实现 Design Source 文件逻辑综合的工具软件。ADS 主要包含 Compile 和 Synthesize 两大流程,Compile 阶段完成 Source Code RTL 网表的生成,Synthesize 阶段基于 Compile 的 DB、Mapping 和 Optimization 后生成 Technology 网表。

ADS Flow 完成后,综合工具输出 Technology 网表文件(.vm)等,生成的.vm 网表文件可以用来使用第三方验证工具完成验证工作。Compile 和 Synthesize 之间通过 DB 文件进行网表信息传递,逻辑综合的结果也是通过生成 DB 文件将网表信息传递给 DeviceMap。

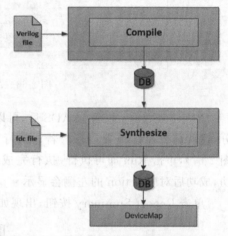

图 2-65　ADS 综合工具实现流程

如图 2-65 所示为 ADS 综合工具实现流程,ADS 综合工具暂时只支持 Verilog。

ADS 综合完成后,在工程目录生成的过程文件有 run.log(用于存放全部 log 信息)。在工程文件所在目录中会生成两个子目录,分别为 Compile 和 Synthesize。

Compile 目录中存放 Compile 阶段的结果,主要文件为< top_module >_rtl.adf,该文件可用于 RTL 原理图的显示,也是 Synthesize 阶段输入的 DB 文件。

Synthesize 目录中存放 Synthesize 阶段的结果,主要文件有< top_module >_syn.adf、< top_module >_syn.vm、< top_module >.snr 等。< top_module >_syn.adf 可用于 Technology 原理图的显示。.vm 文件为 Map 之后的 GTP 网表,可用来做第三方工具验证。.snr 文件为综合后的资源报告和时序报告,该文件的内容都包含在 run.log 中。

在 Compile 和 Synthesize 阶段都会生成 formal.pvf 文件,用于指导形式化验证。

2.5.2　ADS 综合的基本操作

1. ADS 综合的实现流程

工程文件建好后,进入主界面。如果综合工具不是 ADS,则可以切换至 ADS 综合工具。选择菜单命令 Project→Project Setting,弹出如图 2-66 所示界面,Synthesis Tool 选择 ADS,单击 OK 按钮完成设置。

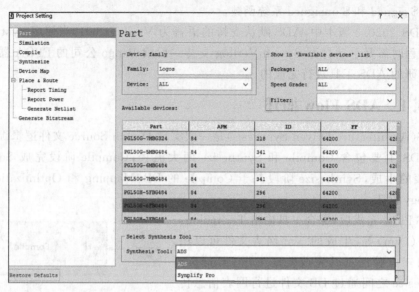

图 2-66　ADS综合工具设置窗口

Project Setting 设置为 ADS 后，可以看到 ADS Flow 包含 Compile 和 Synthesize 两部分，这两部分可以单独运行。若只执行 Compile，则在 Flow 界面中的 Compile 处右击（见图 2-67），单击 Run 即可执行，执行完成后生成 RTL 网表。Compile 和 Synthesize 执行成功，成功后对应 action 的左侧会显示 ✔，失败则显示 ✖。

单击 Report Summary 按钮，出现如图 2-68 所示界面，可以查看 ADS 综合报告。

图 2-67　右击 Compile

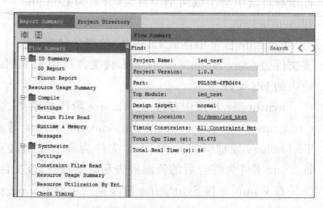

图 2-68　ADS报告摘要

综合报告的目录下，有一个扩展名为 .ccr 的文件，里面是综合在 check fdc 约束时产生的所有约束相关的报告信息。

2. ADS 添加源文件

ADS 综合流程支持的 design 文件包括纯 Verilog 文件、Verilog 文件和 ADS 综合后的中间文件(＊_syn.adf)混合使用等。

ADS 综合流程支持的约束包括.fdc、.scf、.lcf 文件,.fdc 文件作用于 Synthesize 阶段,.scf 和.lcf 文件作用于 Device Map 阶段。

添加纯 Verilog 文件作为源文件时,可以通过如图 2-69 所示的 Add Source 命令来进行添加。

ADS 流程还支持 Verilog 文件和 ADS 综合后的中间文件(＊_syn.adf 文件)一起作为源文件。工程中使用此种方式作为设计文件时,Verilog 文件作为顶层使用;ADS 综合后的中间文件(＊_syn.adf 文件)作为子层使用,其由原始工程中的子层 Verilog 文件综合而来。sub module 的构造方式与.v 和.vm 混用一样,需要在顶层中使用/＊ synthesis syn_black_box ＊/属性标注 sub module。如下所示:

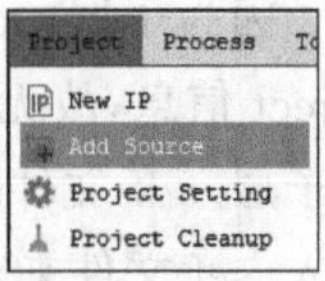

图 2-69　添加源文件

```verilog
module led_test
(
input      sys_clk,                    // 系统时钟
input      rst_n,                      // 复位,低有效
outputreg[3:0]  led                    // LED 控制信号
);/* synthesis syn_black_box */
endmodule
```

＊_syn.adf 文件是作为 sub module 来使用的,所以在综合生成.adf 文件时,需要在综合配置中勾选 Disable I/O Insertion 选项,如图 2-70 所示。

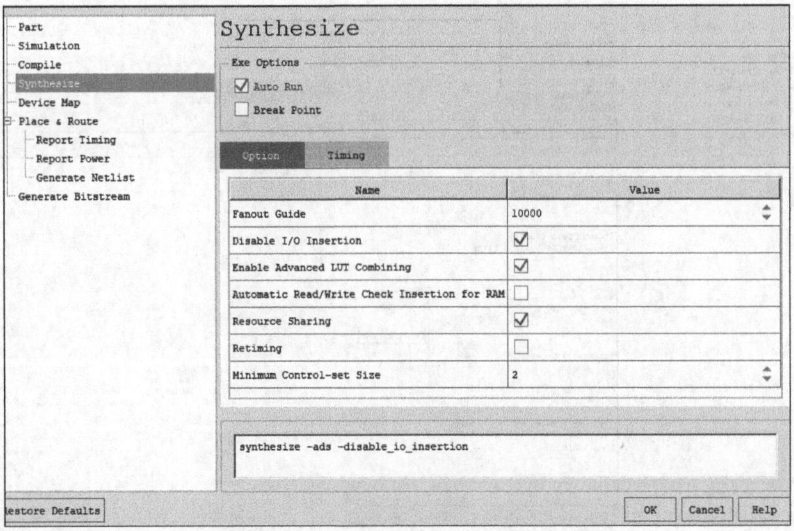

图 2-70　勾选 Disable I/O Insertion

例如,现有顶层 top 和子 module A、B。首先使用 ADS(需要在 Synthesize 配置选项中勾选 Disable I/O Insertion 选项,见图 2-70)分别综合 module A、B,生成 A_syn.adf,B_syn.

adf。然后在顶层添加 A、B module 的声明（需增加/ * synthesis syn_black_box * /）。

之后 Design Source 增加 A_syn. adf、B_syn. adf 文件。

最后可以开始综合顶层 top（注意，综合配置中不要勾选 Disable I/O Insertion 选项）。此时子层. adf 文件作为黑盒是不会综合的，在 Device Map 时会将顶层综合结果与子层. adf 文件合并传递至布局布线阶段。

因为子层. adf 文件在综合时是作为黑盒使用的，故此时无法得知子层. adf 文件中的 object 信息，故无法在. fdc 文件中对子层. adf 文件中的 object 做约束；Device Map 阶段载入子层. adf 文件时，会将子层. adf 文件中的时序约束信息清空（top module 不受影响）；故引入. scf 文件来对子层. adf 文件做时序约束；同样，引入. lcf 文件来对子层. adf 文件做位置约束和属性约束；. scf 和. lcf 文件中编写约束时，约束规则和. fdc 文件中是一致的，值得注意的是，约束时 Object 的层级结构与子层. adf 文件综合前的层级结构一致，故若要在. scf 或. lcf 文件中对子层. adf 文件做约束，则需要知道约束对象综合前的层级结构。

目前还不支持在 UCE 中直接对子层. adf 文件中的 Object 做约束后保存到. scf 和. lcf 文件中，同样，打开 UCE 时也不能识别. scf 和. lcf 文件中的约束。若要在. scf 和. lcf 文件对子层. adf 文件做约束，目前仅支持在文件中手动编写约束。

3. Project Setting 设置

在 Flow 显示区域内右击任一步骤，并在弹出的快捷菜单中选择 Project Setting 命令，进入如图 2-71 所示的 Project Setting 窗口，可以进行 Compile 和 Synthesize 选项的设置。

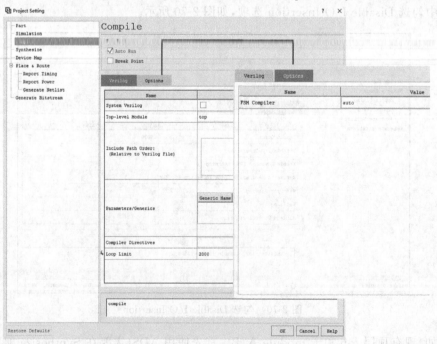

图 2-71　Project Setting 窗口

选中左侧的 Compile,在右侧设置 Compile 的选项。Compile 支持如下设置:

(1) System Verilog——选中时默认 Verilog 被设置成 System Verilog。

(2) Top-level Module——设置 top module, value 值为 module 的名字。

(3) Include Path Order——设置工程的 include 路径,单击“文件夹”按钮,会弹出 Select Directory 提示框,选择 include 路径完成 include path 的设置。

(4) Parameters/Generics——用于设置全局参数或泛型常量。

(5) Compiler Directives——用于输入编译器指令,常用于输入 ifdef 和 define 语句。

(6) Loop Limit——设置 for 语句循环次数的上限值,默认值为 2000。

(7) FSM Compiler——FSM 编码方式选择开关。默认为 auto,其他可选值如表 2-2 所示。

表 2-2　编码方式说明

编码方式	说　　明
auto	根据软件优化策略选择最优编码方式
off	不执行 FSM infer
one_hot	每个状态只有一位为 1,可减少组合逻辑,速度最快,可优化时序,但使用较多寄存器
gray	相邻状态转换时只有一个状态发生翻转,与 one_hot 相比,使用寄存器较少
sequential	自然数编码,相同条件下使用寄存器最少
original	保持源文件中的原始编码
safe	防止状态机被锁在非法状态。一旦 FSM 进入任意非法状态,可以通过 safe logic 第一时间将 FSM 跳转回合法状态,可增强设计的稳定性
safe, one_hot	使用独热编码方式,并防止状态机被锁在非法状态
safe, gray	使用格雷码编码方式,并防止状态机被锁在非法状态
safe, sequential	使用自然数码编码方式,并防止状态机被锁在非法状态
safe, original	保持源文件中的原始编码,并防止状态机被锁在非法状态

选中左侧的 Synthesize,在右侧设置 Synthesize 的选项,如图 2-72 所示。

Synthesize 支持如下设置:

(1) Fanout Guide——设置扇出端数的最大值,默认值为 10000。

(2) Disable I/O Insertion——I/O 插入开关;默认这个开关是关掉的,网表中插入 I/O 缓冲器,选中该选项后,网表中不会插入 I/O 缓冲器。

(3) Enable Advanced LUT Combining——将两个相容的 LUT 合并为双输出 GTP_LUT6D 的开关。仅对有 GTP_LUT6D 功能的系列有效,即当前仅支持 Logos2 系列。设置为非选中状态则不进行 LUT 的合并。默认为打开状态,Logos2 系列外默认为置灰状态。

(4) Automatic Read/Write Check Insertion for RAM——自动核对 RAM 插入。

(5) Resource Sharing——Resource Sharing 开关。默认是打开状态,进行资源共享。若设置为非选中状态,则不进行资源共享。

(6) Retiming——Retiming 开关。默认是关闭状态,打开开关后,可在综合中通过移动寄存器的方式优化时序。

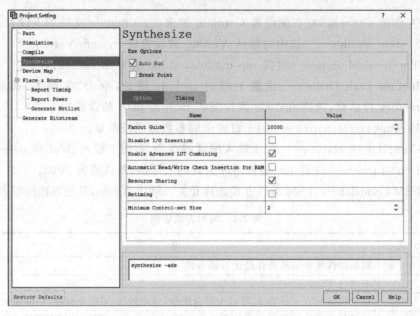

图 2-72 Synthesize 选项配置

（7）Minimum Control-set Size——调整具有同一控制端口的 FF 的最小值，即 CLK、CE、同步 SET/RESET 等端口一致的 FF 的最小值。默认值为 2，可选值为正整数。当具有同一控制端口的 FF 大于或等于设置值时，不进行优化；当小于最小值时，会将对应的 FF 的部分或全部控制引脚移至 D 输入端。

在 Synthesize 界面选中右侧的 Timing 选项卡，可以设置相关选项，如图 2-73 所示。

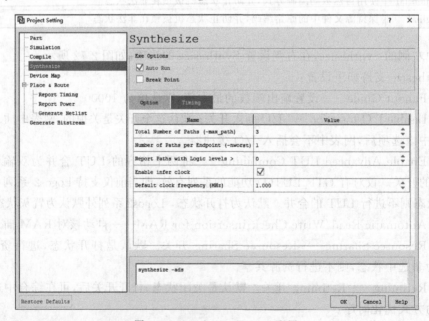

图 2-73 Synthesize Timing 配置

Synthesize Timing 支持如下设置：

（1）Total Number of Paths(-max_path)——即 max_path,表示综合时序报告中报告的最差时序路径的数量。

（2）Number of Paths per Endpoint(-nworst)——即 nworst,表示综合时序分析时,报出的每个 end point 最多能保存的 path 数量。

（3）Report Paths with Logic Levels ＞——表示综合时序分析时,报出的每个 setup/recovery 时序路径的 Logic Levels 必须大于设定值,小于该值的时序路径将不予显示。该设置不影响 hold/removal 分析时序路径。

（4）Enable infer clock——表示综合时是否使用自动推导时钟来补全时序约束。

（5）Default clock frequency(MHz)——表示 infer clock 的默认时钟频率,在 infer clock 的时钟频率无法由软件计算时使用。当 Enable infer clock 选项不使能时该选项无法使用。

2.5.3　ADS 综合网表分析

1. ADS 综合网表查看

ADS Compile 阶段和 Synthesize 阶段生成的 RTL 网表和 Technology 网表可以通过 View RTL Schematic 和 View Technology Schematic 进行查看和分析。

单击工具栏中的 View RTL Schematic 按钮,可查看 RTL 网表,RTL 网表界面如图 2-74 所示。其中上方的工具栏按钮为 View RTL Schematic 支持的功能。

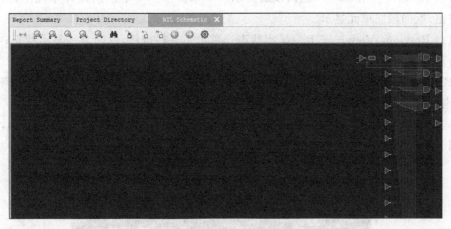

图 2-74　RTL 网表

工具栏选项如下：

（1）Design Browser——单击工具栏按钮会打开 Design Browser 窗口,显示网表的 Nets、Ports、Leaf cells 和实例化的 instance,选中 Design Browser 中的对象对应的结构在网表中会高亮显示。

（2）Fit——适合图像。单击工具栏按钮会根据当前视图中所有物体的外框进行适当缩放,使得所有物体都可以显示出来并充满整个视图。

（3）Fit Selection——适合选中的物体显示。单击工具栏按钮会根据当前视图中所有被选中物体的外框进行适当缩放，使得所有选中物体都可以显示出来并充满整个视图。

（4）Zoom In——放大。单击工具栏按钮会激活交互式操作，此时使用者可以按住鼠标左键并在视图中移动以画出一个矩形框，再松开鼠标按键则会根据该矩形框进行适当缩放，使得位于其中的物体都可以显示出来并充满整个视图。Zoom In 是一个连续的交互操作，需要按 Esc 键来退出。

（5）Zoom In By 2——放大两倍。单击工具栏按钮会将当前视图中的物体放大两倍显示，可显示的范围则会缩小。

（6）Zoom Out By 2——缩小一半。单击工具栏按钮会将当前视图中的物体缩小一半显示，可显示的范围则会扩大。

（7）Find——查找。单击工具栏按钮，进行对象查找。

（8）Descend——下层显示。单击工具栏按钮激活 Descend 操作，在将鼠标指针移动到一个 instance 物体上时，如果光标图形变为手形，则表示可以进入下层的设计单元中，单击即可进入；或者先选中一个 instance 物体，在其右键快捷菜单中单击 Descend 命令也可以进入下层的设计单元中。

（9）Return——上层显示。如果位于一个下层的设计单元中，则单击工具栏按钮，向上返回一层。

（10）Return To Top——返回顶层显示。如果位于一个下层的设计单元中，则单击工具栏按钮，返回顶层单元显示。

（11）Previous View——上一显示状态。单击工具栏按钮，返回上一显示状态；如果该按钮为灰色，则表示已经为最初始的显示状态。

（12）Next View——下一显示状态。单击工具栏按钮，显示下一状态；如果该按钮为灰色，则表示该网表为最后显示状态。

单击工具栏中的 View Technology Schematic 按钮，可查看 Technology 网表，图形界面如图 2-75 所示。

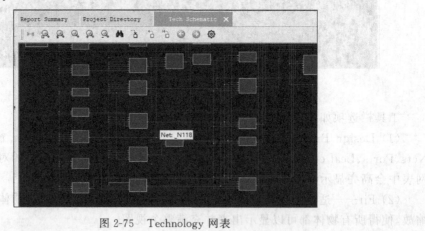

图 2-75　Technology 网表

View Technology Schematic 的上方工具栏的功能和操作与 View RTL Schematic 相同。

按住 Alt＋鼠标左键可拖动视图,按住 Alt＋鼠标滚轮可左右滑动视图,按住 Ctrl＋鼠标滚轮可放大、缩小视图。

2. Design Browser 显示

左侧的 Design Browser 可以显示当前视图的资源信息,如图 2-76 所示。

Design Browser 中有几个右键菜单命令,分别是:

(1) Zoom——定位到所选 object。

(2) Copy Name——复制当前 object 名字到剪切板中。

(3) Properties——显示所选 object 属性。

(4) Collapse All——折叠所有 object。

图 2-76　设计浏览

3. Schematic 分页显示

对于较大的原理图,会分成若干页来进行显示。按键盘上的 Page Up 和 Page Down 键可以进行翻页。在最后一页按 Page Down 键会回到第一页;在第一页按 Page Up 键则会翻到最后一页。

4. Objects 查找功能

在原理图中经常存在大量的物体,通过 Find 功能可以对指定的物体进行查找。单击原理图工具栏中的 Find 按钮或通过快捷键 Ctrl＋F,可以打开 Find 对话框,如图 2-77 所示。

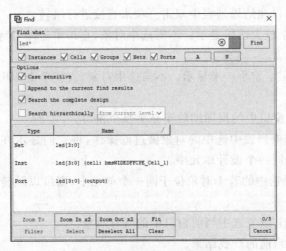

图 2-77　原理图 Find 对话框

在 Find what 输入框中输入要查找的对象名称,支持 UNIX 风格的通配符"＊"和"?"等。例如输入 I＊,就会匹配 I 开头的物体;如果不加通配符,则进行完整的匹配。

查找对象的类型有以下几种:Instances 表示直接查找单元实例、Cells 表示通过单元查找其实例、Groups 表示查找单元实例构成的组、Nets 表示查找线网、Ports 表示查找端口。可以勾选它们中的一个或几个，还可以通过按钮 A 和 N 快速重置它们的状态。

A：All checked，选择全部物体种类；

N：None checked，去选全部物体种类。

其他的选项还有：

（1）Case sensitive——在查找过程中区分字母大小写。

（2）Append to the current find results——在查找开始后，并不清空以前的结果，新找到的目标对象会合并到结果列表中。

（3）Search the complete design——如果当前原理图是经过过滤后的，那么勾选此项则会在完整的网表中查找；否则，只在当前可见的原理图中查找。

（4）Search hierarchically——进行层次查找，可以选择 from top level 从顶层逻辑单元开始，或 from current level 从当前逻辑单元开始。在层次查找时是不能对单元实例构成的组 Groups 进行搜索的。

在 Find what 输入框中回车或单击 Find 按钮，则会开始查找过程，查找的结果会显示在列表中。查找结束后，可以对结果列表中的物体进行跳转、缩放、定位等操作。最简单的是双击列表中的一项，可以直接跳转到该物体所在位置，并闪烁高亮。如下按钮可用于方便地进行一些操作。

（1）Zoom：如果选中的若干对象位于同一个单元中，则可以跳转到该单元中并缩放视图到这些对象上。如果这些对象位于同一个单元中的不同页中，则会先弹出一个对话框来选择一个页面。也可以在结果列表中双击一项来直接进行跳转。

（2）Zoom In x2：放大两倍显示。小需选中对象，直接单击即可将当前窗口中的视图放大两倍显示。

（3）Zoom Out x2：缩小一半显示。不需选中对象，直接单击即可将当前窗口中的视图缩小一半显示。

（4）Fit：将当前窗口中的视图缩放至充满整个窗口。

（5）Filter：对结果列表中选中的对象做过滤操作，将它们显示在另一个原理图中。注意这些对象需要位于同一个设计单元中。

（6）Select：如果选中的若干对象位于同一个单元中，则可以跳转到该单元中并选中高亮这些对象。

（7）Deselect All：取消选中当前窗口中的所有对象。

（8）Clear：清除当前的查找结果。

5. Schematic Preferences 设置

用户可以通过 Preferences 来设置原理图的显示模式等。单击工具栏中的 Preferences 按钮，弹出窗口进行以下设置。

Display 部分主要控制一些与原理图显示内容等相关的属性，如图 2-78 所示。

相关属性如下：

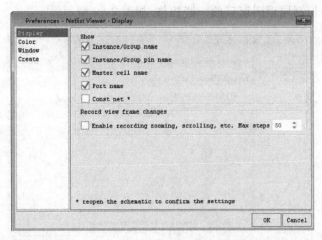

图 2-78　Preferences 设置对话框的 Display 部分

（1）Instance/Group name——是否显示实体或分组的名称。

（2）Instance/Group pin name——是否显示实体或分组的引脚名称。

（3）Master cell name——是否显示实体/分组的单元名称。

（4）Port name——是否显示端口的名称。

（5）Const net——是否显示常量线网，如 VCC/GND 等。

（6）Enable recording zooming，scrolling，etc.——当绘图区域有缩放或滚动等操作时，是否记录这些操作，使得可以通过 Previous View/Next View 来重复刚才的操作。如果该选项打开，可以设置记录的步数。

　　Color 部分控制绘制原理图时的颜色，如图 2-79 所示。双击列表中的一项，可以选择新的配色。单击 Reset 按钮，可以恢复上次保存的配色，或者恢复为默认的白色或黑色背景配色。

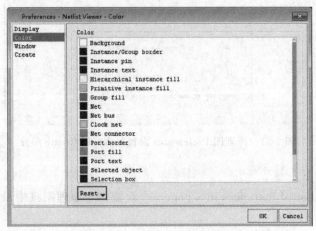

图 2-79　原理图 Preferences 设置对话框的 Color 部分

Window 部分控制原理图窗口的一些控件，如图 2-80 所示。

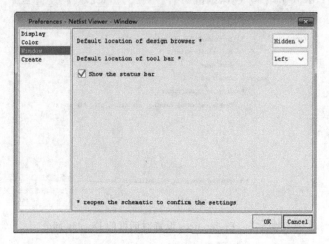

图 2-80　原理图 Preferences 设置对话框的 Window 部分

其说明如下：

（1）Default location of design browser——设计浏览器的默认位置。

（2）Default location of tool bar——工具条的默认位置。

（3）Show the status bar——是否显示窗口底部的状态栏。

Create 部分控制原理图生成过程中的一些属性，如图 2-81 所示。

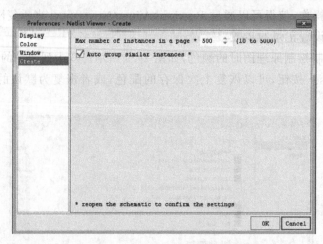

图 2-81　原理图 Preferences 设置对话框的 Create 部分

其相关说明如下：

（1）Max number of instances in a page——设置每个原理图页中最多可以放置的对象个数。

（2）Auto group similar instances——是否将拥有相同的单元且名称类似的对象自动

合并成一个分组。

6. Schematic View 和 Verilog 源代码的交互定位

如图 2-82 所示,在 Schematic View 中选中某个对象后,在其右键快捷菜单中选择 Cross Probe Text 命令可以在文本编辑器中打开对应的源代码,并定位到该对象在源代码中对应的描述行。对应的描述在原文件中高亮显示。

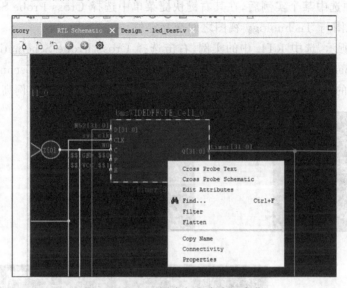

图 2-82 RTL 网表与文本交互定位

```verilog
always@(posedge sys_clk or negedge rst_n)
begin
if(~rst_n)
        timer <= 32'd0;                        //复位,计数清零
else if(timer == 32'd199_999_999)              //4s 计数
        timer <= 32'd0;                        //计数完成,计数器清零
else
        timer <= timer + 1'b1;                 //计数器加 1
end

always@(posedge sys_clk or negedge rst_n)
begin
if(~rst_n)
        led <= 4'b0000;                        //初始化
else if(timer == 32'd49_999_999)               //LED1 亮
        led <= 4'b0001;
else if(timer == 32'd99_999_999)               //LED2 亮
begin
        led <= 4'b0010;
end
else if(timer == 32'd149_999_999)              //LED3 亮
```

```
            led <= 4'b0100;
    else if(timer == 32'd199_999_999)         //LED4 亮
            led <= 4'b1000;
end
```

7. RTL Schematic View 和 Technology Schematic View 的交互定位

在原理图中选中某个实例后，在其右键快捷菜单中选择 Cross Probe Schematic 命令可以实现 RTL 视图与 Technology 视图之间交互定位。

如图 2-83 所示，选中 RTL 中的实例，右击选择 Cross Probe Schematic 会自动跳转到 Technology Schematic View 中，并将对应的实例突出显示；反之，在 Technology Schematic View 进行相同的操作，会跳转到 RTL Schematic View 并将对应的实例高亮显示外框。

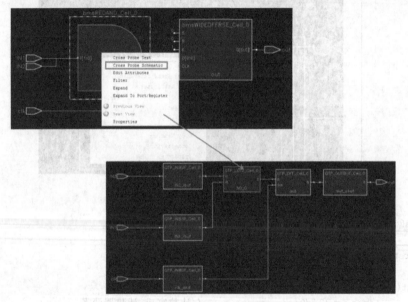

图 2-83　RTL 和 Technology 原理图交互定位

2.6　PDS 软件中的 IP 调用

本章描述了 IP Compiler(IPC)的各项功能及使用方法。IP Compiler 是 FPGA 工具包中的 IP 模块生成器，这个生成器是参数化的，可以由用户设定各种参数。IPC 的使用者需要理解 IP 模型及其实例化的概念。IP 模型(IP model)是 FPGA 厂商或第三方 IP 厂商提供的描述一个 IP 行为的参数化的模板，IP 实例(IP instance)则是使用者对某个 IP 模型应用一组特定的参数后产生的结果。IPC 中包含一些预置的 IP 模型，并且可以管理各个 IP 实例。

2.6.1　启动 IPC

IPC 可以单独启动，也可以从 Pango Design Suite 中打开，方法是选择菜单项 Tools→IP Compiler，进入 IPC 界面，如图 2-84 所示。

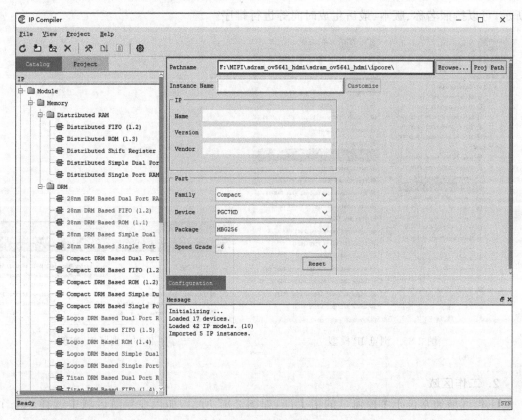

图 2-84　主控界面

IPC 的主要使用界面包括主控窗口和配置窗口。IPC 主控窗口是管理和使用 IP 模型及其实例的界面，主要由导航区域、工作区域和信息区域组成。下面对各部分和功能详细描述。

2.6.2　主控窗口

1. 导航区域

导航区域通常位于主控窗口的左侧，可以通过菜单命令 View→Navigator 打开或隐藏。导航区域有两个页面，可以分别显示 IP 模型和 IP 实例，选择菜单命令 View→Refresh 可以刷新所有的 IP 模型和实例。

IPC 在启动后会自动装载 IP 模型，IP 模型通常保存在安装路径下的 IP 子目录。选择

Catalog 页面可以显示所有已装载的 IP 模型。右击 IP 模型时会出现 View by Name 或 View by Function 选项。可以选择根据功能（View by Function）或名称（View by Name）排序两种设置查看 IP 的排列，如图 2-85 所示。

Project 页面可以显示所有已装载的 IP 实例。导航区域显示为一个表格结构，如图 2-86 所示，可以按照名称、版本、最后生成时间等进行排序。

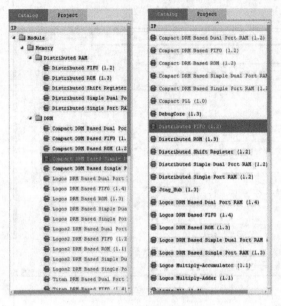

图 2-85　浏览 IP 模型

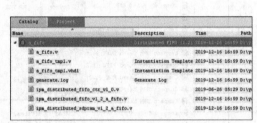

图 2-86　浏览 IP 实例

2. 工作区域

工作区域通常位于主控窗口的中上部，如图 2-87 所示，如果在导航区域中选择了一个 IP 模型或实例，其对应的内容会在工作区域中显示出来。工作区域有两个页面，可以配置一个 IP 实例和显示 IP 模型的信息。工作区域的最主要功能是开始配置一个 IP 实例，编辑 IP 实例名称和开发板器件。

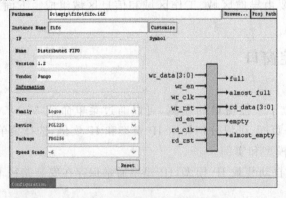

图 2-87　主控窗口的工作区域

其相关说明如下：

（1）Pathname——指定一个 IP 实例的数据文件的全路径名，文件名通常以 .idf 为扩展名，以便于识别。单击 Browse 按钮可以自由选择一个文件路径；路径名中仅允许包含字符 A～Z、a～z、0～9、下画线（_）、减号（—）、句点（.）、空格以及@等。单击 Proj Path 按钮则可以将 PDS 工程中的推荐路径填充进来。

（2）Instance Name——输入 IP 实例的名称，必须符合 Verilog 语法中对 module 名称的限制，并且与 Preferences 对话框中设置的保留名称不冲突，否则会有错误警告从而不能继续配置操作。名称中仅允许包含字符 A～Z、a～z、0～9 以及下画线（_）等。

（3）IP——该区域中显示了所选 IP 模型的名称、版本和发行商等信息。

（4）Part——在该区域中可以选择 FPGA 器件的家族、型号、封装类型和速度等级；单击 Reset 按钮恢复为默认的器件设置。

（5）Symbol——在该区域显示的是所选 IP 实例的输入输出端口的情况。

在输入以上相应信息后，单击 Customize 按钮则开始配置工作：在磁盘上生成 IP 实例的空间，并打开配置窗口详细地设置 IP 的各项参数。详情见配置窗口。

3. 信息区域

如图 2-88 所示，信息区域通常位于主控窗口的中下部，可以通过菜单命令 View→Message 或在工具栏中右击任意处，在弹出的快捷菜单中选择 Message 选项来打开或隐藏。信息区域是只读的，即它只能显示信息，不能用于输入命令行。

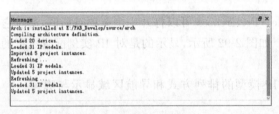

图 2-88 信息区域界面

在信息区域右击会弹出一个快捷菜单，如图 2-89 所示。

其相关说明如下：

（1）Copy——复制选中的文字到剪贴板中。

（2）Select All——选中所有的信息文字。

（3）Find——在 Message 界面下搜索相匹配的信息。可以在 Find 区域中输入字串，再单击或向前或向后查找信息内容，勾选 Case Sensitive 表示匹配时区分字母大小写，否则与大小写无关。

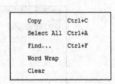

图 2-89 信息区域右
键快捷菜单

（4）Word Wrap——当窗口较小不能显示全部信息时，自动换行显示全部信息。

（5）Clear——清除所有信息。

4. 菜单栏

IP 的配置流程主要包括配置实例参数、重新生成实例、停止重新生成等。这些控制位于主控窗口的菜单项和工具栏,如图 2-90 所示,也可以在导航区域和工作区域中通过快捷菜单命令或按钮来操作。

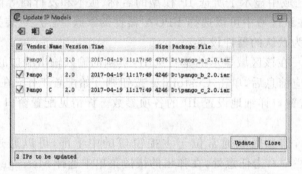

图 2-90 流程控制的相关菜单项

1) File 菜单

主要作用是更新 IP 和系统设置。用户可以从 IP 开发商处获得新的 IP 模型或者原有 IP 模型的升级版本。选择菜单命令 File→Update 打开更新对话框,可以将 IP 升级包装载入查看,如图 2-91 所示。不可用的 IP 包会用浅灰色表示出来,不可用指的是与当前软件工具不兼容,或者比当前已安装的 IP 模块版本更老旧。注意,不可用并不代表 IP 包本身是错误的。

图 2-91 更新 IP 模型的对话框

选择菜单命令 File→Preferences 可以打开一个选项对话框,通过它可以对 IP Compiler 进行一些全局性的设置。如图 2-92 所示,显示的是对 IP 实例配置过程的一些设置。

2) View 菜单

主要是导航区域 IP 模型的排列方式和导航区域显示与隐藏。

3) Project 菜单

IP 的配置流程主要包括配置实例参数、重新生成实例、停止重新生成等。Project 菜单如图 2-93 所示。

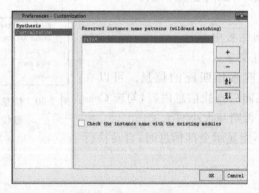

图 2-92 设置配置选项

图 2-93 Project 菜单相关选项

其相关说明如下：

（1）Customize——打开配置窗口对选中的 IP 实例进行参数设置，也可以直接双击一个 IP 实例项进行同样的操作。

（2）Regenerate——根据当前的参数设置重新生成选中的 IP 实例。

（3）Regenerate All——根据当前的参数设置重新生成列表中所有的 IP 实例。

（4）Stop Regenerate——停止重新生成 IP 实例，主要针对 Regenerate All 操作，不再重新生成后续的 IP 实例，当前正在运行的实例也立刻中止。

（5）View Datasheet——查看选中 IP 模型的数据表，通常为一个 PDF 格式的文档。

4）Help 菜单

Help 菜单可用于查询系统技术支持文档，通常以 PDF 文档出现，能够帮助快速了解相应的功能。

2.6.3　参数配置窗口

IPC 的参数配置窗口主要用来设置单个 IP 实例的参数。窗口中部的工作区域有两个页面，Configure 页面用来配置 IP 参数，而 Log 页面则用来显示生成过程的后台信息。下面详细介绍各部分的功能。

参数配置页面的右侧是 IP 参数的配置区域，如图 2-94 所示，其内容由 IP 发行商设计，通常由各种输入和显示控件组成，这些控件之间可能会存在关联。将鼠标指针移至一个控件上时可以显示一条有关该控件（参数）的提示（需要 IP 发行商支持），单击工具栏中的对应按钮可以选择打开或关闭该功能。

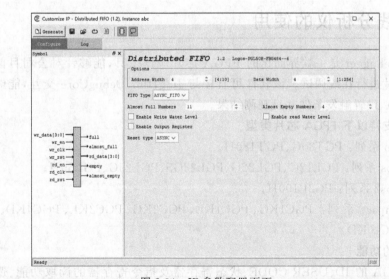

图 2-94　IP 参数配置页面

对于一个新打开的 IP 实例，其初始参数是其默认值。当用户修改某些参数值后，在单击 Generate 按钮开始生成过程之前会自动保存，在关闭配置窗口之前如果还有修改的参数值没有保存则会弹出提示对话框。参数配置页面的左侧是一些与当前 IP 参数相关的信息显示区域。其中的 Symbol 页面用来显示 I/O 端口的图标。在生成一个 IP 实例之前，可以通过勾选 Enable Synthesis 来允许或禁止综合的执行。其初始状态通常是由 IPC 主控窗口或 PDS 设置的。

在单击 Generate 按钮开始生成过程后，会自动切换到 Log 页面，所有的后台信息都会打印到该页面中，如图 2-95 所示。这些信息都会自动保存在 IP 实例的文件夹中，用户也可以单击 Save Log 按钮将其文本文件保存在其他路径下。

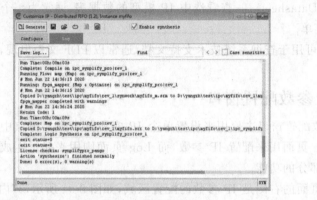

图 2-95　生成信息界面

具体各个 IP 的功能和 IP 的配置将在第 6 章介绍。

2.7　在线分析仪的使用

Fabric Debugger 是一款界面化的 FPGA 芯片调试工具，能够针对公司目前以及未来的 FPGA 芯片进行在线调试。该软件可直接与 JtagHub、DebugCore 交互，能够实时地配置目标 FPGA、设置触发条件并且观测结果。

1. 目前支持以下 FPGA 芯片类型

（1）Titan 系列：PGT30G、PGT180H。

（2）Logos 系列：PGL12G、PGL22G、PGL22GS、PGL25G、PGL50H。

（3）Logos2 系列：PG2L100H。

（4）Compact 系列：PGC1KG、PGC1KL、PGC2KG、PGC2KL、PGC4KD、PGC4KL、PGC7KD、PGC10KD。

2. 支持的功能

支持 FPGA 的 ID、USER CODE、状态寄存器及指令寄存器的读取功能、逻辑位流下载、触发条件配置及信号捕捉、回读触发设置的寄存器值、捕获上电初始化数据、波形分析、读取 ADC 数据等。

3. 支持的下载电缆

支持电缆：Pango USB Cable Ⅰ、Pango USB Cable Ⅱ、Pango Parallel Cable。

2.7.1 下载电缆

1. USB 下载电缆

使用 USB 下载电缆需要安装对应的驱动,驱动安装成功后插入 USB 下载电缆,如果在设备管理器中多了新的设备 Programming cables,则说明下载电缆可以正常使用。目前支持 Pango USB Cable Ⅰ 和 Pango USB Cable Ⅱ,USB 下载电缆负责把 PC 的 USB 信号转换为器件所需要的 JTAG 信号或 SPI 信号。下载线的物理连接以下载线包装盒内提供的说明文档为准,其连接方式如图 2-96 和图 2-97 所示。

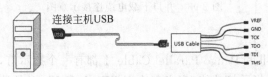

图 2-96 USB Cable Ⅰ 下载电缆连接示意图

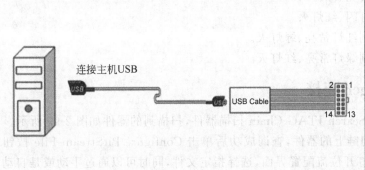

PIN	名称	PIN	名称
2	GND	1	VREF
4	TMS	3	GND
6	TDI	5	SS
8	TDO	7	SDO
10	TCK	9	SDI
12	GND	11	SCK
14	VREF	13	RST

图 2-97 USB Cable Ⅱ 下载电缆连接示意图

2. 并口下载电缆

使用并口下载电缆,首先要确定 PC 的主板上有集成的并口卡,并且在 BIOS 中设置启用,如果要使用 ECP 模式,则需要在 BIOS 中设置启用并口 ECP 模式。其次要安装并口驱动。目前支持 Pango Parallel Cable Ⅰ,并口下载电缆负责把 PC 的并行信号转换为器件所需要的 JTAG 信号或 SPI 信号。下载线的物理连接以下载线包装盒内提供的说明文档为准,其连接方式如图 2-98 所示。

注:图 2-98 中 14 针的连接头中,PIN1 的 VREF 给 JTAG 接口供电,PIN14 的 VREF 给 SPI 接口供电,两者可不同。

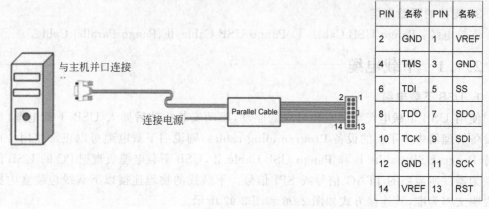

图 2-98　并口下载电缆连接示意图

PIN	名称	PIN	名称
2	GND	1	VREF
4	TMS	3	GND
6	TDI	5	SS
8	TDO	7	SDO
10	TCK	9	SDI
12	GND	11	SCK
14	VREF	13	RST

3. 下载指示灯

Pango USB Cable Ⅱ 和 Pango Parallel Cable Ⅰ 都有一个指示灯，可以显示红色和绿色，Pango USB Cable Ⅰ 无指示灯功能，定义每次对 FPGA 和 Flash 的读写都是一次操作，指示灯的显示规律如下：

(1) 初始状态红灯常亮、绿灯灭。

(2) 操作进行中绿灯闪、红灯灭。

(3) 操作结果出错则红灯常亮、绿灯灭。

(4) 操作结果正常则绿灯常亮、红灯灭。

2.7.2　Debugger 连接

连接下载电缆单击 Search JTAG Chain 扫描器件，扫描到的器件如图 2-99 所示。

扫描 JTAG 链，查询链上的器件，查询成功后单击 Configure BitStream File 按钮或通过器件的右键快捷菜单打开位流配置界面，选择指定文件，同时可以通过手动或是自动的方式加载.fic 文件，自动加载.fic 文件的方式会搜索位流文件所在目录以及上层目录，当存在与位流文件同名的.fic 文件或是_trs.fic 文件时，会在下载位流后，自动导入.fic 文件，位流加载操作界面如图 2-100 所示。

图 2-99　扫描器件

图 2-100　Debugger 加载

2.7.3 Fabric Debugger 说明

1. 用户界面介绍

启动 Fabric Debugger 软件,主界面如图 2-101 所示。

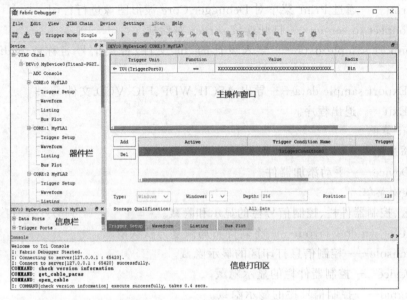

图 2-101　Fabric Debugger 主界面

其相关说明如下:

(1) 器件栏——负责显示器件信息。

(2) 信息栏——负责显示信号、通道等信息。

(3) 主操作窗口——调试主窗口区。

(4) 信息打印区——负责软件信息输出。

2. 菜单基本操作说明

菜单栏如图 2-102 所示。

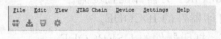

图 2-102　菜单栏

1) File 菜单

对文件工程进行打开和保存等操作。

其相关说明如下:

(1) New Project——负责为工程创建新的项目文件(会生成 .dprj 项目文件和 .wdf 的波形文件)。

(2) Open Project——打开项目文件。

（3）Save Project——保存项目文件。

（4）Save Project As——另存项目文件。

（5）Close Project——关闭项目。

（6）Page Setup——对波形打印页面进行设置。

（7）Print——通过 Print 菜单对 Debugger Core 波形图像进行打印。

（8）Connect to server——打开连接 server 对话框。

（9）Import sample data——导入设计的 .fic 文件，替换信号名称或 .wdf 波形数据文件。

（10）Export sample data——导出 ASCII、WDF、FIC、VCD 文件。

（11）Exit——退出程序。

2）Edit 菜单

手动添加器件。

Add Device——手动添加器件。

3）View 菜单

打印区、控制器件栏、控制信号栏的显示和隐藏。

（1）Reset window layout——将软件布局恢复为默认情况。

（2）Console——控制信息打印区的显示隐藏。

（3）Device——控制器件栏的显示隐藏。

（4）Signal——控制信号栏的显示隐藏。

4）JTAG Chain 菜单

显示器件链信息。

JTAG Chain setup——显示器件链信息。

5）Device 菜单

显示当前的器件链。

（1）Device——器件操作菜单命令。

• Rename：重命名器件。

• Delete Device：删除器件。

• Configure Bitstream File：为器件配置位流。

• Show IDCODE：打印器件的 IDCODE。

• Show USERCODE：打印器件的 USERCODE。

• Show configure status：读状态寄存器。

• Show JTAG Instruction Register：读取 JTAG 指令寄存器。

（2）ADC Console(PGL22 器件支持)。

• JTAG Scan Rate：改变获得 ADC 数据频率。

• Window Depth：改变 ADC 窗口深度。

（3）Trigger setup——配置 Debugger Core 界面菜单。

• Run：按照 Debugger Core 配置条件抓取波形。

- Stop Acquisition：停止抓取波形，并清除 Debugger Core 界面的配置信息。
- Trigger Immediate：不读取 Debugger Core 配置直接抓取波形。

（4）Waveform——Debugger 波形菜单。

- Next Trigger：将波形图定位到下一个触发位置。
- Previous Trigger：将波形图定位到上一个触发位置。
- Trigger Markers：设置界面是否显示触发标志。
- Go to X Cursor：将波形定位到 X 光标。
- Go to O Cursor：将波形定位到 O 光标。
- Place X Cursor：放置 X 光标到鼠标指针的当前位置。
- Place O Cursor：放置 O 光标到鼠标指针的当前位置。
- Zoom：实现对波形界面的缩放。
- Search Wave：对波形数据搜索。
- Measure：设置波形上显示的数据信息。
- Sample in window/ Sample in buffer：设置显示数据的格式，in window 以窗口形式显示数据，in buffer 显示所有数据。
- Negative Time/Sample：使能负时间显示。
- Add marker：添加辅助光标。
- Delete marker：删除辅助光标。

（5）Listing——Debugger 的 Listing 菜单。

- Go to：将波形界面定位到特定光标。
- Place cursor：将设置的光标放到特定位置。

（6）Busplot——Debugger 的 Busplot 总线绘图菜单。

- Zoom：对 Busplot 总线绘图界面进行缩放。

6）Settings 菜单

单击 System Settings 按钮后，可进行如下设置。

（1）Hardware Sample Rate——设置硬件采样率。

（2）Waveform 界面——可以设置测量方式，并且支持设置波形数据总线显示格式。

（3）Trigger Mode——波形连续触发保存功能。

7）Help 菜单

查看 Fabric Debugger 的软件信息以及 Debugger Core 参数信息。

（1）Help Topics——会弹出 Pango Assistant，可在其中查看用户手册。

（2）Software Manuals→Show User Help——会打开 PDF 格式的用户帮助文档。

（3）About——会弹出软件信息对话框。

（4）Show All Cores Info——会弹出对话框，每个标签页列出一个 Debugger Core 的所有参数信息。

8）工具栏基本操作说明

如图 2-103 所示为 Debugger Core 调试模式工具栏。

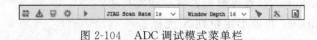

图 2-103　Debugger Core 调试模式工具栏

Trigger Mode：设置触发方式：单触发和连续触发。

如图 2-104 所示为 ADC 调试模式菜单栏。

图 2-104　ADC 调试模式菜单栏

（1）JTAG Scan Rate：修改获取 ADC 数据的频率。

（2）Window Depth：修改 ADC 波形数据的窗口深度。

3. Debugger 功能介绍

1）器件栏

用树状结构显示 JTAG 链以及链上器件中的核，如果器件支持 ADC 模块，同时会显示对应 Adc Console 节点，树中会列出 JTAG 链上所有的器件，如果其中的某 FPGA 载入了 Debugger Core 或是支持 ADC 模块，则该 FPGA 会出现叶节点。可以通过叶节点的右键快捷菜单对器件，ADC 以及 Debugger Core 进行操作。对于支持 ADC 以及含有 Debugger Core 的器件栏显示如图 2-105 所示。

2）信号栏

如图 2-106 所示，信号树会显示在工程树中所选中的 Debugger Core 的所有信号，信号可以被重命名、组合成总线，也可以通过右键快捷菜单加入到各个数据显示窗口中。

如图 2-107 所示，通过单击器件栏的 Adc Console 即可切换到 ADC 工作模式，信号栏会显示为监测温度和所有通道的电压名称。

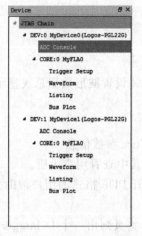

图 2-105　器件栏信息显示树状图

图 2-106　数据信号树端口右键快捷菜单

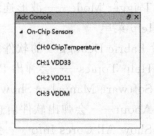

图 2-107　ADC 模块通道树状图

Debugger 功能还有很多,这里列举的是最常见的和经常使用的,至于其他功能,可以单击 Help 按钮了解,这里不再一一列举。

2.8 PDS 软件技巧与经验总结

针对初学者在使用 PDS 软件时碰到的常见问题,这里从以下几方面进行了总结。

2.8.1 Synthesize 参数设置

在设计时如发现采用默认设置不能满足综合时序和面积优化,则可对如图 2-72 所示的选项进行设置。

(1) Fanout Guide:扇出大小全局设置,用于控制限制插入缓冲器和复制。

(2) Resource Sharing:综合优化面积选项。

(3) Retiming:综合时序优化选项。使能该选项可以控制综合工具移动和平衡组合逻辑上的时序电路从而获得更优的时序性能。

2.8.2 PNR 参数设置

除 2.8.1 节介绍的设置方法外,也可通过下面的选项进行进一步的设置。

1. 常规设置

图 2-108 为 PNR 常规设置界面。

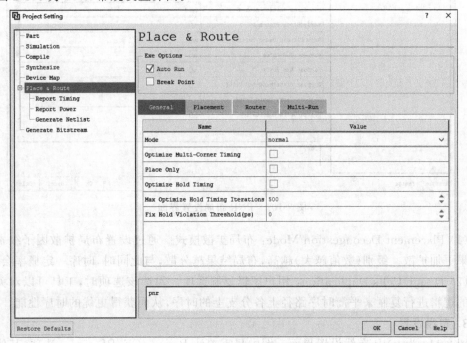

图 2-108 PNR 常规设置界面

（1）Mode：Fast 模式/Normal 模式。Fast 模式表示速度优先；Normal 模式表示时序优先。

（2）Place Only：主要用于观察布局效果。当发现布线速度比较慢时，可以通过界面打开布局结果，然后通过约束改善布局结果。

（3）Optimize Hold Timing：Hold 违例选项。当存在 Hold 违例时，可以勾选该选项进行修复。

（4）Max Optimize Hold Timing Iterations：当勾选 Optimize Hold Timing 时，表示对违例进行修复的最大迭代次数，当达到最大迭代次数时停止修复 Hold 违例。

（5）Fix Hold Violation Threshold(ps)：设置固定的 Hold 违例时间阈值。

2. 布局设置

图 2-109 为 PNR 布局设置界面。布局设置时主要用到 Placement Decongestion Mode 和 Design Cells Duplication 选项，其他选项默认即可，不进行介绍。

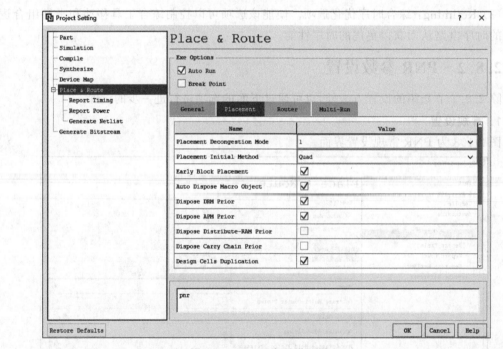

图 2-109　PNR 布局设置界面

（1）Placement Decongestion Mode：布局扩散模式。通过设置布局扩散因子级别使布局效果更加扩散。级别（数值越大）越高，布局结果越分散，与此同时，时序一定概率会越差。

（2）Design Cells Duplication：用户逻辑复制选项。勾选该选项时，工具可以对关键路径上的逻辑进行复制来平衡时序路径上各分支上的时序，从而获得更优的时序性能。

3. 布线设置

图 2-110 为 PNR 布线设置界面。图中只需关注 Reduce CE/RS signal 选项，其他选项

保持默认,不进行具体讲解。

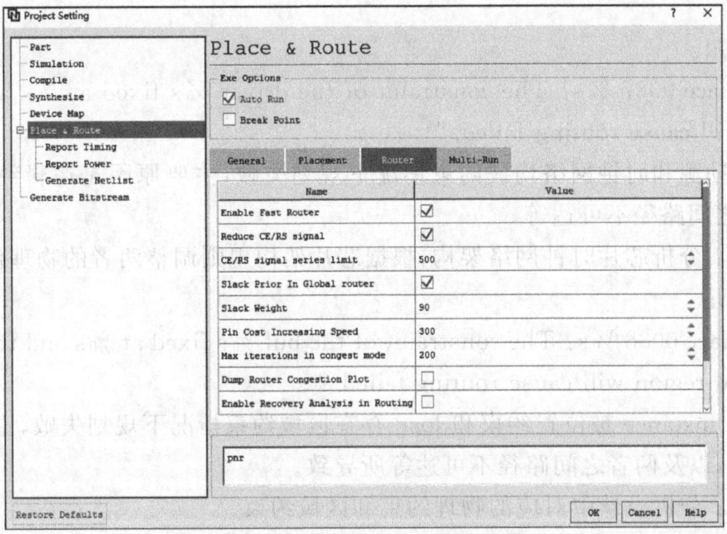

图 2-110　PNR 布线设置界面

Reduce CE/RS signal:根据电路架构特性,优化布线 CE/RS 信号的布线。勾选该选项后,布线策略优选 chain 路径,但会造成 recovery 违例。

2.8.3　常见报错分析与处理方法

(1)情况一。

报错:"Place 0084 %s:the driver %s fixed at %s is unreasonable."

原因:driver 源约束情况下规划失败,主要可能由于用户约束不合理或 pregmux 冲突。

调试手段:分析芯片时钟网络架构,尝试改变时钟驱动源的位置。

(2)情况二。

报错:"Place 0085 %s:When the buf %s fixed at %s,it can't find the suitable place of the driver."

原因:clk instance 约束情况下规划失败,主要可能原因是设计中规划的时钟不合理或者约束不合理。

调试手段:分析 clk instance 所约束的位置,并找到能直接驱动它的所有时钟源物理位置。

(3)情况三。

报错:"Place 0086 %s:The region constraint of the loaders driven by %s is unreasonable."

原因:Load 存在区域约束情况下规划失败,主要与区域约束过大有关,超出了时钟网络所能驱动范围。

调试手段：分析用户设计，找到设计要求时钟网络所需驱动的负载数目，修改区域约束。

（4）情况四。

报错："Place 0087 %s：The constraint of the driver %s fixed at %s and the buf %s fixed at %s will cause routing failed."

原因：驱动源和时钟网络均被约束情况下规划失败，主要原因是逻辑约束或设计不合理，导致两者之间路径不可达等。

调试手段：分析芯片时钟网络架构，根据芯片架构规则调整两者的物理位置。

（5）情况五。

报错："Place 0088 %s：The constraint of the buf %s fixed at %s and the loaders fixed at a designated region will cause routing failed."

原因：clk instance 被位置约束和 load 存在区域约束情况下规划失败，主要原因是约束或设计不合理，以及两者之间路径不可达等所导致。

调试手段：分析设计中对应的物理约束和区域约束。

（6）情况六。

报错："Place 0089 %s：the number of loaders driven by %s is over the number of the available resource."

原因：Load 数目过多导致规划失败，主要由于设计中 clk instance 驱动的所需资源数超出可用资源、clk instance 对应的时钟网络无法驱动其所需负载等所导致。

调试手段：分析设计中对应时钟网络所需驱动的负载，再对应芯片时钟网络架构，确定负载是否可被对应网络所驱动。

（7）情况七。

报错："Place 0090 %s：the place of %s and %s is incompatible."

原因：链路规划失败，主要原因是用户时钟方案设计或者约束设计不合理或至少两种时钟网络之间存在关键连接，因此在规划上会相互影响，当它们由于用户约束或芯片架构限制的原因而无法相互兼容时就会报错。

调试手段：这种情况比较复杂，可以根据报错信息得知是哪两种时钟网络相互影响，然后分析两者对应的用户约束或架构限制。

PDS 软件界面简洁，适合大多数人的操作习惯。能够很快地适应软件开发环境，PDS 软件的每一个功能模块都有相应的官方文档介绍，幸运的是，官方文档是中文的，阅读起来很方便，对照官方文档一步一步地操作，不要害怕操作失误，只有操作过了才知道这个图标的功能，总之就是多动手操作。"不积跬步无以至千里，不积小流无以成江海。"慢慢地去学习，去探索 PDS 软件的各个功能，能够熟练地运用 PDS 软件对开发项目的快速、高效完成大有裨益。

第 3 章

Verilog HDL 语法

3.1 Verilog 简介

视频讲解

在 FPGA 开发中使用最多的语言主要有两种：VHDL 和 Verilog。VHDL 语法格式严谨，入门比较难。VHDL 最初由美国国防部创建。Verilog 对软件爱好者来说有种似曾相识的感觉，不易被爱好者排斥，初看起来还以为是 C 语言编程，其实它起源于 C 语言，语法格式灵活，容易掌握，因此被大多数 FPGA 工程师所喜爱。本章只对 Verilog 语法内容进行介绍。

3.2 数据类型

3.2.1 常量

（1）整数：整数可以用二进制 b 或 B、八进制 o 或 O、十进制 d 或 D、十六进 h 或 H 表示，例如，8'b00001111 表示 8 位位宽的二进制整数，4'ha 表示 4 位位宽的十六进制整数。

（2）x 和 z：x 代表不定值，z 代表高阻值，例如，5'b00x11，第三位为不定值，3'b00z 表示最低位为高阻值。

（3）下画线：在位数过长时可以用来分割位数，提高程序可读性，如 8'b0000_1111。

（4）参数 parameter：parameter 可以用标识符定义常量，运用时只使用标识符即可，以提高程序可读性及维护性，如 parameter width=8，寄存器 reg [width−1:0] a，即定义了 8 位宽度的寄存器。

（5）参数的传递：在一个模块中如果有定义参数，那么在其他模块调用此模块时可以传递参数，并可以修改参数，如下面程序所示，在 module 后用♯()表示。

例如，定义如下调用模块：

```
module rom                          module top();
#(                                  wire[31:0] addr ;
parameter depth = 15,               wire[15:0] data ;
```

```
parameter width = 8
)(
input[depth – 1:0] addr ,
    input[width – 1:0] data ,
    output result
);

endmodule
```

```
wire result ;
rom
# (
.depth(32),
.width(16)
)
r1
(
.addr(addr),
.data(data),
.result(result)
);
endmodule
```

parameter 可以用于模块间的参数传递，而 localparam 仅用于本模块内使用，不能用于参数传递，而 localparam 多用于状态机状态的定义。

3.2.2 变量

变量是指程序运行时可以改变其值的量。下面主要介绍几种常用的变量。

1. wire 类型

wire 类型变量也叫网络类型变量，用于结构实体之间的物理连接，如门与门之间，不能存储值，用连续赋值语句 assign 赋值，定义为 wire [n−1:0] a，其中 n 代表位宽，如定义"wire a,assign a＝b"，是将 b 节点连接到连线 a 上。如图 3-1 所示，两个实体之间的连线即是 wire 类型变量。

2. reg 类型

reg 类型变量也称为寄存器变量，可用来存储值，必须在 always 语句里使用。其定义为 reg [n−1:0] a ，表示 n 位位宽的寄存器，如 reg [7:0] a 表示定义 8 位位宽的寄存器 a。如下所示定义了寄存器 q，生成的电路为时序逻辑，如图 3-2 所示为 D 触发器。

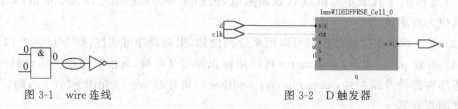

图 3-1　wire 连线　　　　　　　　　　图 3-2　D 触发器

```
module top(d, clk, q);
input d ;
input clk ;
outputreg q ;
always@(posedge clk)
begin
  q <= d ;
```

end

endmodule

也可以生成组合逻辑，如数据选择器，敏感信号没有时钟，定义了 reg Mux，最终生成电路为组合逻辑，如图 3-3 所示。

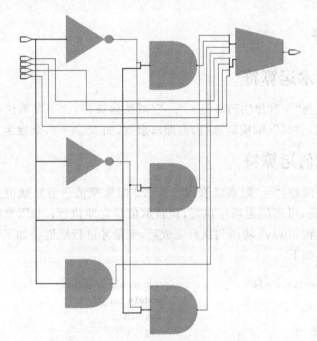

图 3-3 数据选择器

```
module top(a, b, c, d, sel, Mux);
input  a ;
input  b ;
input  c ;
input  d ;
input[1:0] sel ;
outputreg Mux ;
always@(sel or a or b or c or d)
begin
case(sel)
2'b00: Mux = a ;
2'b01: Mux = b ;
2'b10: Mux = c ;
2'b11: Mux = d ;
endcase
end
endmodule
```

3. memory 类型

可以用 memory 类型的变量来定义 RAM 和 ROM 等存储器，其结构为 reg [n−1:0] 存储器名[m−1:0]，含义为 m 个 n 位宽度的寄存器。例如，reg [7:0] ram [255:0]表示定义了 256 个 8 位寄存器，256 是存储器的深度，8 为数据宽度。

视频讲解

3.3　运算符

3.3.1　算术运算符

算术运算符包括"＋"（加法运算符）、"−"（减法运算符）、" * "（乘法运算符）、"/"（除法运算符，如 7/3 ＝2），"％"（取模运算符，也即求余数，如 7％3＝1，余数为 1）。

3.3.2　赋值运算符

赋值运算符分两种："＝"阻塞赋值和"＜＝"非阻塞赋值。阻塞赋值为执行完一条赋值语句，再执行下一条，可理解为顺序执行，而且赋值是立即执行；非阻塞赋值可理解为并行执行，不考虑顺序，在 always 块语句执行完成后，变量才进行赋值。如下面的阻塞赋值：

激励文件代码如下：

```
module top(din,a,b,c,clk);
input din;
input clk;
outputreg a,b,c;
always@(posedge clk)
begin
        a = din;
        b = a;
        c = b;
end
endmodule
```

```
`timescale 1ns/1ns
module top_tb();
reg din ;
reg clk ;
wire a,b,c ;
initial
begin
    din = 0;
    clk = 0;
forever
begin
#({ $ random} % 100)
    din = ~din ;
end
end
always # 10 clk = ~clk ;
top t0(.din(din),.a(a),.b(b),.c(c),.clk(clk));
endmodule
```

仿真结果如图 3-4 所示，在 clk 的上升沿，a 的值等于 din，并立即赋给 b，b 的值赋给 c。

如果改为非阻塞赋值，则仿真结果如图 3-5 所示，在 clk 上升沿，a 的值没有立即赋值给 b，b 为 a 原来的值，同样，c 为 b 原来的值。

可以从两者的 RTL 视图看出明显不同，如图 3-6 和图 3-7 所示。

注意：一般情况下，在时序逻辑电路中使用非阻塞赋值，可避免仿真时出现竞争冒险现

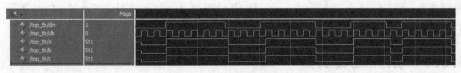

图 3-4 阻塞赋值仿真波形

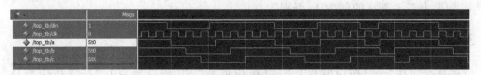

图 3-5 非阻塞赋值仿真波形

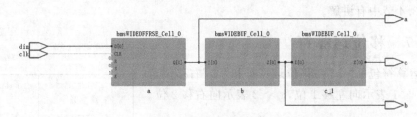

图 3-6 阻塞赋值 RTL 图

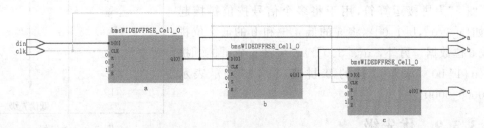

图 3-7 非阻塞赋值 RTL 图

象；在组合逻辑中使用阻塞赋值，执行赋值语句后立即改变；在 assign 语句中必须用阻塞赋值。

3.3.3 关系运算符

关系运算符用于表示两个操作数之间的关系，如 a＞b、a＜b，多用于判断条件，例如：

```
If (a>= b) q <= 1'b1 ;
else q <= 1'b0 ;
```

表示如果 a 的值大于或等于 b 的值，则 q 的值为 1，否则 q 的值为 0。

3.3.4 逻辑运算符

逻辑运算符包括"＆＆"（两个操作数逻辑与）、"‖"（两个操作数逻辑或）和"！"（单个操作数逻辑非）。例如：if（a>b && c <d）表示条件为a>b并且c<d,if（! a）表示条件为a的值不为1,也就是0。

3.3.5　条件运算符

"?:"为条件判断,类似于if else,例如 assign a =（i>8）? 1'b1:1'b0 ,判断i的值是否大于8,如果大于8则a的值为1,否则为0。

3.3.6　位运算符

位运算符包括"~"（按位取反）、"|"（按位或）、"^"（按位异或）、"&"（按位与）、"^~"（按位同或）。除了"~"只需要一个操作数外,其他几个都需要两个操作数,如 a&b、a|b。具体应用3.4节中有讲解。

3.3.7　移位运算符

移位运算符包括"<<"左移位运算符和">>"右移位运算符,如a<<1表示向左移1位,a>>2表示向右移2位。

3.3.8　拼接运算符

"{ }"为拼接运算符,用于将多个信号按位拼接起来,如{a[3:0],b[1:0]},将a的低4位和b的低2位拼接成6位数据。另外,{n{a[3:0]}}表示将n个a[3:0]拼接,{n{1'b0}}表示 n 位的 0 拼接,{8{1'b0}}表示8'b0000_0000。

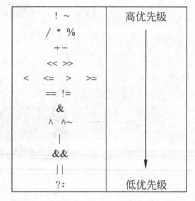

图 3-8　优先级

3.3.9　优先级

各种运算符的优先级如图3-8所示。

视频讲解

3.4　组合逻辑

本节主要介绍组合逻辑,组合逻辑电路的特点是任意时刻的输出仅仅取决于输入信号,输入信号变化,输出立即变化,不依赖于时钟。

3.4.1　与门

在 Verilog 中以"&"表示按位与,如c=a&b,表示在a和b都等于1时结果才为1,其真值表和RTL视图如图3-9所示。

代码实现和激励文件如下:

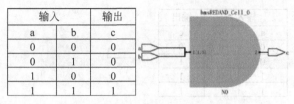

输入		输出
a	b	c
0	0	0
0	1	0
1	0	0
1	1	1

图 3-9　与门真值表及 RTL 视图

```
module top(a, b, c);
input a ;
input b ;
output c ;

assign c = a & b ;
endmodule
```

```
`timescale 1ns/1ns
module top_tb();
reg a ;
reg b ;
wire c ;
initial
begin
    a = 0;
    b = 0;
forever
begin
#({ $ random} % 100)
    a = ~a ;
#({ $ random} % 100)
    b = ~b ;
end
end
top t0(.a(a),.b(b),.c(c));
endmodule
```

仿真结果如图 3-10 所示。

图 3-10　与门仿真波形

如果 a 和 b 的位宽大于 1,例如有定义"input [3:0] a,input [3:0]b",那么 a&b 指 a 与 b 的对应位相与。如 a[0]&b[0]、a[1]&b[1]。

3.4.2　或门

在 Verilog 中以"|"表示按位或,如 c = a|b ,表示在 a 和 b 都为 0 时结果才为 0,其真值表和 RTL 视图如图 3-11 所示。

代码实现和激励文件如下:

```
module top(a, b, c);
input a ;
```

```
`timescale 1ns/1ns
module top_tb();
```

输入		输出
a	b	c
0	0	0
0	1	1
1	0	1
1	1	1

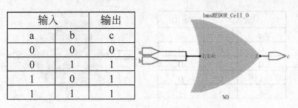

图 3-11　或门真值表与 RTL 视图

```
input b ;
output c ;

assign c = a | b ;
endmodule
```

```
reg a ;
reg b ;
wire c ;

initial
begin
  a = 0 ;
  b = 0 ;
forever
begin
#({ $ random} % 100)
    a = ~a ;
#({ $ random} % 100)
    b = ~b ;
end
end
top t0(.a(a),.b(b),.c(c));
endmodule
```

仿真结果如图 3-12 所示。

图 3-12　或门仿真波形

3.4.3　非门

在 Verilog 中以"～"表示按位取反，如 b＝～a，表示 b 等于 a 的相反数，其真值表和 RTL 视图如图 3-13 所示。

输入	输出
a	b
0	1
1	0

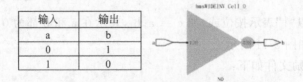

图 3-13　非门真值表及 RTL 视图

代码实现和激励文件如下：

```
module top(a, b);
input   a ;
output b ;

assign b = ～a ;
endmodule
```

```
`timescale 1ns/1ns
module top_tb();
reg a ;
wire b ;

initial
begin
  a = 0;
forever
begin
#({ $ random} % 100)
    a = ～a ;
end
end
top t0(.a(a),.b(b));
endmodule
```

仿真结果如图 3-14 所示。

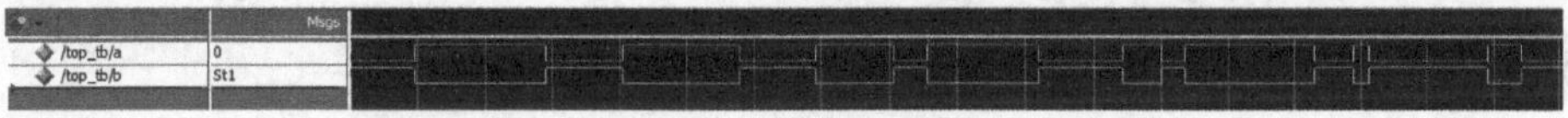

图 3-14　非门仿真波形

3.4.4　异或

在 Verilog 中以"^"表示异或，如 c= a^b ，表示当 a 和 b 相同时，输出为 0，其真值表和
RTL 视图如图 3-15 所示。

输入		输出
a	b	c
0	0	0
0	1	1
1	0	1
1	1	0

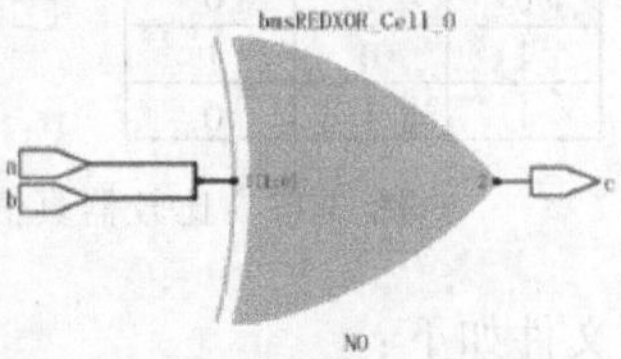

图 3-15　异或真值表及 RTL 视图

代码实现和激励文件如下：

```
module top(a, b, c);
input a ;
input b ;
output c ;

assign c = a ^ b ;
```

```
`timescale 1ns/1ns
module top_tb();
reg a ;
reg b ;
wire c ;
initial
```

```
endmodule                          begin
                                     a = 0;
                                     b = 0;
                                   forever
                                   begin
                                   #({ $ random} % 100)
                                       a = ~a ;
                                   #({ $ random} % 100)
                                       b = ~b ;
                                   end
                                   end
                                   top t0(.a(a),.b(b),.c(c));
                                   endmodule
```

仿真结果如图 3-16 所示。

图 3-16　异或仿真波形

3.4.5　比较器

在 Verilog 中，比较器以大于“＞”、等于“＝＝”、小于“＜”、大于或等于“＞＝”、小于或等于“＜＝”和不等于“！＝”表示。以大于举例，如 c＝a＞b，表示如果 a 大于 b，那么 c 的值就为 1，否则为 0。其真值表和 RTL 视图如图 3-17 所示。

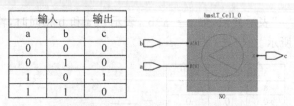

输入		输出
a	b	c
0	0	0
0	1	0
1	0	1
1	1	0

图 3-17　比较器真值表及 RTL 视图

代码实现和激励文件如下：

```
module top(a, b, c);              `timescale 1ns/1ns
input a ;                         module top_tb();
input b ;                         reg a ;
output c ;                        reg b ;
                                  wire c ;
assign c = a > b ;                initial
endmodule                         begin
                                    a = 0;
                                    b = 0;
                                  forever
```

```
begin
# ({ $ random} % 100)
    a = ~a ;
# ({ $ random} % 100)
    b = ~b ;
end
end
top t0(.a(a),.b(b),..c(c));
endmodule
```

仿真结果如图 3-18 所示。

图 3-18 比较器仿真波形

3.4.6 半加器

半加器和全加器是算术运算电路中的基本单元,由于半加器不考虑从低位来的进位,所以称之为半加器,sum 表示相加结果,count 表示进位。其真值表和 RTL 视图如图 3-19 所示。

输入		输出	
a	b	sum	count
0	0	0	0
0	1	1	0
1	0	1	0
1	1	0	1

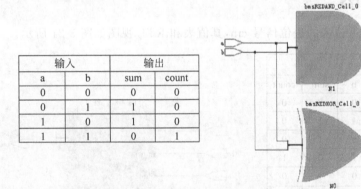

图 3-19 半加器真值表及 RTL 视图

代码实现和激励文件如下:

```
module top(a, b, sum, count);
input a ;
input b ;
output sum ;
output count ;

assign sum = a ^ b ;
assign count = a & b ;
```

```
~timescale 1ns/1ns
module top_tb();
reg a ;
reg b ;
wire sum ;
wire count ;

initial
begin
```

```
endmodule                                a = 0;
                                         b = 0;
                                 forever
                                 begin
                                 #({ $ random} % 100)
                                     a = ~a;
                                 #({ $ random} % 100)
                                     b = ~b;
                                 end
                                 end
                                 top t0(.a(a),.b(b),
                                 .sum(sum),.count(count));
                                 endmodule
```

仿真结果如图 3-20 所示。

图 3-20 半加器仿真波形

3.4.7 全加器

全加器需要加上低位来的进位信号 cin，真值表和 RTL 视图如图 3-21 所示。

输入			输出	
cin	a	b	sum	count
0	0	0	0	0
0	0	1	1	0
0	1	0	1	0
0	1	1	0	1
1	0	0	1	0
1	0	1	0	1
1	1	0	0	1
1	1	1	1	1

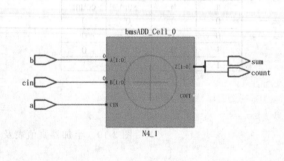

图 3-21 全加器真值表及 RTL 视图

代码实现和激励文件如下：

```
module top(cin, a, b, sum, count);        `timescale 1ns/1ns
input cin ;                               module top_tb();
input a ;                                 reg a ;
input b ;                                 reg b ;
output sum ;                              reg cin ;
```

```
output count ;

assign{count, sum} = a + b + cin ;

endmodule
```

```
wire sum ;
wire count ;
initial
begin
  a = 0;
  b = 0;
  cin = 0;
  forever
  begin
  #({$random} % 100)
    a = ~a ;
  #({$random} % 100)
    b = ~b ;
  #({$random} % 100)
    cin = ~cin ;

  end
  end
  top t0(.cin(cin), .a(a), .b(b),
  .sum(sum), .count(count));
  endmodule
```

仿真结果如图 3-22 所示。

图 3-22　全加器仿真波形

3.4.8　乘法器

乘法的表示也很简单,利用"*"即可,如 a*b,乘法器的 RTL 视图如图 3-23 所示。

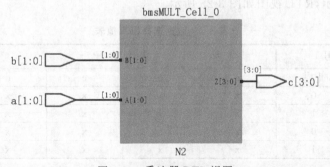

图 3-23　乘法器 RTL 视图

代码示例如下:

```verilog
module top(a, b, c);
input[1:0] a ;
input[1:0] b ;
output[3:0] c ;

assign c = a * b ;
endmodule
```

```verilog
`timescale 1ns/1ns
module top_tb();
reg[1:0]a ;
reg[1:0]b ;
wire[3:0]c ;

initial
begin
  a = 0;
  b = 0;
forever
begin
#({ $ random} % 100)
    a = ~a ;
#({ $ random} % 100)
    b = ~b ;
end
end
top t0(.a(a),.b(b),.c(c));
endmodule
```

仿真结果如图 3-24 所示。

图 3-24　乘法器仿真波形

3.4.9　数据选择器

在 Verilog 中经常会用到数据选择器，通过选择信号，选择不同的输入信号输出到输出端，四选一数据选择器，sel[1:0]为选择信号，a、b、c、d 为输入信号，Mux 为输出信号。其真值表如表 3-1 所示，RTL 视图如图 3-25 所示。

表 3-1　数据选择器真值表

选 择 信 号		输 入 信 号				输 出 信 号
sel[0]	sel[1]	a	b	c	d	Mux
0	0	x	x	x	x	a
0	1	x	x	x	x	b
1	0	x	x	x	x	c
1	1	x	x	x	x	d

代码实现和激励文件如下：

```verilog
module top(a, b, c, d, sel, Mux);          `timescale 1ns/1ns
```

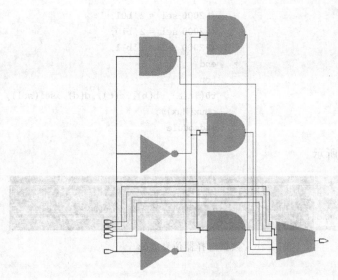

图 3-25　数据选择器 RTL 视图

```
input   a ;                          module top_tb();
input   b ;                          reg a ;
input   c ;                          reg b ;
input   d ;                          reg c ;
                                     reg d ;
input[1:0] sel ;                     reg[1:0] sel ;
                                     wire Mux ;
outputreg Mux ;                      initial
                                     begin
always@(sel or a or b or c or d)       a = 0;
begin                                  b = 0;
case(sel)                              c = 0;
2'b00: Mux = a ;                       d = 0;
2'b01: Mux = b ;                     forever
2'b10: Mux = c ;                     begin
2'b11: Mux = d ;                     #(($random} % 100)
endcase                                  a = ($random} % 3;
end                                  #(($random} % 100)
                                         b = ($random} % 3;
endmodule                            #(($random} % 100)
                                         c = ($random} % 3;
                                     #(($random} % 100)
                                         d = ($random} % 3;
                                     end
                                     end
                                     initial
                                     begin
                                       sel = 2'b00;
```

```
#2000 sel = 2'b01;
#2000 sel = 2'b10;
#2000 sel = 2'b11;
end
top
t0(.a(a),.b(b),.c(c),.d(d),.sel(sel),
.Mux(Mux));
endmodule
```

仿真结果如图 3-26 所示。

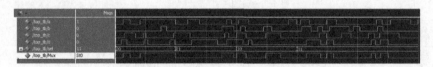

图 3-26　数据选择器仿真波形

3.4.10　3-8 译码器

3-8 译码器是一个很常用的器件，其真值表如表 3-2 所示，根据 A2、A1 和 A0 的值，得出不同的结果。其 RTL 视图如图 3-27 所示。

表 3-2　3-8 译码器真值表

输　　入			输　　出							
A2	A1	A0	Y0	Y1	Y2	Y3	Y4	Y5	Y6	Y7
0	0	0	0	1	1	1	1	1	1	1
0	0	1	1	0	1	1	1	1	1	1
0	1	0	1	1	0	1	1	1	1	1
0	1	1	1	1	1	0	1	1	1	1
1	0	0	1	1	1	1	0	1	1	1
1	0	1	1	1	1	1	1	0	1	1
1	1	0	1	1	1	1	1	1	0	1
1	1	1	1	1	1	1	1	1	1	0

代码实现和激励文件如下：

```
module top(addr, decoder);
input[2:0] addr ;
outputreg[7:0] decoder ;

always@(addr)
begin
case(addr)
3'b000: decoder = 8'b1111_1110;
3'b001: decoder = 8'b1111_1101;
3'b010: decoder = 8'b1111_1011;
```

```
`timescale 1ns/1ns
module top_tb();
reg[2:0] addr ;
wire[7:0] decoder ;

initial
begin
  addr = 3'b000;
#2000 addr = 3'b001;
#2000 addr = 3'b010;
```

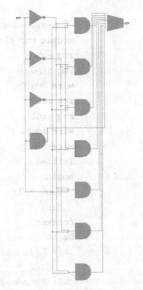

图 3-27　3-8 译码器 RTL 视图

```
3'b011: decoder = 8'b1111_0111;          #2000 addr = 3'b011;
3'b100: decoder = 8'b1110_1111;          #2000 addr = 3'b100;
3'b101: decoder = 8'b1101_1111;          #2000 addr = 3'b101;
3'b110: decoder = 8'b1011_1111;          #2000 addr = 3'b110;
3'b111: decoder = 8'b0111_1111;          #2000 addr = 3'b111;
endcase                                  end
end                                      top
                                         t0(.addr(addr),.decoder(decoder));
endmodule                                endmodule
```

仿真结果如图 3-28 所示。

图 3-28　3-8 译码器仿真结果

3.4.11　三态门

在 Verilog 中,经常会用到双向 I/O,需要用到三态输出电路,如 bio = en? din: 1'bz;,其中 en 为使能信号,用于打开关闭三态输出电路,双向 I/O 电路 RTL 视图如图 3-29 所示,如下程序介绍了怎样实现两个双向 I/O 的对接。

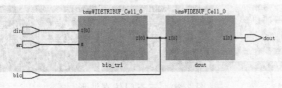

图 3-29　三态输出电路 RTL 视图

```
module top(en, din, dout, bio);
input din ;
input en ;
output dout ;
inout bio ;

assign bio = en? din :1'bz;
assign dout = bio ;

endmodule
```

```
`timescale 1ns/1ns
module top_tb();
reg en0 ;
reg din0 ;
wire dout0 ;
reg en1 ;
reg din1 ;
wire dout1 ;
wire bio ;
initial
begin
  din0 = 0;
  din1 = 0;
forever
begin
#({$random}%100)
    din0 = ~din0 ;
#({$random}%100)
    din1 = ~din1 ;
end
end
initial
begin
  en0 = 0;
  en1 = 1;
#100000
  en0 = 1;
  en1 = 0;
end
top
t0(.en(en0),.din(din0),.dout(dout0),.bi
o(bio));
top
t1(.en(en1),.din(din1),.dout(dout1),.bi
o(bio));
endmodule
```

仿真结果如图 3-30 所示，当 en0 为 0、en1 为 1 时，1 通道打开，双向 I/O bio 就等于 1 通道的 din1，1 通道向外发送数据，0 通道接收数据，dout0 等于 bio；当 en0 为 1、en1 为 0 时，0 通道打开，双向 I/O bio 就等于 0 通道的 din0，0 通道向外发送数据，1 通道接收数据，dout1 等于 bio。

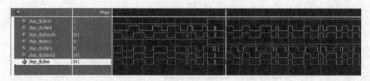

图 3-30　三态门仿真波形

3.5 时序逻辑

组合逻辑电路在逻辑功能上的特点是任意时刻的输出仅仅取决于当前时刻的输入,与电路原来的状态无关。而时序逻辑电路在逻辑功能上的特点是任意时刻的输出不仅取决于当前的输入信号,还取决于电路原来的状态。下面以一个典型的时序逻辑电路为例进行分析。

3.5.1 D 触发器

D 触发器在时钟的上升沿或下降沿存储数据,输出与时钟跳变之前输入信号的状态相同。

代码实现和激励文件如下:

```verilog
module top(d, clk, q);
input d ;
input clk ;
outputreg q ;
always@(posedge clk)
begin
  q <= d ;
end
endmodule
```

```verilog
~timescale 1ns/1ns
module top_tb();
reg d ;
reg clk ;
wire q ;
initial
begin
  d = 0;
  clk = 0;
forever
begin
#({ $ random} % 100)
  d = ~d ;
end
end
always#10 clk = ~clk ;
top t0(.d(d),.clk(clk),.q(q));
endmodule
```

D 触发器的 RTL 视图如图 3-31 所示。

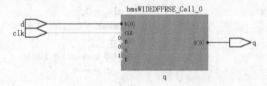

图 3-31　D 触发器的 RTL 视图

仿真结果如图 3-32 所示,可以看到在 t0 时刻时,d 的值为 0,则 q 的值也为 0;在 t1 时刻 d 发生了变化,值为 1,那么 q 相应也发生了变化,值变为 1。可以看到,在 t0～t1 的一个时钟周期内,无论输入信号 d 的值如何变化,q 的值是保持不变的,也就是有存储的功能,保存的值为在时钟的跳变沿时 d 的值。

图 3-32　D 触发器仿真波形

3.5.2　两级 D 触发器

软件是按照两级 D 触发器的模型进行时序分析的,具体可以分析在同一时刻两个 D 触发器输出的数据有何不同,其 RTL 视图如图 3-33 所示。

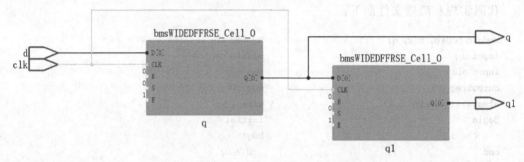

图 3-33　两级 D 触发器的 RTL 视图

代码实现和激励文件如下:

```verilog
module top(d, clk, q, q1);
input d ;
input clk ;
outputreg q ;
outputreg q1 ;
always@(posedge clk)
begin
  q <= d ;
end
always@(posedge clk)
begin
  q1 <= q ;
end
endmodule
```

```verilog
`timescale 1ns/1ns
module top_tb();
reg d ;
reg clk ;
wire q ;
wire q1 ;
initial
begin
  d = 0;
  clk = 0;
forever
begin
#({$random} % 100)
  d = ~d ;
end
end
always#10 clk = ~clk ;
top
t0(.d(d),.clk(clk),.q(q),.q1(q1));
endmodule
```

仿真结果如图 3-34 所示,可以看到,在 t0 时刻,d 为 0,q 输出为 0;在 t1 时刻,q 随着 d 的数据变化而变化,而此时钟跳变之前 q 的值仍为 0,那么 q1 的值仍为 0;在 t2 时刻,时钟跳变前 q 的值为 1,则 q1 的值相应为 1,q1 相对于 q 落后一个周期。

图 3-34　两级 D 触发器仿真波形

3.5.3　带异步复位 D 触发器

异步复位是指独立于时钟,一旦异步复位信号有效,就触发复位操作。这个功能在写代码时会经常用到,用于给信号复位和初始化,其 RTL 视图如图 3-35 所示。

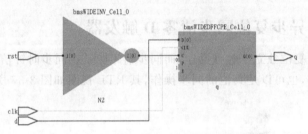

图 3-35　带异步复位 D 触发器的 RTL 视图

代码如下,注意要把异步复位信号放在敏感列表里。如果是低电平复位,即为 negedge;如果是高电平复位,则是 posedge。

```
module top(d, rst, clk, q);        `timescale 1ns/1ns
input d ;                          module top_tb();
input rst ;                        reg d ;
input clk ;                        reg rst ;
outputreg q ;                      reg clk ;
always@(posedge clk or negedge rst)  wire q ;
begin
if(rst == 1'b0)                    initial
    q <= 0;                        begin
else                                 d = 0;
    q <= d;                          clk = 0;
end                                forever
endmodule                          begin
                                   #({$random} % 100)
                                       d = ~d ;
                                   end
                                   end
                                   initial
                                   begin
```

```
rst = 0;
#200 rst = 1;
end
always #10 clk = ~clk ;
top
t0(.d(d),.rst(rst),.clk(clk),.q(q));
endmodule
```

仿真结果如图 3-36 所示，可以看到，在复位信号之前，虽然输入信号 d 数据有变化，但由于正处于复位状态，输入信号 q 始终为 0，在复位之后 q 的值就正常了。

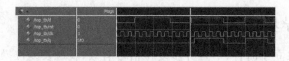

图 3-36　带异步复位 D 触发器仿真波形

3.5.4　带异步复位同步清零 D 触发器

前面讲到异步复位独立于时钟操作，而同步清零则是在同步时钟信号下操作的，当然也不仅限于同步清零，也可以是其他的同步操作，其 RTL 视图如图 3-37 所示。

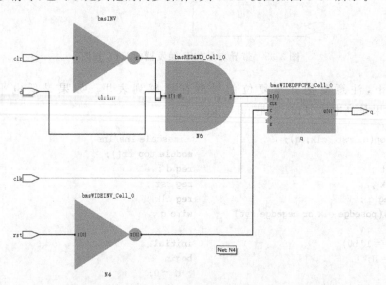

图 3-37　带异步复位同步清零 D 触发器的 RTL 视图

不同于异步复位，同步操作不能把信号放到敏感列表里。代码如下：

```
module top(d, rst, clr, clk, q);
input d ;
input rst ;
input clr ;
input clk ;
```

```
`timescale 1ns/1ns
module top_tb();
reg d ;
reg rst ;
reg clr ;
```

```
outputreg q ;                          reg clk ;
always@(posedge clk or negedge rst)     wire q ;
begin                                   initial
if(rst ==1'b0)                          begin
    q <= 0;                               d = 0;
else if(clr ==1'b1)                       clk = 0;
    q <= 0;                             forever
else                                    begin
    q <= d ;                            #({$ random} % 100)
end                                         d = ~d ;
endmodule                               end
                                        end
                                        initial
                                        begin
                                          rst = 0;
                                          clr = 0;
                                        #200 rst = 1;
                                        #200 clr = 1;
                                        #100 clr = 0;
                                        end
                                        always #10 clk = ~clk ;
                                        top
                                        t0(.d(d),.rst(rst),.clr(clr),.clk(clk),
                                        .q(q));
                                        endmodule
```

仿真结果如图 3-38 所示,可以看到 clr 信号拉高后,q 没有立即清零,而是在下一个 clk 上升沿之后执行清零操作,也就是 clr 同步于 clk。

图 3-38　带异步复位同步清零 D 触发器仿真波形

3.5.5　移位寄存器

移位寄存器是指在每个时钟脉冲到来时,向左或向右移动一位,移位寄存器结构如图 3-39 所示,由于 D 触发器的特性,数据输出同步于时钟边沿,每个时钟来临,每个 D 触发器的输出 Q 等于前一个 D 触发器输出的值,从而实现移位的功能。

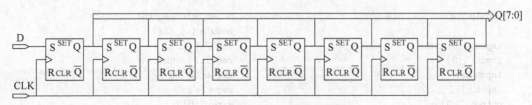

图 3-39　移位寄存器结构

代码实现和激励文件如下：

```verilog
module top(d, rst, clk, q);
input d ;
input rst ;
input clk ;
outputreg[7:0] q ;
always@(posedge clk or negedge rst)
begin
if(rst == 1'b0)
    q <= 0;
else
    q <= {q[6:0], d};        //向左移位
//q <= {d, q[7:1]} ;         //向右移位
end
endmodule
```

```verilog
`timescale 1ns/1ns
module top_tb();
reg d ;
reg rst ;
reg clk ;
wire[7:0] q ;

initial
begin
  d = 0;
  clk = 0;
forever
begin
#({$random} % 100)
    d = ~d ;
end
end
initial
begin
  rst = 0;
#200 rst = 1;
end
always #10 clk = ~clk ;
top
t0(.d(d),.rst(rst),.clk(clk),.q(q));
endmodule
```

仿真结果如图 3-40 所示。可以看到，复位之后，数据随 clk 上升沿左移一位。

图 3-40　移位寄存器仿真波形

3.5.6　单口 RAM

单口 RAM 的写地址与读地址共用一个地址，代码如下，其中 reg [7:0] ram [63:0]定义了 64 个 8 位宽度的数据，addr_reg 可以将读地址延迟一周期之后将数据送出。

```verilog
module top
(
input[7:0] data,
input[5:0] addr,
input wr,
input clk,
output[7:0] q
);
```

```verilog
`timescale 1ns/1ns
module top_tb();
reg[7:0] data ;
reg[5:0] addr ;
reg wr ;
reg clk ;
wire[7:0] q ;
initial
```

```
reg[7:0] ram[63:0];
reg[5:0] addr_reg;                //地址寄存器

always@(posedge clk)
begin
if(wr)                            //写使能
    ram[addr]<= data;

addr_reg <= addr;
end
assign q = ram[addr_reg];        //读数据
endmodule
```

```
begin
  data = 0;
  addr = 0;
  wr = 1;
  clk = 0;
end
always #10 clk = ~clk ;
always@(posedge clk)
begin
  data <= data + 1'b1;
  addr <= addr + 1'b1;
end
top t0(.data(data),
.addr(addr),
.clk(clk),
.wr(wr),
.q(q));
endmodule
```

仿真结果如图 3-41 所示。可以看到,q 的输出与写入的数据一致。

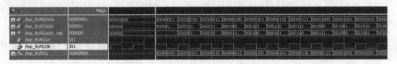

图 3-41 单口 RAM 仿真波形

3.5.7 伪双口 RAM

伪双口 RAM 的读写地址是独立的,可以随机选择写或读地址,同时进行读写操作,代码如下:

```
module top
(
input[7:0] data,
input[5:0] write_addr,
input[5:0] read_addr,
input wr,
input rd,
input clk,
outputreg[7:0] q
);

reg[7:0] ram[63:0];
reg[5:0] addr_reg;                //地址寄存器

always@(posedge clk)
begin
if(wr)                            //写使能
```

```
`timescale 1ns/1ns
module top_tb();
reg[7:0] data ;
reg[5:0] write_addr ;
reg[5:0] read_addr ;
reg wr ;
reg clk ;
reg rd ;
wire[7:0] q ;
initial
begin
  data = 0;
  write_addr = 0;
  read_addr = 0;
  wr = 0;
  rd = 0;
  clk = 0;
```

```
        ram[write_addr]<= data;                    #100 wr = 1;
if(rd)                        //读使能            #20 rd = 1;
        q <= ram[read_addr];                       end
                                                   always #10 clk = ~clk ;
end                                                always@ (posedge clk)
                                                   begin
endmodule                                          if(wr)
                                                   begin
                                                       data <= data +1'b1;
                                                       write_addr <= write_addr + 1'b1;
                                                   if(rd)
                                                       read_addr <= read_addr + 1'b1;
                                                   end
                                                   end
                                                   top t0(.data(data),
                                                   .write_addr(write_addr),
                                                   .read_addr(read_addr),
                                                   .clk(clk),
                                                   .wr(wr),
                                                   .rd(rd),
                                                   .q(q));
                                                   endmodule
```

仿真结果如图 3-42 所示。可以看到,在 rd 有效时,对读地址进行操作,读出数据。

图 3-42　伪双口 RAM 仿真波形

3.5.8　真双口 RAM

真双口 RAM 有两套控制线和数据线,允许两个系统对其进行读写操作,代码如下:

```
module top                                         `timescale 1ns/1ns
(                                                  module top_tb();
input[7:0] data_a, data_b,                         reg[7:0] data_a, data_b ;
input[5:0] addr_a, addr_b,                         reg[5:0] addr_a, addr_b ;
input wr_a, wr_b,                                  reg wr_a, wr_b ;
input rd_a, rd_b,                                  reg rd_a, rd_b ;
input clk,                                         reg clk ;
outputreg[7:0] q_a, q_b                            wire[7:0] q_a, q_b ;
);                                                 initial
                                                   begin
reg[7:0] ram[63:0];        //声明 ram                 data_a = 0;
                                                     data_b = 0;
//端口 A                                              addr_a = 0;
```

```
always@(posedge clk)
begin
if(wr_a)                        //写
begin
    ram[addr_a]<= data_a;
    q_a <= data_a ;
end
    if(rd_a)
//读
    q_a <= ram[addr_a];
end


//端口 B
always@(posedge clk)
begin
if(wr_b)                        //写
begin
    ram[addr_b]<= data_b;
    q_b <= data_b ;
end
if(rd_b)
//读
    q_b <= ram[addr_b];
end


endmodule
```

```
addr_b = 0;
wr_a = 0;
wr_b = 0;
rd_a = 0;
rd_b = 0;
clk = 0;
#100 wr_a = 1;
#100 rd_b = 1;
end
always #10 clk = ~clk ;
always@(posedge clk)
begin
if(wr_a)
begin
    data_a <= data_a + 1'b1;
    addr_a <= addr_a + 1'b1;
end
else
begin
    data_a <= 0;
    addr_a <= 0;
end
end
always@(posedge clk)
begin
if(rd_b)
begin
    addr_b <= addr_b + 1'b1;
end
else addr_b <= 0;
end
top
t0(.data_a(data_a),.data_b(data_b),
.addr_a(addr_a),.addr_b(addr_b
),
.wr_a(wr_a),.wr_b(wr_b),
.rd_a(rd_a),.rd_b(rd_b),
.clk(clk),
.q_a(q_a),.q_b(q_b));
endmodule
```

仿真结果如图 3-43 所示。

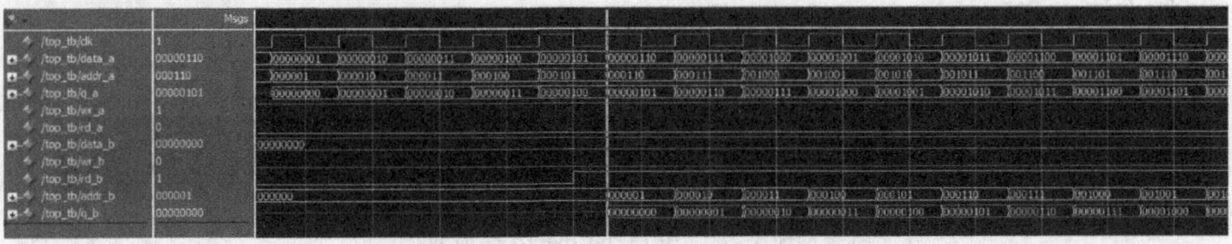

图 3-43 真双口 RAM 仿真波形

3.5.9 单口 ROM

ROM 是用来存储数据的，可以按照下列代码形式初始化 ROM，但用这种方法处理大容量的 ROM 时就比较麻烦，建议用 FPGA 自带的 ROM IP 核实现，并添加初始化文件。

代码实现和激励文件如下：

```verilog
module top
(
input[3:0] addr,
input clk,
outputreg[7:0] q
);
reg[7:0] rom [15:0];        //申明 rom
always@(addr)
begin
case(addr)
4'd0: rom[addr] = 8'd15;
4'd1: rom[addr] = 8'd24;
4'd2: rom[addr] = 8'd100;
4'd3: rom[addr] = 8'd78;
4'd4: rom[addr] = 8'd98;
4'd5: rom[addr] = 8'd105;
4'd6: rom[addr] = 8'd86;
4'd7: rom[addr] = 8'd254;
4'd8: rom[addr] = 8'd76;
4'd9: rom[addr] = 8'd35;
4'd10: rom[addr] = 8'd120;
4'd11: rom[addr] = 8'd85;
4'd12: rom[addr] = 8'd37;
4'd13: rom[addr] = 8'd19;
4'd14: rom[addr] = 8'd22;
4'd15: rom[addr] = 8'd67;
endcase
end
always@(posedge clk)
begin
  q <= rom[addr];
end
endmodule
```

```verilog
`timescale 1ns/1ns
module top_tb();
reg[3:0] addr ;
reg clk ;
wire[7:0] q ;
initial
begin
  addr = 0;
  clk = 0;
end
always #10 clk = ~clk ;
always@(posedge clk)
begin
    addr <= addr +1'b1;
end
top t0(.addr(addr),
.clk(clk),
.q(q));
endmodule
```

仿真结果如图 3-44 所示。

图 3-44 单口 ROM 仿真波形

3.5.10 有限状态机

在 Verilog 中经常会用到有限状态机来处理相对复杂的逻辑,设定好不同的状态,根据触发条件跳转到对应的状态,在不同的状态下做相应的处理。有限状态机主要用到 always 及 case 语句。下面以一个四状态的有限状态机举例说明,如图 3-45 所示。

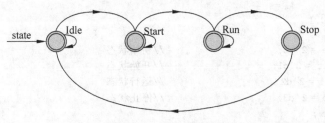

图 3-45 状态机跳转

在程序中设计了 8 位的移位寄存器。在 Idle 状态下,判断 shift_start 信号是否为高,如果为高,进入 Start 状态,在 Start 状态延迟 100 个周期,进入 Run 状态,进行移位处理,如果 shift_stop 信号有效,则进入 Stop 状态,在 Stop 状态,将 q 的值清零,再跳转到 Idle 状态。

Mealy 有限状态机的输出不仅与当前状态有关,也与输入信号有关,在 RTL 视图中会与输入信号有连接。Mealy 有限状态机的 RTL 视图如图 3-46 所示,其实现代码如下:

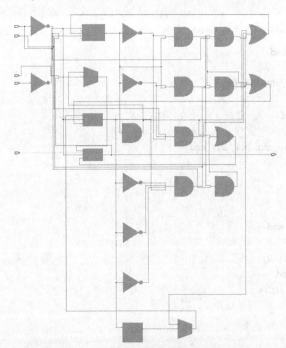

图 3-46 Mealy 有限状态机的 RTL 视图

```verilog
module top
(
input shift_start,
input shift_stop,
input rst,
input clk,
input d,
outputreg[7:0] q
);
parameter Idle = 2'd0;              //初始状态
parameter Start = 2'd1;             //开始状态
parameter Run   = 2'd2;             //运行状态
parameter Stop = 2'd3;              //停止状态
reg[1:0] state ;
reg[4:0] delay_cnt ;                //延迟计数
always@(posedge clk or negedge rst)
begin
if(!rst)begin
    state <= Idle ;
    delay_cnt <= 0;
    q <= 0; end
else
case(state)
    Idle :begin
if(shift_start)
state <= Start ; end
    Start :begin
if(delay_cnt == 5'd99)begin
delay_cnt <= 0;
state <= Run ; end
else
delay_cnt <= delay_cnt + 1'b1; end
    Run  :begin
if(shift_stop)
state <= Stop ;
else
q <= {q[6:0], d}; end
    Stop :begin
            q <= 0;
state <= Idle ; end
default: state <= Idle ;
endcase
end
endmodule
```

Moore 有限状态机的输出只与当前状态有关，与输入信号无关，输入信号只影响状态的改变，不影响输出，比如对 delay_cnt 和 q 的处理，只与当前状态有关。Moore 有限状态机

的 RTL 视图如图 3-47 所示,其实现代码如下:

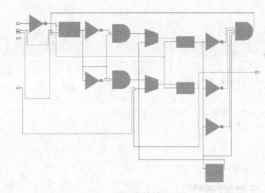

图 3-47　Moore 有限状态机的 RTL 视图

```
module top
(
input shift_start,
input shift_stop,
input rst,
input clk,
input d,
outputreg[7:0] q
);
parameter Idle = 2'd0;                    //初始状态
parameter Start = 2'd1;                   //开始状态
parameter Run   = 2'd2;                   //运行状态
parameter Stop = 2'd3;                    //停止状态
reg[1:0] current_state ;
reg[1:0] next_state ;
reg[4:0] delay_cnt ;                      //延迟计数
//第一部分:状态转换
always@(posedge clk or negedge rst)begin
if(!rst)
    current_state <= Idle ;
else
    current_state <= next_state ; end
//第二部分:组合逻辑,判断语句转换条件
always@( * )begin
case(current_state)
    Idle :begin
if(shift_start)
next_state <= Start ;
else
next_state <= Idle ; end
    Start :begin
if(delay_cnt == 5'd99)
next_state <= Run ;
else
```

```
                    next_state <= Start ;
        end
            Run  :begin
    if(shift_stop)
    next_state <= Stop ;
    else
                        next_state <= Run ;
        end
            Stop : next_state <= Idle ;
    default:next_state <= Idle ;
    endcase
    end
    //第三部分:输出数据
    always@(posedge clk or negedge rst)
    begin
    if(!rst)
        delay_cnt <= 0;
    else if(current_state == Start)
        delay_cnt <= delay_cnt + 1'b1;
    else
        delay_cnt <= 0;
    end

    always@(posedge clk or negedge rst)
    begin
    if(!rst)
        q <= 0;
    else if(current_state == Run)
        q <= {q[6:0], d};
    else
        q <= 0;
    end
    endmodule
```

上面两个程序中用到了两种方式的写法。第一种是 Mealy 状态机,采用了一段式的写法,只用了一个 always 语句,所有的状态转移,判断状态转移条件,数据输出都在一个 always 语句里,缺点是如果状态太多,则会使整段程序显得冗长。第二种是 Moore 状态机,采用了三段式的写法,状态转移用了一个 always 语句,判断状态转移条件是组合逻辑,采用了一个 always 语句,数据输出也是单独的 always 语句,这样写起来比较直观清晰,状态很多时也不会显得烦琐。

激励文件如下:

```
`timescale 1ns/1ns
module top_tb();
reg shift_start ;
reg shift_stop ;
reg rst ;
reg clk ;
```

```
reg d ;
wire[7:0] q ;
initial
begin
  rst = 0;
  clk = 0;
  d = 0;
# 200 rst = 1;
forever
begin
# ( { $ random} % 100)
    d = ~d ;
end
end

initial
begin
  shift_start = 0;
  shift_stop = 0;
# 300 shift_start = 1;
# 1000 shift_start = 0;
        shift_stop = 1;
# 50 shift_stop = 0;
end
always # 10 clk = ~clk ;
top t0
(
. shift_start(shift_start),
. shift_stop(shift_stop),
. rst(rst),
. clk(clk),
. d(d),
. q(q)
);
Endmodule
```

仿真结果如图 3-48 所示。

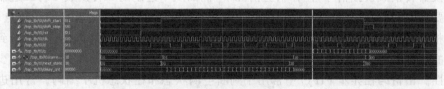

图 3-48　状态机仿真波形

3.6　总结

本章介绍了组合逻辑以及时序逻辑中常用的模块,其中有限状态机较为复杂,但经常用到,希望大家能够深入理解,在编写代码时多运用、多思考,有利于快速提升水平。

第4章

Verilog HDL 数字电路设计

视频讲解

4.1 基于格雷码编码器的设计

4.1.1 简介

本章主要介绍格雷码的编码、解码原理。采用 Verilog 语言实现格雷码编码设计,按键输入 4 位二进制,编码器将二进制转化为格雷码,再将格雷码显示在四个 LED 灯上。

4.1.2 实验原理

在数字系统中只能识别 0 和 1,各种数据都要转换为二进制代码才能进行处理。常用 BCD 码包括:

(1) 有权码——8421 码、5421 码;

(2) 无权码——余 3 码、格雷码。其中格雷码被广泛应用。格雷码是一种具有反射特性和循环特性的单步自补码,其循环、单步特性消除了随机取数时出现重大误差的可能,它的反射、自补特性使得求反操作也非常方便。

格雷码属于可靠性编码,是一种错误最小化的编码方式,因为自然二进制码可以直接由数模转换器转换成模拟信号,但在某些情况下,例如从十进制的 3 转换成 4 时二进制码的每一位都要变,这使得数字电路产生很大的尖峰电流脉冲,而格雷码则没有这一缺点,它在任意两个相邻的数之间转换时,只有一个数位发生变化,所以大大减少了由一个状态到下一个状态时的逻辑混淆,与其他编码同时改变两位或多位的情况相比更为可靠,因此减少了出错的可能性。格雷码在异步 FIFO 中常用于判断空满状态和在状态机中编码。常用进数制与格雷码间的转换关系如表 4-1 所示。

表 4-1 常用进数制转换关系

十进制数	自然二进制数	格雷码	十进制数	自然二进制数	格雷码
0	0000	0000	2	0010	0011
1	0001	0001	3	0011	0010

续表

十 进 制 数	自然二进制数	格 雷 码	十 进 制 数	自然二进制数	格 雷 码
4	0100	0110	10	1010	1111
5	0101	0111	11	1011	1110
6	0110	0101	12	1100	1010
7	0111	0100	13	1101	1011
8	1000	1100	14	1110	1001
9	1001	1101	15	1111	1000

1. 二进制码转换成格雷码

二进制码转换成格雷码的方法如图 4-1 所示,保留二进制码的最高位作为格雷码的最高位,次高位格雷码为二进制码的高位与次高位相异或,格雷码的其余各位与次高位的求法相同。

2. 格雷码转换成二进制码

格雷码转换成二进制码,其方法如图 4-2 所示,保留格雷码的最高位作为自然二进制码的最高位,次高位二进制码为高位二进制码与次高位格雷码相异或,而二进制码的其余各位与次高位二进制码的求法相同。

二进制码$B_{n-1}B_{n-2}\cdots B_2B_1B_0$

格雷码$G_{n-1}G_{n-2}\cdots G_2G_1G_0$

最高位保留：$G_{n-1} = B_{n-1}$

其他各位：$G_i = B_{i+1} \oplus B_i$　$i=0, 1, 2, 3, \cdots, n-2$

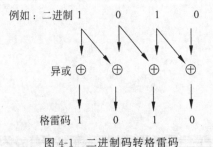

图 4-1　二进制码转格雷码

二进制码$B_{n-1}B_{n-2}\cdots B_2B_1B_0$

格雷码$G_{n-1}G_{n-2}\cdots G_2G_1G_0$

最高位保留：$G_{n-1} = B_{n-1}$

其他各位：$B_i = G_{i-1} \oplus B_i$　$i=0, 1, 2, 3, \cdots, n-2$

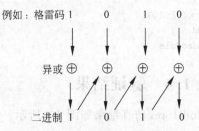

图 4-2　格雷码转二进制码

4.1.3　程序代码

(1) 源文件 gray_test.v。

```
module gray_test(B,G);

parameter width = 4;                    //数据位宽
```

```verilog
input[width-1:0] B;
output[width-1:0] G;
reg[width-1:0] G;
integer i;
always@(B)                        //二进制码转格雷码
begin
for(i = 0; i < width - 1; i = i + 1)   // 循环异或
    G[i] = B[i]^ B[i + 1];
G[width - 1] = B[width - 1];
end
endmodule
```

（2）仿真文件 gray_tb.v。

```verilog
module gray_tb();

reg[3:0] B;                       //输入
wire[3:0] G;                      //输出
gray_test uut (
.B(B),
.G(G)
);                                //例化
initial begin                     //初始化
B = 4'b0000;
#20;
B = 4'b1000;                      //赋值
#20;
B = 4'b1100;
#20;
B = 4'b1001;
#20;
B = 4'b0101;
end
endmodule
```

4.1.4　验证结果

ModelSim 仿真结果如图 4-3 所示。

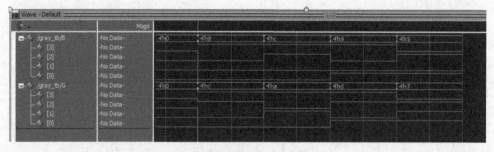

图 4-3　ModelSim 仿真结果

实验现象:

上电后在开发板中下载好程序,拨码开关向下拨动时是高电平,向上拨动时是低电平。LED 电路中 LED 灯亮是高电平(逻辑 0),LED 灯灭是低电平(逻辑 1)。

4.2　异步清零加法器设计

4.2.1　简介

本设计主要介绍全加器和半加器设计原理,通过 Verilog 实现 1 位全加器,可实现异步清零,实验中通过按键输入相加的两个数和进位,设计加法器求出总和和进位,将总和和进位通过两个 LED 显示。

4.2.2　实验原理

1. 半加器

半加器有两个二进制的输入,其将输入的值相加,并输出数据的总和和进位。半加器虽能产生进位值,但半加器本身并不能处理进位值。半加器真值表如表 4-2 所示,门电路如图 4-4 所示。

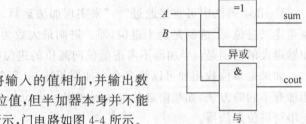

图 4-4　半加器

$$sum = A \oplus B, cout = AB$$

表 4-2　半加器真值表

A	B	sum	cout
0	0	0	0
0	1	1	0
1	0	1	0
1	1	0	1

2. 全加器

全加器有 3 个二进制输入,其中一个是进位值的输入,所以全加器可以处理进位值。全加器可以用两个半加器组合而成。全加器真值表如列表 4-3 所示,门电路如图 4-5 所示。

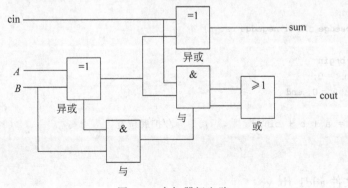

图 4-5　全加器门电路

表 4-3　全加器真值表

A	B	cin	sum	cout
0	0	0	0	0
0	1	0	1	0
1	0	0	1	0
1	1	0	0	1
0	0	1	1	0
0	1	1	0	1
1	0	1	0	1
1	1	1	1	1

　　Verilog 语法中可直接通过"＋"来实现加法运算。二进制加法不同于十进制加法，二进制是逢二进位，十进制是逢十进位，即二进制最大数为 1，十进制数最大数为 9。全加器和半加器最大的区别是：半加器不考虑低位向高位的进位数，其电路结构相对简单。

　　如果是多位数相加可以将多个全加器相连，n 个全加器相连就可以实现 n 位相加，多位相加有不同的方法，如超前进位加法器和串行进位加法器。超前进位加法器运算速度远快于串行进位加法器。

4.2.3　程序代码

（1）源文件 add1_test.v。

```
module add1_test(clk,
    rst_n,
    a,
    b,
    cin,
    sum,
    cout
);
input clk,rst_n,a,b,cin;
output sum,cout;
reg sum,cout;
always@(posedge clk or negedge rst_n)
begin
if(~rst_n)begin
        sum <= 0;
        cout <= 0; end
else
{cout,sum}<= a + b + cin;          //扩展位宽
end
endmodule
```

（2）仿真文件 add1_tb.v。

```
module add1_tb(
);

reg clk;
reg rst_n;
reg a;
reg b;
reg cin;
wire sum;
wire cout;
add1_test uut (
.clk(clk),
.rst_n(rst_n),
.a(a),
.b(b),
.cin(cin),
.sum(sum),
.cout(cout)
);

initial begin
clk = 0; rst_n = 0; a = 1'b1; b = 1'b0; cin = 1'b0;
#20;
rst_n = 1; a = 1'b1; b = 1'b0; cin = 1'b1;
#20;
a = 1'b1; b = 1'b1; cin = 1'b1;
end
always #10 clk = ~clk;                       //周期 20ns
endmodule
```

4.2.4　验证结果

ModelSim 仿真结果如图 4-6 所示。

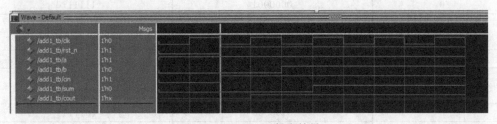

图 4-6　ModelSim 仿真结果

实验现象:

上电后在开发板中下载好程序,拨动拨码开关,分别代表加数和进 a、b、cin,LED 灯显示 sum 和 cout 的结果。可看到实验现象与仿真结果一致。

视频讲解

4.3 七段数码管显示电路的设计

4.3.1 简介

本书主要介绍了数码管原理及其控制方法，实验中通过拨码开关输入 4 位二进制数，数码管译码器电路将 4 位二进制数的十进制数用数码管表示出来，使用静态驱动控制。

4.3.2 实验原理

数码管按发光二极管单元连接方式可分为共阳极数码管和共阴极数码管，如图 4-7 和图 4-8 所示，数码管排列如图 4-9 所示。共阳极数码管是指将所有发光二极管的阳极接到一起，将公共极接到电源 VCC 的数码管，当某一发光二极管的阴极为低电平时，相应字段就点亮；当为高电平时，相应字段不亮。共阴极数码管是指将所有发光二极管的阴极接到一起，将公共极接到地线 GND 的数码管，当某一发光二极管的阳极为高电平时，相应字段就点亮；当为低电平时，相应字段不亮。数码管编码如表 4-4 所示，本实验选用共阳极连法，低电平有效。

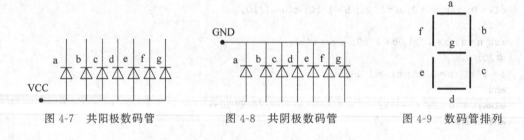

图 4-7 共阳极数码管　　　图 4-8 共阴极数码管　　　图 4-9 数码管排列

表 4-4 数码管编码

十 进 制 数	共阳极（abcdefg）	共阴极（abcdefg）
0	0000001	1111110
1	1001111	0110000
2	0010010	1101101
3	0000110	1111001
4	1001100	0110011
5	0100100	1011011
6	0100000	1011111
7	0001111	1110000
8	0000000	1111111
9	0000100	1111011

多段数码管原理图如图 4-10 所示，数码管要正常显示，就要用驱动电路来驱动数码管

的各个段码,驱动方式主要有静态驱动和动态驱动两类。

(1) 静态驱动也称直流驱动。静态驱动是指每个数码管的每一个段码都由 1 个 I/O 端口进行驱动。静态驱动的优点是编程简单,显示亮度高;缺点是占用 I/O 端口多,如驱动 6 个数码管,静态显示则需要 $6 \times 8 = 48$ 个 I/O 端口来驱动。

(2) 动态驱动是将所有数码管的发光二极管的同名端连在一起,如 6 个数码管的 a 发光二极管全部连接在一起。每个数码管的公共极增加位选通控制电路,即不再是单纯的接 VCC 或 GND,而是由各自独立的 I/O 线控制。只需要 $6 + 8 = 14$ 个 I/O 端口来驱动。

当 FPGA 输出字形码时,所有数码管都接收到相同的字形码,但是有 FPGA 对位选通端电路的控制,将期望的数码管位选通控制打开,该位就显示出字形,没有选通的数码管就不会亮。在轮流显示过程中,每位数码管的点亮时间为 $1 \sim 2ms$,由于人的视觉暂留现象及发光二极管的余晖效应,尽管实际上各位数码管并非同时点亮,但只要扫描的速度足够快,给人的印象就是一组稳定的显示数据,不会有闪烁感,这就是动态驱动。动态显示的效果和静态显示是一样的,能够节省大量的 I/O 端口,而且功耗更低。

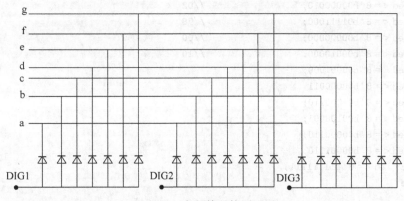

图 4-10 多段数码管原理图

4.3.3 程序代码

(1) 源文件 seg_test.v。

```verilog
module seg_test(
clk,
rst_n,
key,
led,
dig
);
input clk;
input rst_n;
input[3:0] key;
output[5:0] dig;
```

```verilog
output[7:0] led;

reg[7:0] led;
assign dig = 6'b000000;

always@(posedge clk or negedge rst_n)
begin
if(~rst_n)
        led <= 8'b11111111;                //低电平有效
else begin
case(key)
4'h0:led <= 8'b01000000;                //h40
4'h1:led <= 8'b01111001;                //h79
4'h2:led <= 8'b00100100;                //h24
4'h3:led <= 8'b00110000;                //30
4'h4:led <= 8'b00011001;                //19
4'h5:led <= 8'b00010010;                //12
4'h6:led <= 8'b00000010;                //02
4'h7:led <= 8'b01111000;                //78
4'h8:led <= 8'b00000000;                //00
4'h9:led <= 8'b00010000;                //10
4'ha:led <= 8'b00001000;
4'hb:led <= 8'b00000011;
4'hc:led <= 8'b01000110;
4'hd:led <= 8'b00100001;
4'he:led <= 8'b00000110;
4'hf:led <= 8'b00001110;
default: led <= 8'b11111111;
endcase
end
end
endmodule
```

（2）仿真文件 seg_tb.v。

```verilog
`timescale 1ns/1ps
module seg_tb();
reg clk;
reg rst_n;
reg[3:0] A;
wire[7:0] led;
seg_test uut(
.clk(clk),
.rst_n(rst_n),
.key(A),
.led(led),
.dig(dig)
```

```
);
initial begin
    clk = 0;
    rst_n = 0; A = 4'b0010;
#20; rst_n = 1;
    A = 4'b0010;
#40; A = 4'b0011;
#40; A = 4'b1000;
#100;
end
always #10 clk = ~clk;
endmodule
```

4.3.4　验证结果

ModelSim 仿真结果如图 4-11 所示。

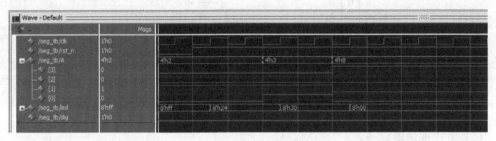

图 4-11　ModelSim 仿真结果

实验现象：

上电后在开发板中下载好程序，拨动拨码开关，输入一个 4 位的二进制数，数码管将会显示其对应的十进制数。如输入 0011，数码管会显示 3，其控制实际的编码为（abcdefg＝0000110，段码低电平亮）。可看到实验现象与仿真结果一致。

4.4　四位并行乘法器的设计

视频讲解

4.4.1　简介

常用的乘法器有两种：串行乘法器和流水线乘法器。本实验使用的是流水线乘法器，流水线乘法器比串行乘法器的速度快很多。

4.4.2　实验原理

乘法器的实现本质是"移位相加"，如图 4-12 所示。对于二进制数，乘数和被乘数的每一位非 0 即 1，相当于乘数中的每一位分别和被乘数的每一位进行与运算，并产生相应的乘积位。这些局部乘积左移一位与上次的和相加。即从乘数的最低位开始,若其为1,则被乘数左移一位并与上一次的和相加;若为0,左移后以全零相加,如此循环至乘数的最高位。本实验中实现乘法器的原理如图4-12所示:通过判断a的每一位的值,得出相应的8位乘数,最后通过加法将由a每一位得出的乘数相加,得到两个4位二进制数的乘积。

（1）流水线乘法器。

FPGA是并行运行的,而流水线各操作段以重叠方式执行。即在计算数据时,顺序执行移位和加法两个操作,当第一个数据进行加法操作时,后面的数据在同一时间进行移位操作,这使得操作执行速度只与流水线输入的速度有关,而与处理所需的时间无关,其运行效率很高,实验中采用多级流水线的形式,将相邻的两个部分乘积结果再加到最终的输出乘积上,即排成一个二叉树结构,这样对于 N 位乘法器需要 $\log_2 N$ 级来实现。流水线乘法器比串行乘法器的速度快很多,因此在高速的信号处理中有广泛的应用。4位流水线乘法器如图4-13所示。

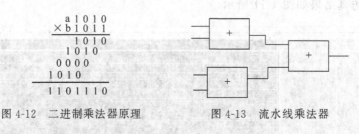

图4-12　二进制乘法器原理　　　　图4-13　流水线乘法器

（2）串行乘法器。

串行乘法器需要等待前一个数据移位和加法操作执行完成后再计算下一个数据。两个 N 位二进制数 x、y 的乘积是利用移位操作来实现,从被乘数的最低位开始判断,若为1,则乘数左移 $i(i=0,1,\cdots,\text{width})$ 位后,与上一次的和相加;若为0,则乘数左移 i 位后,以0相加。直至被乘数的最高位。该乘法器所占用的资源是所有类型乘法器中最少的。但计算一次乘法需要 N 个周期,因此可以看出串行乘法器速度比较慢、时延大。4位串行乘法器原理如图4-14所示。

```
    a 1 0 1 0
  × b 1 0 1 1
      1 0 1 0
    1 0 1 0
  0 0 0 0
1 0 1 0
1 1 0 1 1 1 0
```

图4-14　串行乘法器原理

对于 N 位二进制进行加法运算,其和为 N 位;对于 M 位的乘数,其乘积位宽为 $2 \times M$ 位。Verilog语法中可以直接使用"＊"进行乘法运算。

4.4.3　程序代码

（1）源文件 mult_test.v。

```
`timescale 1ns/1ps
module mult_test(
    clk,
    rst_n,
    A,
```

```verilog
    B,
    mult
);
input clk;
input rst_n;
input[3:0] A;
input[3:0] B;
output[7:0] mult;
reg[7:0] mult,mult0,mult1,mult2,mult3;
always@(posedge clk or negedge rst_n)
begin
if(~rst_n)begin
    mult0 <= 0;
    mult1 <= 0;
    mult2 <= 0;
    mult3 <= 0;

    mult <= 0;
end
else begin
    mult0 <= B[0]?{4'd0,A}:8'd0;          //判断b是否等于1: 是则b等于1,否则b等于0

    mult1 <= B[1]?{3'd0,A,1'd0}:8'd0;

    mult2 <= B[2]?{2'd0,A,2'd0}:8'd0;

    mult3 <= B[3]?{1'd0,A,3'd0}:8'd0;
    mult <= mult0 + mult1 + mult2 + mult3;          //相加
end
end
endmodule
```

（2）仿真文件 mult_tb.v。

```verilog
`timescale 1ns/1ps
module mult_tb();
reg rst_n;
reg clk;
reg[3:0] A;
reg[3:0] B;
wire[7:0] mult;
mult_test uut(
.clk(clk),
.rst_n(rst_n),
.A(A),
.B(B),
.mult(mult)
```

```
);
initial
begin
rst_n = 0; clk = 0; A = 4'b1111; B = 4'b0110;
#20;
rst_n = 1; A = 4'b1001; B = 4'b0110;
end
always#10 clk = ~clk;
endmodule
```

4.4.4 验证结果

ModelSim 仿真结果如图 4-15 所示。

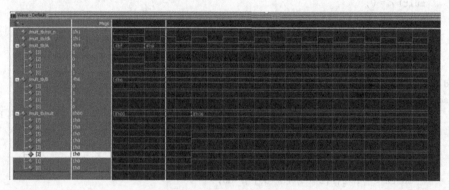

图 4-15 ModelSim 仿真结果

实验现象：

上电后在开发板中下载好程序，拨动拨码开关，输入两个二进制数作为乘数，积显示在 LED 灯上，可看到实验现象与仿真结果一致。

视频讲解

4.5 基本触发器的设计

4.5.1 简介

D 触发器是一个具有记忆功能的、具有两个稳定状态的信息存储器件，是构成多种时序电路的最基本的逻辑单元，也是数字逻辑电路中一种重要的单元电路。

4.5.2 实验原理

时钟控制触发器主要有电平敏感性和边沿敏感性，时钟信号为高电平时触发器改变输出状态，通常称这种触发器为电平敏感触发器（锁存器）。时钟信号的上升/下降沿会使触发器改变输出状态，这种边沿触发称为边沿敏感触发器（寄存器）。

D 触发器在 FPGA 时序电路设计中经常用到。触发器具有两个稳定状态，即 0 和 1，D

触发器属于边沿敏感的存储器件,数据存储的动作由时钟信号的上升沿或下降沿进行同步,即在上升沿或下降沿触发下可以从一个稳定状态翻转到另一个稳定状态。D触发器通常在时钟上升沿时捕获D输入的值,然后保持这个值不变,直到下一个上升沿到来时,重新捕获D输入的值,在其他所有时间上数据值及其跳变均被忽略,输出保持跳变沿时刻捕获的值。D触发器功能表如表4-5所示。

表 4-5　D触发器功能表

D	CLK	Q	$\bar{Q}$
0	时钟上升沿	0	1
1	时钟上升沿	1	0
×	0	跳变沿时刻的 Q	跳变沿时刻的 $\bar{Q}$
×	1	跳变沿时刻的 Q	跳变沿时刻的 $\bar{Q}$

建立时间(Set up Time, T_{su}):输入信号 D 的变化会引起触发器内部电路逻辑电平的一系列变化,为保证相关电路建立起稳定的状态,信号 D 必须提前于时钟信号的上升沿到来之前就稳定在指定的逻辑电平上,以保证数据被稳定地送入触发器,这个提前时间的最小值即建立时间。

保持时间(Hold time, T_h):是指信号 D 在时钟信号到来之后还应保持一定时间,以保证数据被稳定地传送到 Q,如果保持时间不满足要求那么数据同样也不能被稳定地送入触发器。建立时间和保持时间不够会出现亚稳态,即不确定输出是0还是1,在 FPGA 中用"×"表示不确定输出是0还是1。建立时间和保持时间如图4-16所示。

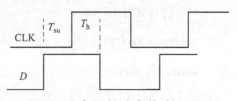

图 4-16　建立时间与保持时间

D触发器维持-阻塞边沿D触发器,由6个与非门组成,其中前4个与非门响应外部输入信号 D 和时钟信号 CP,S 和 R 信号控制由后两个与非门构成的基本 SR 锁存器的状态。其简化电路图如图4-17所示,电路图如图4-18所示。

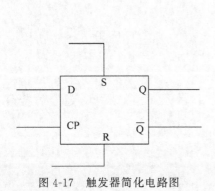

图 4-17　触发器简化电路图

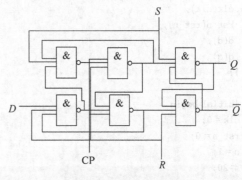

图 4-18　触发器电路图

4.5.3　程序代码

（1）源文件 tri_test. v。

```verilog
module tri_test(clk,rst_n,d,q);
input clk;
input rst_n;
input d;
output q;
reg q;
always@(posedge clk or negedge rst_n)
begin
if(~rst_n)
        q <= 0;
else
        q <= d;
end
endmodule
```

（2）仿真文件 tri_tb. v。

```verilog
`timescale 1ns/1ps

module tri_tb();

reg rst_n;
reg clk;
reg d;
wire q;

tri_test uut(

.clk(clk),
.rst_n(rst_n),
.d(d),
.q(q)
);

initial begin
clk = 0;
rst_n = 0;
d = 1;
#20;
rst_n = 1;
d = 0;
#20;
```

```
d = 1;
end
always # 10 clk = ~clk;
endmodule
```

4.5.4 验证结果

ModelSim 仿真结果如图 4-19 所示。

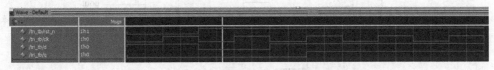

图 4-19　ModelSim 仿真结果

实验现象：

上电后在开发板中下载好程序，拨动拨码开关作为输入，LED 灯显示结果，可看到实验现象与仿真结果一致。

4.6 四位全加器设计

4.6.1 简介

四位全加器由 1 个 1 位的二进制和 2 个 4 位的二进制作为输入，其中 1 位的二进制是进位值的输入，其余 2 个 4 位二进制为加数，通过全加器计算出它们的和及进位。

4.6.2 实验原理

Verilog 语法中可直接通过"＋"来实现加法运算。下面先简单介绍一下半加器与全加器。

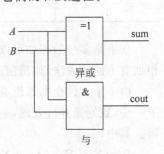

半加器：半加器有两个二进制输入，它将输入的值相加，并输出数据的总和与进位。半加器虽能产生进位值，但半加器本身并不能处理进位值。其电路结构如图 4-20 所示，真值表如表 4-6 所示。

图 4-20　半加器

表 4-6　半加器真值表

A	B	sum	cout
0	0	0	0
0	1	1	0
1	0	1	0
1	1	0	1

全加器：全加器有 3 个二进制的输入，其中一个是进位值的输入，所以全加器可以处理进位值。全加器可以用两个半加器组合而成。其电路结构如图 4-21 所示，真值表如表 4-7 所示。

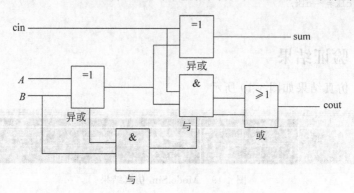

图 4-21　全加器

表 4-7　全加器真值表

A	B	cin	sum	cout
0	0	0	0	0
0	1	0	1	0
1	0	0	1	0
1	1	0	0	1
0	0	1	1	0
0	1	1	0	1
1	0	1	0	1
1	1	1	1	1

如果是多位数相加可以将多个全加器相连，n 个全加器相连就可以实现 n 位相加，多位相加有不同的方法，如超前进位加法器和串行进位加法器，如图 4-22 和图 4-23 所示。

由 4 个 1 位全加器组成超前进位 4 位全加器，不需要等待前一位计算完毕再开始计算下一位，数据是并行处理，运算速度更快。超前进位加法器运算速度远快于串行进位加法器。其中，

$Pi = Xi \oplus Yi$,　　$Gi = XiYi$

$S0 = P0 \oplus CIN$,　　$S1 = P1 \oplus C1$,　　$S2 = P2 \oplus C2$,　　$S3 = P3 \oplus C3$

$C1 = CINP0 + G0$

$C2 = C1P1 + G1$

$C3 = C2P2 + G2$

$COUT = C3P3 + G3$

4 位串行进位加法器，当有多位数相加时，模仿笔算过程，必须等待前一位的进位才继续计算，所以速度较慢，也没有利用好 FPGA 并行的特性。

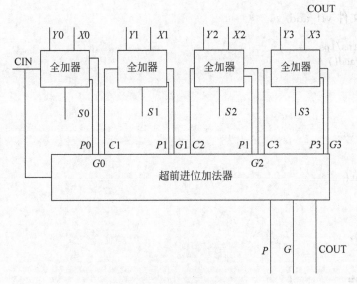

图 4-22　超前进位加法器

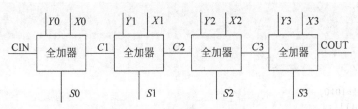

图 4-23　串行进位加法器

4.6.3　程序代码

（1）源文件 add_test.v。

```
`timescale 1ns/1ps
module add_test(A,B,cin,sum,cout);
parameter width = 4;                              //设置位宽
input[width-1:0] A;
input[width-1:0] B;
input cin;
output cout;
output[width-1:0] sum;
reg[width-1:0] sum;
reg cout;

always@(A or B or cin)
begin
{cout,sum}<= A + B + cin;
end
endmodule
```

（2）仿真文件 vtf_add.v。

```verilog
`timescale 1ns/1ps
module vtf_add();

reg cin;
reg[3:0] A;
reg[3:0] B;
wire[3:0] sum;
wire cout;
//例化
add_test uut(
.A(A),
.B(B),
.cin(cin),
.cout(cout),
.sum(sum)
);
initial begin
A = 4'b0000;
B = 4'b0000;
cin = 1'b0;
#20;
A = 4'b0001;
B = 4'b0010;
cin = 1'b1;
#20; A = 4'b1010;
    B = 4'b1111;
    cin = 1'b1;
end
endmodule
```

4.6.4　验证结果

ModelSim 仿真结果如图 4-24 所示。

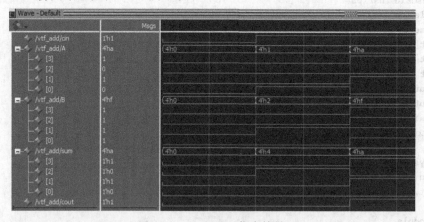

图 4-24　ModelSim 仿真结果

实验现象：

上电后在开发板中下载好程序，拨动拨码开关，输入两个加数和进位的二进制数，和显示在 LED 灯上，实验现象与仿真结果一致。

4.7 表决器的设计

4.7.1 简介

视频讲解

有 A、B、C 三位裁判，A 为主裁判，有两位以上的裁判通过（必须包括 A 裁判）才能通过。

4.7.2 实验原理

假设 A、B、C 三位裁判通过用 1 表示，0 则为不通过；总体结果 Y 通过用 1 表示，0 则为不通过。首先画出真值表如表 4-8 所示。

表 4-8　真值表

A	B	C	Y
0	0	0	0
0	0	1	0
0	1	0	0
0	1	1	0
1	0	0	0
1	0	1	1
1	1	0	1
1	1	1	1

由表 4-8 可以得出 $Y=(A\sim BC)+(AB\sim C)+(ABC)=AB+AC$，其数字电路如图 4-25 所示。

设计表决器使用组合逻辑设计，逻辑表达式比较简单，但是如果设计过程中对 $Y=(A\sim BC)+(AB\sim C)+(ABC)$ 不进行化简，则将占用更多的逻辑资源，还会产生竞争冒险。电路在信号电平变化瞬间与稳态下的逻辑功能不一致的现象叫竞争冒险。由于逻辑长度不同，使信号到达输出端的时间

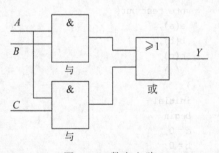

图 4-25　数字电路

有长有短，这种现象叫竞争，而竞争导致输出信号中出现毛刺，输出干扰脉冲的现象叫冒险。消除竞争冒险最简单方法是消去互补乘积项。

在 Verilog 中"&"和"|"是位运算符，二者为双目运算，分别是按位与和按位或，如 a＝4'b1010，b＝4'b1111，a & b＝1010。A｜b＝1111。位运算的优先级仅高于条件运算和逻

辑运算。

如果设计一个 7 位的表决器,则可以使用循环语句 for 来进行计数,如"for(i=0；i<7；i=i+1)begin if(vote[i]) sum<=sum +1；end"并且判断 sum[2]=1,即至少 4 人通过输出高电平信号 LED 灯亮。不管是大于 4 人通过还是必须 2 人通过(包括 A 裁判),将实际问题转化为逻辑电路,最简单的方法是首先画出真值表,判断其逻辑关系,然后才可使用 Verilog 实现设计。

4.7.3 程序代码

(1) 源文件 vote_test.v。

```verilog
module vote_test(
    a,b,c,y
);
input a,b,c;
output y;

reg y;
always@(a or b or c)
begin
        y = (a&b)|(a&c);
end
endmodule
```

(2) 仿真文件 vote_tb.v。

```verilog
`timescale 1ns/1ps
module vote_tb();
reg a,b,c;
wire y;

vote_test uut(
.a(a),
.b(b),
.c(c),
.y(y)
);
initial
begin
a = 0;
b = 0;
c = 0;
#20;
a = 0; b = 0; c = 1;
#20;
a = 1; b = 1; c = 0;
end
endmodule
```

4.7.4 验证结果

ModelSim 仿真结果如图 4-26 所示。

图 4-26 ModelSim 仿真结果

实验现象:

上电后在开发板中下载好程序,选用 3 个拨码开关作为输入,LED 灯显示结果,可看到实验现象与仿真结果一致。

4.8 抢答器的设计

视频讲解

4.8.1 简介

抢答台数为 3 人,主持人控制复位按键,系统复位后进入抢答状态,当有一路抢答按键按下,对应的 LED 灯亮起,并且该路抢答信号将其余各路抢答信号封锁,其他人的信号灯不会亮起,复位后可以重新抢答。

4.8.2 实验原理

抢答器可以判断出哪个选手抢答成功。抢答器设计的关键是,当有一个人按下了抢答按钮时,必须要阻止其他人按下按钮的输入信号。所以每个按键输入有一个使能信号(1 有效)控制,当有一个按键按下,相应的 LED 灯亮起提醒主持人抢答成功,并且同时使其他按键的使能信号为 0,其他按键输入值无效;复位键使所有使能信号置 1,并熄灭所有 LED 灯,可以继续开始,选手重新抢答。

每个选手的按键下都有一个如图 4-27 所示的触发器,只有使能信号有效时,触发器 Q 端才能输出预设置的值(如使 LED 灯亮)。

在本实验中,最主要的是使用条件语句 if…else if …else。在执行 if 语句时,首先判断条件表达式的结果,若结果为 0、x、z,则按"假"处理;若为 1,则按"真"处理,并执行相应的语句。判断过程中从第一个条件表达式开始,直到最后一个条件表达式判断完毕。如果所有的表达式都不成立,才会执行 else 后面的语句。这种判断的先后顺序暗含了一种优先级,需要小心使用。

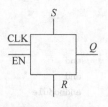

图 4-27 触发器

4.8.3 程序代码

（1）源文件 res_test.v。

```verilog
module res_test(
rst_n,
clk,
key1,key2,key3,
led
);
input rst_n;
input clk;
input key1,key2,key3;
output[2:0] led;
reg[2:0] led;
reg en0,en1,en2;                        //按键输入使能
always@(posedge clk or negedge rst_n )
begin
if(~rst_n)begin                         //复位
        led <= 3'b000;
        en0 <= 1;
        en1 <= 1;
        en2 <= 1;
end
else begin
if(key1 == 0&& en0 == 1)begin           //阻止其他输入
        led <= 3'b001;
        en1 <= 0;
        en2 <= 0; end
else if(key2 == 0&& en1 == 1)begin
        led <= 3'b010;
        en0 <= 0;
        en2 <= 0; end
else if(key3 == 0&& en2 == 1)begin
        led <= 3'b100;
        en1 <= 0;
        en0 <= 0; end
end
end
endmodule
```

（2）仿真文件 res_tb.v。

```verilog
module res_tb();
reg rst_n;
reg clk;
reg key1;
```

```
reg key2;
reg key3;
wire[2:0] led;
res_test uut(
.rst_n(rst_n),
.clk(clk),
.key1(key1),
.key2(key2),
.key3(key3),
.led(led)
);
initial begin
clk = 0;
rst_n = 0;
#20;
rst_n = 1;
key1 = 0;                    //首先按下 key1
key2 = 1;
key3 = 1;
#5;
key1 = 1;
key2 = 0;                    //然后按下 key2,输入无效
key3 = 1;

#40;
rst_n = 0;                   //复位

#20;
rst_n = 1;
key1 = 1;                    //首先按下 key2
key2 = 0;
key3 = 1;
#5;
key1 = 1;
key2 = 1;                    //然后按下 key3,输入无效
key3 = 0;
end
always #10 clk = ~clk;
endmodule
```

4.8.4　验证结果

ModelSim 仿真结果如图 4-28 所示。

实验现象:

上电后在开发板中下载好程序,用按键开关作为输入,LED 灯显示结果,可看到实验现象与仿真结果一致。

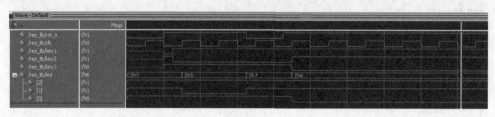

图 4-28　ModelSim 仿真结果

视频讲解

4.9　序列检测器的设计

4.9.1　简介

用 Verilog 描述一个序列检测器用于检测输入数据中的特定序列（本次检测序列为 10010，只要修改状态转移关系即可实现其他目标序列的检测）。当检测到 10010 序列（包括重叠的情况）时，序列检测器输出 1，否则输出 0。

4.9.2　实验原理

数字系统有两大类有限状态机（Finite State Machine，FSM）：Moore 状态机和 Mealy 状态机。Moore 状态机的最大特点是输出只由当前状态确定，与输入无关。Moore 状态机的状态图中的每一个状态都包含一个输出信号。Mealy 状态机的输出不仅与当前状态有关系，与它的输入也有关系。在现代高速时序电路设计中，应尽量采用 Moore 状态机，以利于后续高速电路的同步。在 Mealy 型时序电路的输出端增加一级存储电路构成流水线输出形式，可以将其转化为 Moore 型电路。

1. 状态编码

数字逻辑系统状态机设计中常见的编码方式包括二进制码（Binary 码）、格雷码（Gray 码）、独热码（One-hot 码）以及二-十进制码（BCD 码）。独热码又分为独热 1 码和独热 0 码，这是一种特殊的二进制编码方式。当任何一种状态有且仅有一个 1 时，就是独热 1 码；相反，任何一种状态有且仅有一个 0 时，就是独热 0 码。格雷码只有 1 位发生变化，大大降低了出错率；同样独热码因为只有 1 位 1 或 0，所以出错率也很低，并且更容易检测出错误。在状态机中经常用到格雷码和独热码。

2. 状态机的描述

状态机有 3 种描述方式：一段式状态机、两段式状态机和三段式状态机。

（1）一段式状态机：当把整个状态机放在一个 always 语句中，并且这个模块含有组合逻辑和时序逻辑时，称为一段式状态机。不推荐采用这种状态机，因为组合逻辑和书序逻辑混合在一起不利于代码维护和修改，也不利于约束。

（2）两段式状态机：所谓的两段式状态机就是采用一个 always 语句来实现时序逻辑，

另外一个 always 语句来实现组合逻辑,提高了代码的可读性,易于维护。

(3)三段式状态机:组合逻辑和时序逻辑分开,在组合逻辑后再增加一级寄存器来实现时序逻辑输出。这样做的好处是可以有效地滤去组合逻辑输出的毛刺,另外,对于总线形式的输出信号来说,容易使总线数据对齐,从而减小总线数据间的偏移,减小接收端数据采样出错的频率。

状态转换图可以形象地表示出时序电路运行的全部状态、各状态间的相互转换的关系以及转换条件和结果。实验中检测序列 10010 的状态转移图如图 4-29 所示。

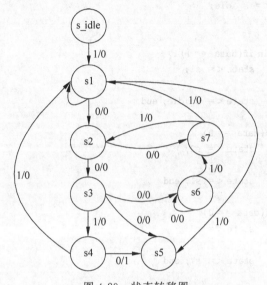

图 4-29　状态转移图

4.9.3　程序代码

(1)源文件 seq_test.v。

```
`timescale 1ns/1ps
module seq_test(clk,rst_n,data,y

);
input clk;
input rst_n;
input data;                          //10010
output y;
reg[2:0] state;
reg[2:0] next_state;
wire y;
parameter s_idle = 3'b000,s1 = 3'b001,s2 = 3'b010,s3 = 3'b011,
          s4 = 3'b100,s5 = 3'b101,s6 = 3'b110,s7 = 3'b111;
always@(posedge clk or negedge rst_n)
```

```verilog
begin
if(~rst_n)
        next_state <= 0;
else
        next_state <= state;
end
always@(posedge clk or negedge rst_n)
begin
if(~rst_n)
        state <= s_idle;
else begin
case(state)
    s_idle:begin if(data == 1)
                state <= s1;
else
                state <= s_idle; end

    s1:begin if(data == 0)
                state <= s2;
else
                state <= s1; end

    s2:begin if(data == 0)
                state <= s3;
else
                state <= s7; end

    s3:begin if(data == 1)
                state <= s4;
else
                state <= s6; end

    s4:begin if(data == 0)
                state <= s5;
else
                state <= s1; end

    s5:begin if(data == 1)
                state <= s1;
else
                state <= s3; end

    s6:begin if(data == 1)
                    state <= s7;
else
                    state <= s6; end
```

```
        s7:begin if(data == 1)
                            state <= s1;
else
                            state <= s2; end
default: state <= s_idle;
endcase
end
end
assign y = (state == s4 && data == 0)?1'd1:1'd0;
endmodule
```

（2）仿真文件 seq_tb.v。

```
`timescale 1ns/1ps
module seq_tb();

reg[23:0] d;
reg clk;
reg rst_n;
wire y;
reg data;
seq_test uut (
.clk(clk),
.rst_n(rst_n),
.data(data),
.y(y)
);
initial begin
clk = 0;
rst_n = 0;
#10;
rst_n = 1;
#20; d = 24'b0011_0100_1001_0110_1001_0101;
end
always #10 clk = ~clk;
always@(negedge clk)begin
#10 data = d[23];
d = {d[22:0], d[23]};                          //并转串

end
endmodule
```

4.9.4　验证结果

ModelSim 仿真结果如图 4-30 所示。

图 4-30　ModelSim 仿真结果

视频讲解

4.10　数字频率计的设计

4.10.1　简介

设计一个数字频率计（应用于方波），首先分频出一个等效于 1Hz 时钟的标志信号，然后在标志信号的控制下分 3 步操作：计数、锁存、清零（实验中分别用 1、2、3 表示）信号控制对输入信号周期进行计数，并最后输出周期数。

4.10.2　实验原理

测量被测信号的频率，频率 $f=1/t$，可以理解是 1s 中信号的周期数。根据频率的定义，规定测量被测信号 1s 中变化的次数。首先设置一个基准时钟信号，频率为 1Hz，从第一个上升沿开始计数（被测信号的上升沿数），直到下一个上升沿到达时停止计数，对数据进行锁存，再到达下一个上升沿时，对计数器进行清零，准备下一次测量。

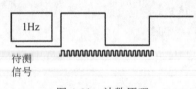

图 4-31　计数原理

计数原理如图 4-31 所示，频率计最基本的工作原理为：当被测信号在特定时间段 T 内的周期个数为 N 时，则被测信号的频率 $f=N/T$。检测 1Hz 的上升沿，检测到第一次上升沿，计数使能有效，在检测待测时钟的上升沿并计数，直到再次检测到 1Hz 的上升沿停止计数，而计数个数就是待测时钟在 1s 内的周期数。

分频器是指在系统时钟控制下，输出期望频率的输出信号。常用的方法是以稳定度高的晶体振荡器为主振源，通过变换得到多种频率成分，分频器是一种主要的变换手段。最常见的有锁相环（PLL）、延迟锁定环（DLL）等，调用它们的 IP 核可以非常方便地输出期望的频率信号。分频的应用很广泛，一般的做法先使用高频时钟计数，然后使用计数器计数到设定数值 N 时时钟翻转。其中，$N=$（系统时钟频率/期望时钟频率）/2−1。

测量频率有测频法和测周法。测频法是在规定的门控时间内，测量待测信号的周期个数；测周法是已知周期时间 T 的频率去测量待测频率，统计已知频率的周期个数 N，$f=\dfrac{1}{NT}$。测周法和测频法都有误差，为了减小误差，可以采用多周期测量，再取平均值减小误差。低频采用测周法，高频采用测频法。

由于计数器是二进制的，而数码管显示的是十进制数，所以需要设计一个 BCD 转换模块转化为十进制数。转换方法是加 3 移位法；数字频率计显示由 12 位数码管显示，数码管

采用动态驱动的方式,理论上 12 位数码管的量程为
999999 999999Hz,但是这取决于计数器的位宽和 BCD
的算法,这里计数器位宽是 24 位,BCD 算法也是 24 位
的,所以量程位大约为 33MHz,这里只是给一个参考。
数字频率计存在一定的误差,误差约为 2.5×10^{-5}。

数字频率计的整体框图如图 4-32 所示。

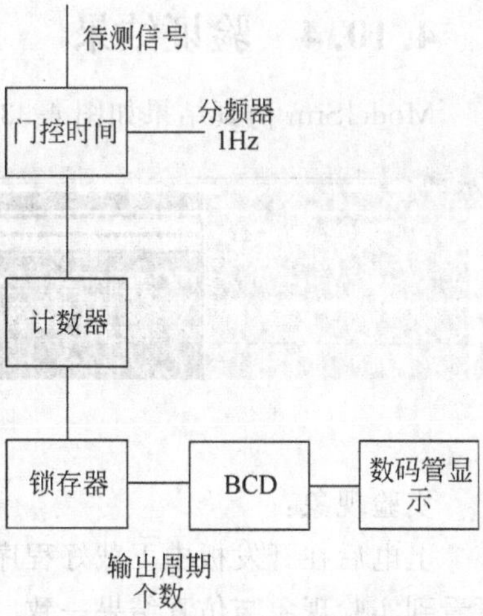

4.10.3　程序代码

(1) 源文件。

具体代码见配套程序。

(2) 仿真文件 fre_tb.v。

因为仿真时间较长,所以可以去掉 count.v 模块,
直接赋值,以加快仿真速度。

图 4-32　数字频率计的整体框图

```
`timescale 1ns/1ps
module fre_tb();
reg clk;
reg clk_in;
reg rst_n;
wire[5:0] sel_0;
wire[7:0] dig_0;
wire[5:0] sel_1;
wire[7:0] dig_1;
fre_test uut (
.clk(clk),
.rst_n(rst_n),
.clk_in(clk_in),
.sel_0(sel_0),
.sel_1(sel_1),
.dig_0(dig_0),
.dig_1(dig_1)
);
initial begin
clk = 0;
clk_in = 0;
rst_n = 0;
#10;
rst_n = 1;
end
always #1000 clk_in = ~clk_in;
always #10 clk = ~clk;
endmodule
```

4.10.4 验证结果

ModelSim仿真结果如图4-33所示。

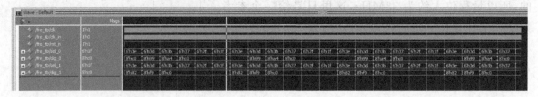

图4-33 ModelSim仿真结果

实验现象：

上电后在开发板中下载好程序，从扩展口PIN3接入时钟信号，数码管显示频率结果，可看到实验现象与仿真结果一致。

视频讲解

4.11 数字钟的设计

4.11.1 简介

本节主要介绍简易数字时钟的设计，量程为23时59分59秒，复位按键按下重新计时，时间显示在数码管上。

4.11.2 实验原理

顶层模块clock_test.v主要例化底层模块，count.v主要对系统时钟进行分频，得到等效于1kHz的标志信号，对数码管进行动态扫描。分频器的做法先用高频时钟计数，然后计数器计数到设定数值N时使时钟翻转。$N =$（系统时钟频率/期望时钟频率）/2−1，比如期望得到等效于1kHz的标志信号，需要计数器count到24 999时，另一个计数器cnt加1，count清零，直到cnt加到6，cnt清零，就可以得到等效于1kHz的标志信号，来循环控制6位数码管。

seg.v模块控制6位数码管显示，本实验需要6个数码管，为了节约I/O端口选择动态驱动的方式，利用人的视觉暂留的效应，设置10kHz扫频信号轮流控制数码管显示，虽然每一个数码管都接收到需要显示的数据，但是因为数码管位选信号的控制，只能让相应的数码管显示数据；sec_min_hour.v模块实现计时功能。秒时钟信号和分时钟信号进行模60计数，时钟进行模24计数，当秒钟等于59时，下一个上升沿使计数清零并且产生进位，当秒钟和分钟都等于59时，在下一个上升沿使计数清零并且产生进位，当秒钟和分钟都等于59、时钟等于23时，计数清零。

数码图显示原理见4.3节，此处不再赘述。

4.11.3 程序代码

（1）源文件。

具体代码略。

（2）仿真文件 clock_tb.v。

软件仿真 1s 所耗费的时间比较长，在现实生活中变化很快，但是在仿真工具（ModelSim）中，需要运行很长时间才能看到 1s 的变化。

```verilog
`timescale 1ns/1ps
module clock_tb();
reg clk;
reg rst_n;

wire[5:0] dig;
wire[7:0] led;
clock_test uut (
.clk(clk),
.rst_n(rst_n),
.dig(dig),
.led(led)
);
initial begin
clk = 0;
rst_n = 0;
#10;
rst_n = 1;
end
always #10 clk = ~clk;
endmodule
```

4.11.4 验证结果

ModelSim 仿真结果如图 4-34 所示。

图 4-34 ModelSim 仿真结果

实验现象：上电后在开发板中下载好程序，数码管显示结果，可看到实验现象与仿真结果一致。

第 5 章

Testbench 及其仿真

5.1 Testbench 设计

5.1.1 Testbench 简介

Testbench 是一种验证工具。首先,大部分设计都需要输入输出。但是在软环境中没有激励输入,也不会对设计的输出正确性进行评估。那么需要有模拟实际环境的输入激励和输出校验的一种"虚拟平台"出现了。在这个平台上可以对设计从软件层面上进行分析和校验,这个就是 Testbench 的含义。

Testbench 包含两部分。

(1) 激励生成。这部分只用来生成输出而自己没有输入。生成的激励信号通过用户的设计输入端口进行互连。这里的激励,都是预先设想好的,比如根据某个协议或者某种通信方式传递。

(2) 输出校验。即接收设计的输入,然后通过校验,找出对应的问题。通俗地讲,就是利用 Testbench 把自己解脱出来,让软件来帮助自己找错误,并以打印、通知等方式来了解设计的正确性。

设计与验证框图如图 5-1 所示。

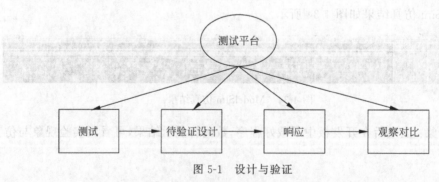

图 5-1 设计与验证

如图 5-2 所示,测试结果不仅可以通过观察、对比波形来验证,而且可以灵活地使用脚本命令将有用的输出信息打印到终端或者产生文本进行观察,也可以写一段代码自动比较输出结果。总之,Testbench 的设计是多种多样的,它的语法也是很随意的,不像 RTL 级设计代码那么严格,很多高级的语法都可以在脚本中使用。因为它不需要实现到硬件中,是运行在 PC 上的一段脚本。但是,使用 Verilog 的验证脚本也有很多需要设计者留意的地方,它是一种基于硬件语言又服务于软件测试的语言,不过,只要掌握好了 Verilog 语言的关键点,是可以更好地利用它来满足设计验证。

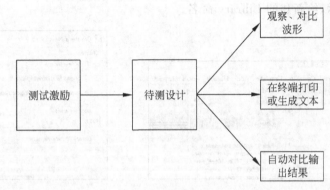

图 5-2 验证输出

5.1.2 Testbench 的搭建

Verilog 硬件描述语言在数字电路的设计中使用非常普遍,无论是哪种语言,仿真都是必不可少的。随着设计复杂度的提高,仿真工具的重要性也越来越凸显。在一些小的设计中,用 Testbench 来进行仿真是一个不错的选择。VHDL 与 Verilog 语言的语法规则不同,它们的 Testbench 的具体写法也不同,但是基本结构大体相似。在 VHDL 的仿真文件中应包含以下几点:实体和结构体声明、信号声明、顶层设计实例化、提供激励;Verilog 的仿真文件应包括模块声明、信号声明、顶层设计实例化、提供激励。Verilog 在设计中使用更普遍,这里以 Verilog 的仿真模型为例进行介绍,如图 5-3 所示。

```
module test_bench;
    // 端口声明语句
    // 输入reg, 输出wire
    initial
    begin
        // 产生时钟信号
    end
    initial
    begin
        // 提供激励源
    end
    // 例化语句, 例化测试块
endmodule
```

图 5-3 Verilog 的仿真模型

5.2 ModelSim 介绍及仿真

5.2.1 ModelSim 简介

Mentor 公司的 ModelSim 软件是业界最优秀的 HDL 语言仿真软件之一。它提供个性化图形界面和用户接口,编译仿真速度快,而且所编译的代码与平台无关,是 FPGA/ASIC 设计的首选仿真软件。

仿真的主要目的是验证功能是否与设想的一致。仿真分为功能仿真和时序仿真,功能仿真是不带芯片时间延迟的仿真方法,主要用来验证功能;时序仿真加入了时间延迟,可以考查在一定条件下功能是否符合设想。

5.2.2　ModelSim 仿真

如图 5-4 所示,打开 ModelSim 软件,新建一个 Library。

如图 5-5 所示,给新建的 Library 命名。

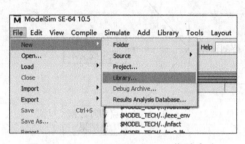

图 5-4　File→New→Library 菜单命令

图 5-5　给 Library 命名

如图 5-6 和图 5-7 所示,新建一个工程,并给工程命名。

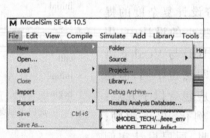

图 5-6　File→New→Project 菜单命令

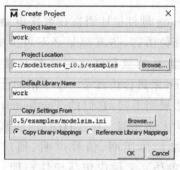

图 5-7　给工程命名

在如图 5-8 所示的界面,单击 Close 按钮。

如图 5-9 所示,新建一个 Verilog 文件。

如图 5-10 所示,进入主程序,下面以全加器为例介绍。编辑完成后,单击保存按钮。文件名要与 module 后面的名称相同,文件扩展名改为.v。

如图 5-11 所示,再新建一个测试文件,步骤同上面新建的主程序文件,文件扩展名改为.vt。

如图 5-12 所示,添加文件,再编译文件。先右击左边

图 5-8　Add items to the Project 界面

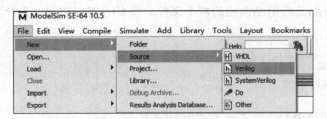

图 5-9　File→New→Source→Verilog 菜单命令

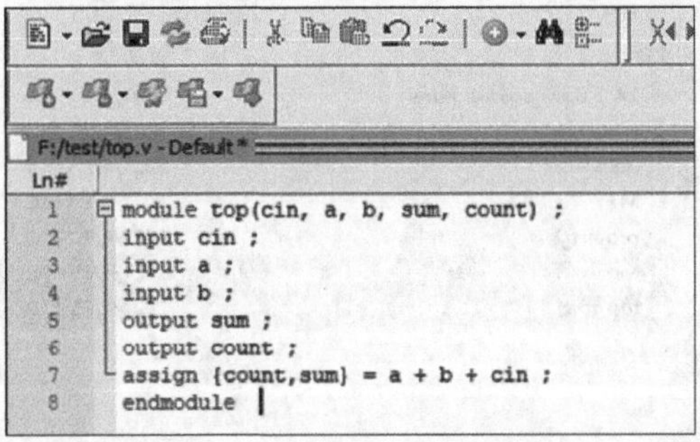

```
F:/test/top.v - Default *
Ln#
 1    module top(cin, a, b, sum, count) ;
 2    input cin ;
 3    input a ;
 4    input b ;
 5    output sum ;
 6    output count ;
 7    assign {count,sum} = a + b + cin ;
 8    endmodule
```

图 5-10　编写程序窗口

空白处,选择 Add to Project→Existing File 命令。

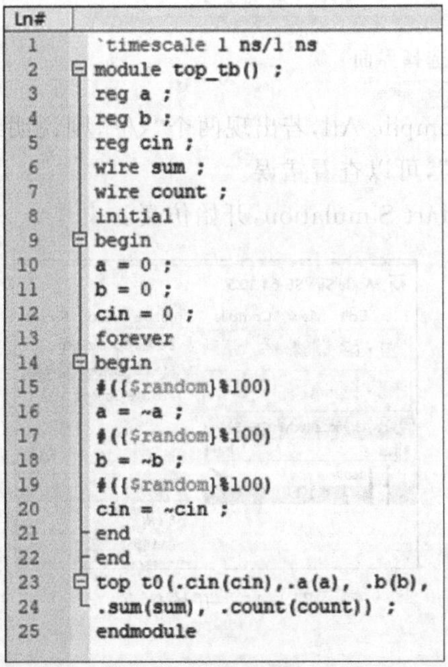

```
Ln#
 1    `timescale 1 ns/1 ns
 2    module top_tb() ;
 3    reg a ;
 4    reg b ;
 5    reg cin ;
 6    wire sum ;
 7    wire count ;
 8    initial
 9    begin
10    a = 0 ;
11    b = 0 ;
12    cin = 0 ;
13    forever
14    begin
15    #(($random)%100)
16    a = ~a ;
17    #(($random)%100)
18    b = ~b ;
19    #(($random)%100)
20    cin = ~cin ;
21    end
22    end
23    top t0(.cin(cin),.a(a), .b(b),
24    .sum(sum), .count(count)) ;
25    endmodule
```

图 5-11　测试程序窗口

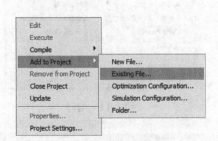

图 5-12　添加文件

如图 5-13 所示，选择刚刚新建的两个文件。按 Ctrl 键可以同时选择两个文件，单击"打开"按钮。

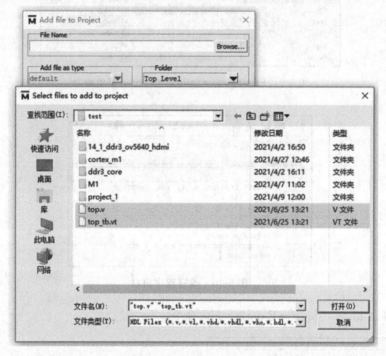

图 5-13　文件选择界面

如图 5-14 所示，选择菜单命令 Compile→Compile All，若出现两个"√"，则说明编译通过；若出现"×"，则说明文件编译出错，双击"×"，可以查看错误。

如图 5-15 所示，选择菜单命令 Simulate→Start Simulation，开始仿真。

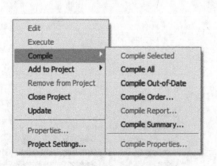

图 5-14　编译

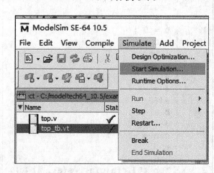

图 5-15　开始仿真

如图 5-16 所示，选择 work 库中的 top_tb，或者测试文件名称，一定不要选中左下角的 Enable optimization 复选框，否则不会出现波形。

图 5-16　仿真设置

如图 5-17 所示,在弹出的界面中右击测试文件,选择 Add Wave 命令。

如图 5-18 所示,选择菜单命令 Simulate→Run→Run-All,再单击缩小按钮,即可看到波形,仿真结果如图 5-19 所示。

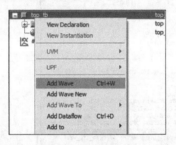

图 5-17　添加波形

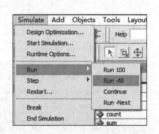

图 5-18　运行仿真

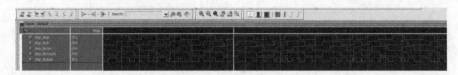

图 5-19　仿真结果

5.3　PDS 与 ModelSim 联合仿真

要进行仿真库编译,可在 PDS 主界面选择菜单命令 Tools→Compile Simulation Libraries。在弹出的界面中,按图 5-20 进行路径设置,将编译库 pango_sim_libraries 放在 C:/modeltech64_10.5 仿真软件文件夹下,单击 Compile 按钮即开始编译。

如图 5-21 所示，由于前面没有创建文件夹，所以在这里会弹出询问是否创建文件夹的提示，单击 Yes 按钮，开始进行编译，编译成功界面如图 5-22 所示。至此，PDS 软件与 ModelSim 就可以进行联合仿真了。

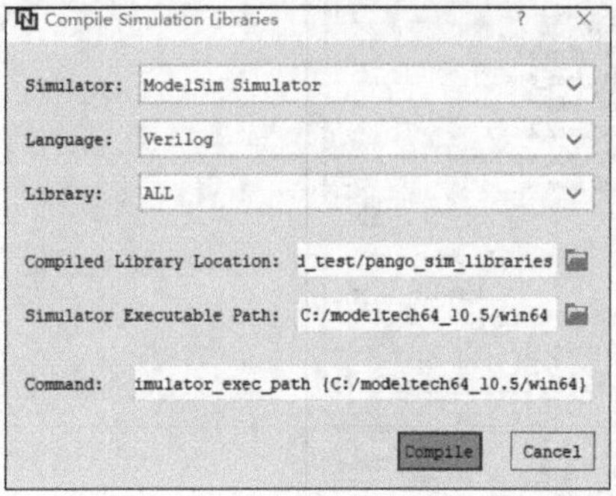

图 5-20　编译库设置 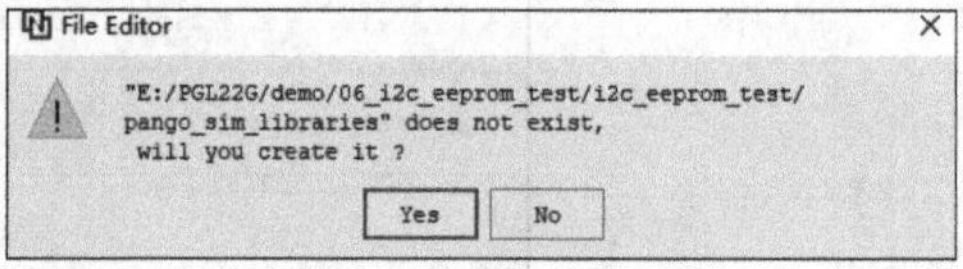　　　　　　　　　　　图 5-21　创建文件夹

图 5-22　编译完成

5.3　PDS 与 ModelSim 联合仿真

第6章

Logos 的常用 IP

PDS 软件自带了较多的 IP，但是有部分 IP 需要用户从 IP 开发商处获得新的 IP 模型或者原有 IP 模型的升级版本。更新导入 IPC 中，IPC 中的 IP 大致分为 RAM、ROM、FIFO、PLL、Multiplier、DDR 及 Debug 等类型，每个类型的 IP 又有多种细分种类。通过调用 IP 可以更加高效地进行开发，也可以使程序更加简洁。

6.1 RAM 说明

视频讲解

6.1.1 RAM 简介

随机存取存储器(Random Access Memory，RAM)也叫主存，是与 CPU 直接交换数据的内部存储器。它可以随时读写(刷新时除外)，而且速度很快，通常作为操作系统或其他正在运行中的程序的临时数据存储介质。RAM 工作时可以随时从任何一个指定的地址写入(存入)或读出(取出)信息。它与 ROM 的最大区别是数据的易失性，即一旦断电，所存储的数据将随之丢失。RAM 在计算机和数字系统中用来暂时存储程序、数据和中间结果。

Distributed RAM IP 是基于深圳市紫光同创电子有限公司 FPGA 片内资源例化而成的 IP，目前包括 Distributed Single Port RAM IP、Distributed Simple Dual Port RAM IP。

DRM Based RAM/FIFO IP 是基于 DRM 设计的 IP，通过对 DRM 的级联调用实现RAM/ROM/FIFO 等 IP 设计。DRM Based RAM/FIFO IP 的分类为 DRM Based Dual Port RAM、DRM Based Simple Dual Port RAM、DRM Based Single Port RAM。

下面将以最常应用的 DRM Based Simple Dual Port RAM 为例进行介绍，通过对 DRM Based Simple Dual Port RAM 的学习，举一反三，也能够快速掌握其他类型的 RAM IP。

6.1.2 RAM IP 介绍

Logos DRM Based Simple Dual Port RAM 是基于 DRM 的简单双端口 RAM。
(1) 支持读写端口在不同时钟域。
(2) 支持读写混合数据位宽。
(3) 支持读写时钟使能。

（4）支持地址锁存。

（5）支持输出寄存。

（6）支持输出时钟极性反向。

（7）支持 Byte Write 功能。

（8）支持低功耗模式。

（9）支持 9K 模式级联。

（10）支持两种复位模式：异步复位、同步复位。

（11）支持使用初始化文件进行初始化，其中初始化文件可以是二进制或十六进制的。

6.1.3 RAM I/O 框图

如图 6-1 所示为 Logos DRM Based Simple Dual Port RAM 的 I/O 示意图。

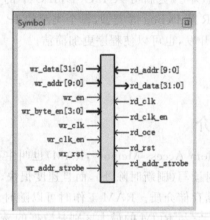

图 6-1　Logos DRM Based Simple Dual Port RAM 的 I/O 示意图

6.1.4 RAM I/O 引脚说明

如表 6-1 所示为 Logos DRM Based Simple Dual Port RAM 的引脚说明。

表 6-1　RAM 引脚

端　口　名	输入/输出	说　　　　　明
wr_data	输入	写数据信号，位宽范围为 1～1152
wr_addr	输入	写地址信号，位宽范围为 5～20
wr_en	输入	写使能信号。1：写使能；0：读使能
wr_clk	输入	写时钟信号
wr_clk_en	输入	写时钟使能。1：对应地址有效；0：对应地址无效
wr_rst	输入	写端口复位信号，高有效
wr_byte_en	输入	Byte Write 使能信号，当 Enable Byte Write 选项被选中时有效，位宽范围为 2～128。1：对应 Byte 值有效；0：对应 Byte 值无效

续表

端　口　名	输入/输出	说　　明
wr_addr_strobe	输入	写地址锁存信号。1：对应地址无效，上一个地址被保持；0：对应地址有效
rd_data	输出	读数据信号，位宽范围为1～1152
rd_addr	输入	读地址信号，位宽范围为5～20
rd_clk	输入	读时钟信号
rd_rst	输入	读端口复位信号，高有效
rd_oce	输入	读数据输出寄存使能信号。1：对应地址有效，读数据寄存输出；0：对应地址无效，读数据保持
rd_addr_strobe	输入	读地址锁存信号。1：对应地址无效，上一个地址被保持；0：对应地址有效

6.1.5　RAM 时序模型

如图 6-2 所示为 Logos DRM Based Simple Dual Port RAM 的时序图。

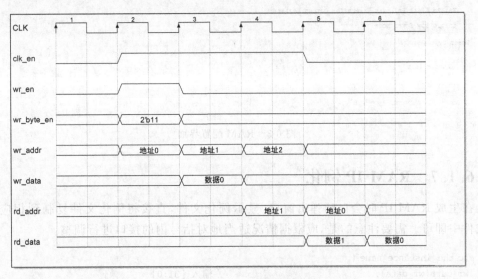

图 6-2　双口 RAM 经典时序图

6.1.6　RAM IP 配置

打开 IPC 软件，进入 IP 选择界面，选择 Logos DRM Based Simple Dual Port RAM，设置 IP 名称后，单击 Customize 按钮，进入 RAM 配置界面如图 6-3 所示。

进入配置界面后，主要配置读、写端口的地址宽度和数据宽度，配置这些选项可以满足大多数的项目开发需求，其他的选项不是经常用到，有需要时可以参考此 IP 的 View Datasheet。

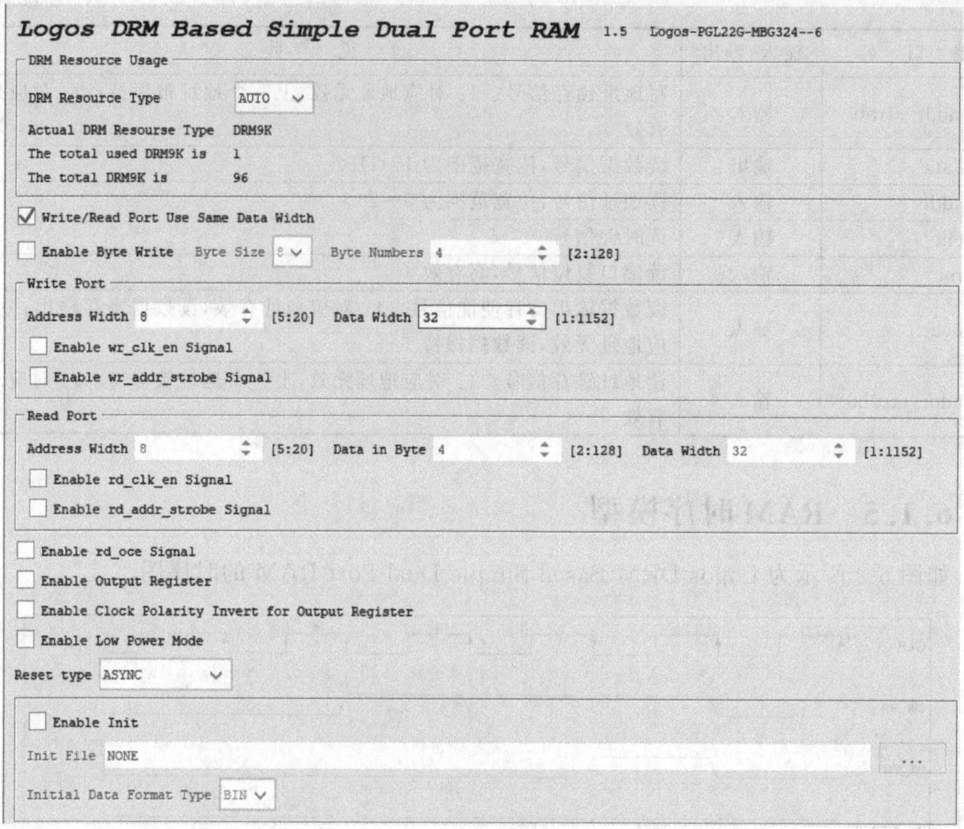

Logos DRM Based Simple Dual Port RAM 1.5 Logos-PGL22G-MBG324--6

DRM Resource Usage

DRM Resource Type   AUTO

Actual DRM Resourse Type DRM9K
The total used DRM9K is   1
The total DRM9K is   96

☑ Write/Read Port Use Same Data Width
☐ Enable Byte Write Byte Size 8 Byte Numbers 4 [2:128]

Write Port

Address Width 8 [5:20] Data Width 32 [1:1152]
☐ Enable wr_clk_en Signal
☐ Enable wr_addr_strobe Signal

Read Port

Address Width 8 [5:20] Data in Byte 4 [2:128] Data Width 32 [1:1152]
☐ Enable rd_clk_en Signal
☐ Enable rd_addr_strobe Signal

☐ Enable rd_oce Signal
☐ Enable Output Register
☐ Enable Clock Polarity Invert for Output Register
☐ Enable Low Power Mode
Reset type ASYNC

☐ Enable Init
Init File NONE   ...
Initial Data Format Type BIN

图 6-3　RAM 配置界面

6.1.7　RAM IP 例化

在生成 RAM IP 时会自动弹出窗口，显示例化文件，直接将例化文件复制到相应的调用文件中即可。需要注意的是，应根据情况适当地对括号内的接口进行调整。

```
abc the_instance_name (
.wr_data(wr_data),                     // 输入 [31:0]
.wr_addr(wr_addr),                     // 输入[7:0]
.wr_en(wr_en),                         // 输入
.wr_clk(wr_clk),                       // 输入
.wr_rst(wr_rst),                       // 输入
.rd_addr(rd_addr),                     // 输入[7:0]
.rd_data(rd_data),                     // 输出[31:0]
.rd_clk(rd_clk),                       // 输入
.rd_rst(rd_rst)                        // 输入
);
```

6.2 ROM 说明

6.2.1 ROM 简介

只读存储器(Read-Only Memory,ROM)以非破坏性读出方式工作,只能读出无法写入信息。信息一旦写入后就固定下来,即使切断电源,信息也不会丢失,所以又称为固定存储器。ROM 所存储的数据通常是装入整机前写入的,整机工作过程中只能读出,不像随机存储器能快速方便地改写存储内容。ROM 所存储的数据稳定,断电后所存储的数据也不会改变,并且结构较简单,使用方便,因而常用于存储各种固定程序和数据。

在 PDS 软件中 ROM 主要有 Distributed ROM 和 DRM Based ROM 。下面将以最常应用的 DRM Based ROM 为例进行介绍,通过对 DRM Based ROM 的学习,举一反三,也能够掌握其他类型的 ROM IP。

6.2.2 ROM IP 介绍

Logos DRM Based ROM 是基于 DRM 的单端口 ROM。

(1) 支持两种复位模式:异步复位、同步复位。

(2) 支持时钟使能。

(3) 支持地址锁存。

(4) 支持输出寄存。

(5) 支持输出时钟极性反向。

(6) 支持低功耗模式。

(7) 支持 9K 模式级联。

(8) 支持使用初始化文件进行初始化,其中初始化文件可以是二进制或十六进制的。

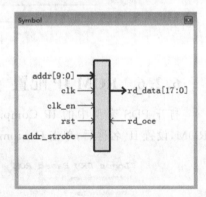

图 6-4 Logos DRM Based ROM 的 I/O 示意图

6.2.3 ROM I/O 框图

如图 6-4 所示为 Logos DRM Based ROM 的 I/O 示意图。

6.2.4 ROM I/O 引脚说明

如表 6-2 所示为 Logos DRM Based ROM 的引脚说明。

表 6-2 ROM 引脚

端 口 名	输入/输出	说 明
addr	输入	读地址信号
addr_strobe	输入	读地址锁存信号。1:对应地址无效,上一个地址将被保存;0:对应地址有效

续表

端　口　名	输入/输出	说　　明
rd_data	输出	读数据信号
clk	输入	时钟信号
clk_en	输入	时钟使能信号。1：对应地址有效；0：对应地址无效
rst	输入	复位信号，高有效
rd_oce	输入	输出寄存使能信号。1：对应地址有效，读数据寄存输出；0：对应地址无效，读数据保持

6.2.5　ROM 时序模型

如图 6-5 所示为 Logos DRM Based ROM 的时序图。

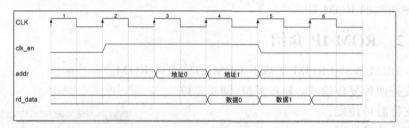

图 6-5　ROM 时序模型

6.2.6　ROM IP 配置

打开 PDS 套件中的 IP Compiler 工具，进入 IP 选择界面，选择 Logos DRM Based ROM，设置 IP 名称后，单击 Customize 按钮后进入 ROM 配置界面，如图 6-6 所示。

```
Logos DRM Based ROM  1.4  Logos-PGL22G-MBG324--6
┌─ DRM Resource Usage ─────────────────────────────────
│ DRM Resource Type        AUTO  ∨
│ Actual DRM Resourse Type  DRM9K
│ The total used DRM9K is    1
│ The total DRM9K is        96
└──────────────────────────────────────────────────────
┌─ Address and Data Width Config ──────────────────────
│ Address Width 8   ↕  [1:20]  Data Width 18   ↕  [1:1152]
│ ☐ Enable clk_en Signal
│ ☐ Enable Address Strobe Signal
└──────────────────────────────────────────────────────
  ☐ Enable rd_oce Signal
  ☐ Enable Output Register
  ☐ Enable Clock Polarity Invert for Output Register
  ☐ Enable Low Power Mode
  Reset Type ASYNC    ∨
  ☑ Init Enable
  Init File NONE                                    ...
  Initial Data Format Type BIN ∨
```

图 6-6　ROM IP 配置界面

ROM 是只读存储器,配置 ROM IP 时,需要配置读取文件的地址位宽和数据位宽;不同于 RAM 配置,ROM 需要选中 Init Enable 复选框,并且在 Init File 存放扩展名为.dat 的初始化文件,以便读出数据。

若需要在生成 IP 时加载初始化文件,则需根据 IP 配置的数据位宽、地址深度等参数将数据存入.dat 格式的文件中,PDS 套件中的 IP Compiler 工具会根据提供的.dat 文件生成初始化文件 init_param.v,用于 ROM IP 初始化。

图 6-7 和图 6-8 分别给出了二进制和十六进制初始化文件的示例。用户在配置.dat 文件时,应根据数据位宽,按照初始化的文件格式每行写入 1 地址深度的数据,并保证.dat 文件中有效数据行数等于地址深度。

图 6-7　64bit 位宽,地址深度为 10 的二进制初始化文件内容

图 6-8　64bit 位宽,地址深度为 10 的十六进制初始化文件内容

6.2.7 ROM IP 例化

在生成 ROM IP 时会自动弹出窗口，显示例化文件，直接将例化文件复制到相应的调用文件中即可。需要注意的是，应根据情况适当地对括号内的接口进行调整。

```
abc the_instance_name (
.addr(addr),                              // 输入[7:0]
.clk(clk),                                // 输入
.rst(rst),                                // 输入
.rd_data(rd_data)// 输出[17:0]
);
```

视频讲解

6.3 FIFO 说明

6.3.1 FIFO 简介

先进先出的数据缓存器（FIFO）与普通存储器的区别是没有外部读写地址线，所以使用起来非常简单，但缺点是只能顺序写入数据，顺序读出数据，其数据地址由内部读写指针自动加1完成，不能像普通存储器那样可以由地址线决定对某个指定的地址进行读取或写入操作。在 FPGA 中 FIFO 的主要应用是异步时钟数据传输和不同宽度数据匹配。

同步 FIFO：读时钟和写时钟为同一个时钟，在时钟沿来临时同时发生读写操作；异步 FIFO：读写时钟不一致，读写时钟是互相独立的。

在 PDS 软件中 FIFO 主要有 Distributed FIFO 和 DRM Based FIFO。下面将以最常应用的 DRM Based FIFO 为例进行介绍，通过对 DRM Based FIFO 的学习，举一反三，也能够掌握其他类型的 FIFO。在设计中经常会用到 FIFO IP，尤其是在处理异步时钟域问题时。

6.3.2 FIFO IP 介绍

Logos DRM Based FIFO 是基于 DRM 的单端口 FIFO。

（1）支持同步、异步 FIFO。

（2）支持混合数据位宽。

（3）支持 Byte 写功能。

（4）支持输出寄存。

（5）支持 9K 模式级联。

（6）支持 almost full/almost empty 信号。

（7）支持数据输出复位值的设置。

6.3.3 FIFO I/O 框图

如图 6-9 所示为 Logos DRM Based FIFO 的 I/O 示意图。

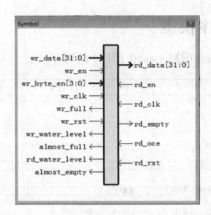

图 6-9 Logos DRM Based FIFO 的 I/O 示意图

6.3.4 FIFO I/O 引脚说明

如表 6-3 所示为 Logos DRM Based FIFO 的引脚说明。

表 6-3 FIFO 引脚

端 口 名	输入/输出	说 明
wr_data	输入	写数据信号,位宽范围为 1~1152
wr_en	输入	写使能信号,高有效
wr_byte_en	输入	Byte Write 使能信号,当 Enable Byte Write 选项被选中时有效,位宽范围为 2~128。1: 对应 Byte 值有效;0: 对应 Byte 值无效
clk	输入	同步 FIFO 时钟信号,仅同步 FIFO 有效
rst	输入	同步 FIFO 复位信号,高有效,仅同步 FIFO 有效
wr_clk	输入	异步 FIFO 写时钟信号,仅异步 FIFO 有效
wr_rst	输入	异步 FIFO 写复位信号,高有效,仅异步 FIFO 有效
wr_full	输出	FIFO Full 信号。1: FIFO 满;0: FIFO 未满
almost_full	输出	FIFO Almost Full。1: FIFO 将满;0: FIFO 未将满
wr_water_level	输出	写端口 water level 信号,位宽 9~20,表示写数据水位
rd_data	输出	读数据信号
rd_en	输入	读使能信号
rd_clk	输入	异步 FIFO 读时钟信号,仅异步 FIFO 有效
rd_rst	输入	异步 FIFO 读复位信号,仅异步 FIFO 有效
rd_empty	输出	FIFO Empty 信号。1: FIFO 空;0: FIFO 未空
almost_empty	输出	FIFO Almost Empty。1: FIFO 将空;0: FIFO 未将空
rd_water_level	输出	读端口 water level 信号,位宽范围为 9~20,表示读数据水位
rd_oce	输入	输出寄存使能信号。1: 对应地址有效,读数据寄存输出;0: 对应地址无效,读数据保持

6.3.5 FIFO 时序模型

如图 6-10 所示为 Logos DRM Based FIFO 的时序图。

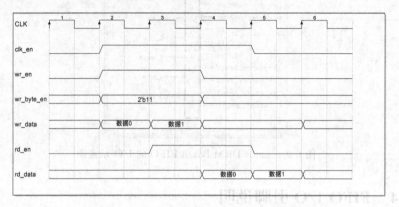

图 6-10 Logos DRM Based FIFO 典型时序图

6.3.6 FIFO IP 配置

打开 PDS 套件中的 IP Compiler 工具，进入 IP 选择界面，选择 Logos DRM Based ROM，设置 IP 名称后，单击 Customize 按钮，进入 FIFO 配置界面，如图 6-11 所示。

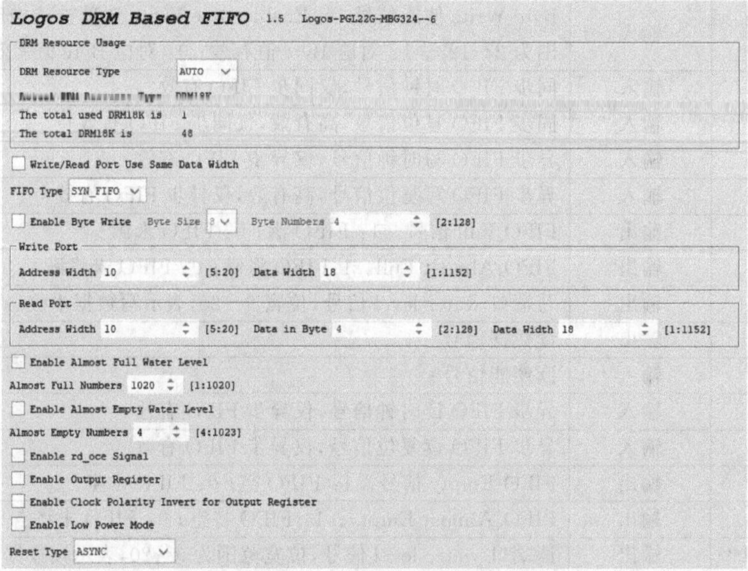

图 6-11 FIFO IP 配置界面

下面介绍 FIFO 的主要配置：

(1) FIFO Type——配置复位方式：ASYNC 为异步复位，SYNC 为同步复位。

（2）Read Port——读端口地址位宽和端口数据位宽。

（3）Write Port——写端口地址位宽和端口数据位宽。

（4）Enable Almost Full Water Level——配置是否使能 wr_water_level 信号，而下面的 Almost Full Numbers 则是配置将满的个数。

（5）Enable Almost Empty Water Level——配置是否使能 rd_water_level 信号，而下面的 Empty Numbers 则是配置将空的个数。

6.3.7 FIFO IP 例化

在生成 RAM IP 时会自动弹出窗口，显示例化文件，直接将例化文件复制到相应的调用文件中即可。需要注意的是，应根据情况适当地对括号内的接口进行调整。

```
abc the_instance_name (
.clk(clk),                          // 输入
.rst(rst),                          // 输入
.wr_en(wr_en),                      // 输入
.wr_data(wr_data),                  // 输入[17:0]
.wr_full(wr_full),                  // 输出
.almost_full(almost_full),          // 输出
.rd_en(rd_en),                      // 输入
.rd_data(rd_data),                  // 输出[17:0]
.rd_empty(rd_empty),                // 输出
.almost_empty(almost_empty)         // 输出
);
```

6.4 PLL 锁相环

视频讲解

6.4.1 PLL 简介

锁相环（Phase Locked Loop，PLL）用来统一整合时钟信号，使高频器件正常工作，如内存的存取资料等。锁相环路是一种反馈控制电路。锁相环的特点是：利用外部输入的参考信号控制环路内部振荡信号的频率和相位。因锁相环可以实现输出信号频率对输入信号频率的自动跟踪，所以锁相环通常用于闭环跟踪电路。锁相环在工作过程中，当输出信号的频率与输入信号的频率相等时，输出电压与输入电压保持固定的相位差值，即输出电压与输入电压的相位被锁住，这就是锁相环名称的由来。

6.4.2 PLL IP 介绍

锁相环通常由鉴频鉴相器（Phase Frequency Detector，PFD）、环路滤波器（Loop Filter，LF）和压控振荡器（Voltage Controlled Oscillator，VCO）3 部分组成，如图 6-12 所示。通过不同的参数配置，可实现信号的调频、调相、同步、频率综合等功能。

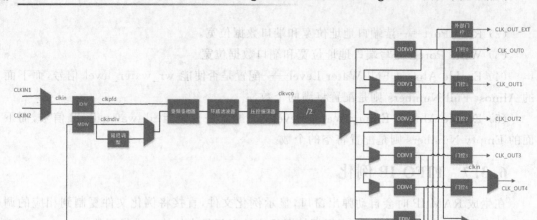

图 6-12　Logos PLL 电路框图

6.4.3　PLL I/O 框图

如图 6-13 所示为 PLL 的 I/O 示意图。

实际使用中，PLL 的 I/O 框图如图 6-14 所示。

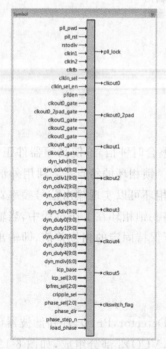

图 6-13　PLL 的 I/O 框图

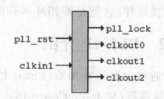

图 6-14　实际使用时 I/O 框图

6.4.4 PLL I/O 引脚说明

如表 6-4 所示为 PLL 的引脚说明。

表 6-4 PLL 引脚

端 口 名	输入/输出	说 明
pll_pwd	输入	锁相环断电。1：断电；0：正常工作
pll_rst	输入	复位锁相环。1：复位；0：正常工作
rstodiv	输入	ODIV0～4 复位信号。1：复位；0：正常工作。 注：对于 PGL12G，此信号仅做调试使用，正常工作时固接 0
clkin1	输入	PLL 参考时钟 1
clkin2	输入	PLL 参考时钟 2
clkfb	输入	外部反馈时钟
clkin_sel	输入	输入时钟手动切换使能。 非自动模式：1→clkin2；0→clkin1 自动模式：默认选择输入时钟 clkin1，当 clkin1 不再翻转时，自动选择 clkin2，当 clkin2 不再翻转，自动选择 clkin1；只有另一个时钟正常才能实现切换
clkin_sel_en	输入	输入时钟动态选择信号。1：clkin_sel 接口输入有效，由 clkin_sel 选择输入时钟；0：clkin_sel 接口输入无效，自动模式
pfden	输入	锁相环鉴频鉴相器使能。1：Enable；0：Disable
clkout0_gate	输入	输出时钟 CLKOUT0 GATE 控制，高电平有效
clkout0_2pad_gate	输入	输出时钟 CLKOUT0_EXT GATE 控制，高电平有效
clkout1_gate	输入	输出时钟 CLKOUT1 GATE 控制，高电平有效
clkout2_gate	输入	输出时钟 CLKOUT2 GATE 控制，高电平有效
clkout3_gate	输入	输出时钟 CLKOUT3 GATE 控制，高电平有效
clkout4_gate	输入	输出时钟 CLKOUT4 GATE 控制，高电平有效
clkout5_gate	输入	输出时钟 CLKOUT5 GATE 控制，高电平有效
dyn_idiv[9:0]	输入	配置值的含义同配置参数 IDIV Static Value（见参数说明）
dyn_odiv0[9:0] dyn_odiv1[9:0] dyn_odiv2[9:0] dyn_odiv3[9:0] dyn_odiv4[9:0]	输入	配置值的含义同配置参数 ODIV0～ODIV4 Static Value（见参数说明）
dyn_fdiv[9:0]	输入	配置值的含义同配置参数 FDIV Static Value（见参数说明）
dyn_duty0[9:0] dyn_duty1[9:0] dyn_duty2[9:0] dyn_duty3[9:0] dyn_duty4[9:0]	输入	配置值的含义同配置参数 Duty Cycle Static Value（见参数说明）

续表

端 口 名	输入/输出	说 明
pll_lock	输出	PLL 锁定信号。1：PLL 锁定；0：PLL 未锁定
clkout0 clkout1 clkout2 clkout3 clkout4 clkout5	输出	PLL 时钟输出
clkout0_2pad	输出	输出至专用时钟输出引脚
clkswitch_flag	输出	输入时钟切换标识，在时钟动态选择的自动模式下：0：clkin1；1：clkin2
PGL12 独有接口		
dyn_mdiv	输入	配置值的意义同配置参数 MDIV Static Value（见参数说明）
phase_sel[2:0] phase_dir phase_step_n local_phase	输入	动态相位调整接口，具体参见"UG002_04 Logos 系列 FPGA 时钟资源（Clock）用户指南"
icp_base icp-sel lpfres_sel[2:0] cripple_sel	输入	动态环路带宽参数调整接口，具体参见"UG002_04 Logos 系列 FPGA 时钟资源（Clock）用户指南"
PGL22 独有接口		
dyn_phase0[12:0] dyn_phase1[12:0] dyn_phase2[12:0] dyn_phase3[12:0] dyn_phase4[12:0]	输入	配置值的含义同配置参数 Phase Shift Static Value（见参数说明）

输出时钟的仿真如图 6-15 所示。

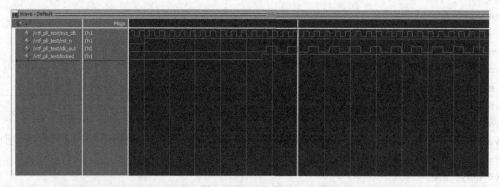

图 6-15　PLL 仿真

波形图中 sys_clk 为 50MHz 的系统时钟，rst_n 为复位信号，clk_out 为 PLL 输出的 25MHz，locked 为波形稳定输出锁定。

6.4.5　PLL IP 配置

打开 IPC 软件，进入 IP 选择界面，如图 6-16 所示。选择 Logos PLL，设置 IP 名称后，单击 Customize 按钮，进入 PLL 配置界面。

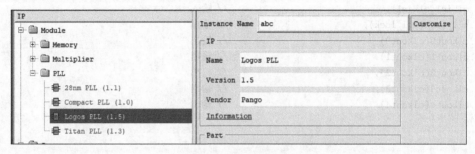

图 6-16　IP 选择界面

进入配置界面（如图 6-17 所示）后，选中使能复位信号，输入时钟 Input Clock clkin1 Frequency 输入 50MHz。输出时钟设置，需要选中使能端口 Enable clkout 0。一个 PLL IP 最多有 5 个输出端口，输出时钟可以在各自端口对应的"Desired Frequency"一栏后面直接填写需求时钟频率，最大实际时钟频率为 600MHz，最小实际频率为 1.171875MHz。

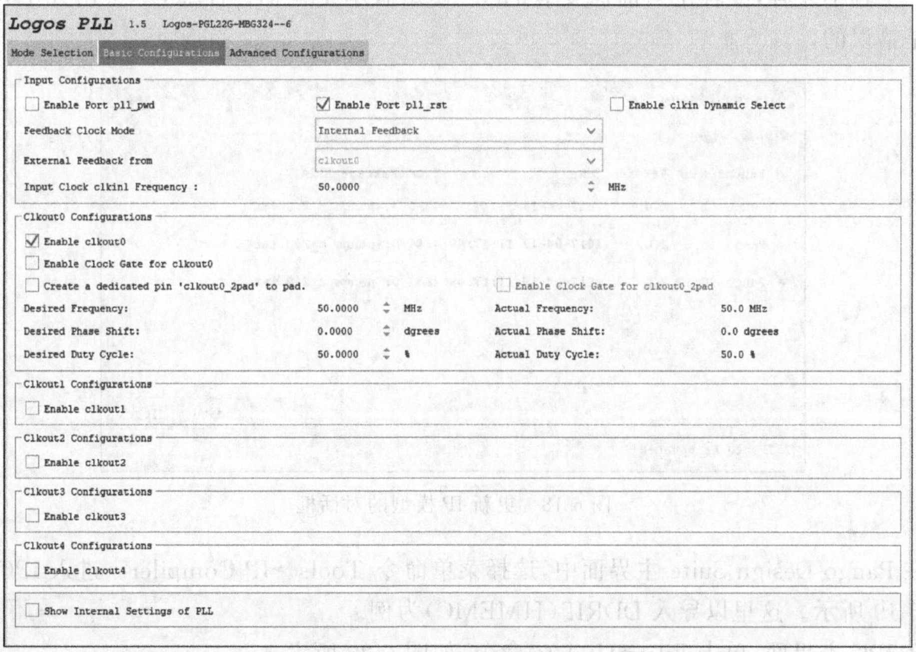

图 6-17　IP 配置界面

6.4.6　PLL IP 例化

在生成 PLL IP 时会自动弹出窗口，显示例化文件，直接将例化文件复制到相应的调用文件中即可。需要注意的是，应根据情况适当地对括号内的接口进行调整。

```
sys_pll the_instance_name (
.pll_rst(pll_rst),                        // 输入
.clkin1(clkin1),                          // 输入
.pll_lock(pll_lock),                      // 输出
.clkout0(clkout0),                        // 输出
.clkout1(clkout1),                        // 输出
.clkout2(clkout2),                        // 输出
.clkout3(clkout3),                        // 输出
.clkout4(clkout4)                         // 输出
);
```

视频讲解

6.5　IP 的导入与更新

用户可以从 IP 开发商处获得新的 IP 模型或者原有 IP 模型的升级版本。如图 6-18 所示，在 IP Compiler 主窗口中单击 File→Update 命令打开更新对话框，可以将 IP 升级包装载进来进行查看，如图 6-18 所示。不可用的 IP 模型会用浅灰色表示出来，不可用是指与当前软件工具不兼容，或者比当前已安装的 IP 模型版本更老旧。注意，不可用并不代表 IP 本身是错误的。

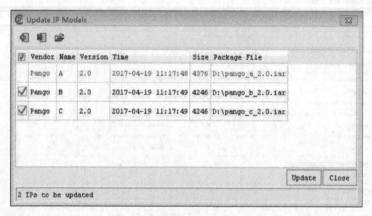

图 6-18　更新 IP 模型的对话框

在 Pango Design Suite 主界面中，选择菜单命令 Tools→IP Compiler。进入 IPC 界面，如图 6-19 所示。这里以导入 DDRIP(HMEMC)为例。

在 IPC 主界面，单击 File→Update 命令，如图 6-20 所示。

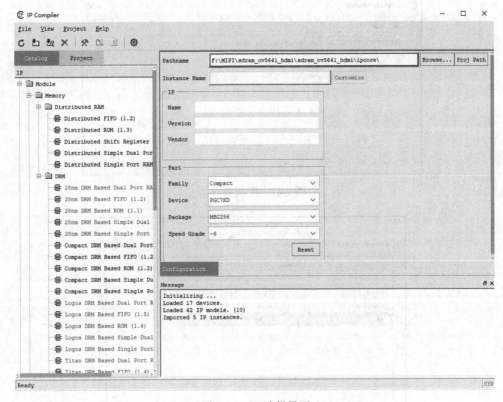

图 6-19　IP 选择界面

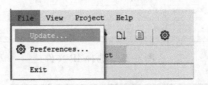

图 6-20　菜单栏

如图 6-21 所示,单击 Add local IP packages manually 按钮。

弹出如图 6-22 所示窗口,选择从 IP 开发商处获得新的 IP 模型或者原有 IP 模型的升级版本的文件(扩展名为.iar)。

添加文件后如图 6-23 所示,不可用的 IP 模型会用浅灰色表示,不能选中,不可用是指与当前软件工具不兼容,或者比当前已安装的 IP 模型版本更老旧。注意,不可用并不代表 IP 包本身是错误的。如果 IP 模型前面选中,则可用。最后单击 Update 按钮。

导入或者更新完成,就可在 IPC 导航区域找到刚导入的 IP 模型,如图 6-24 所示。

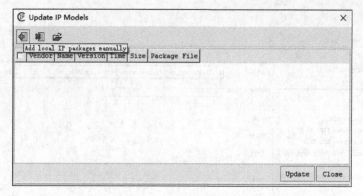

图 6-21　IP 更新界面

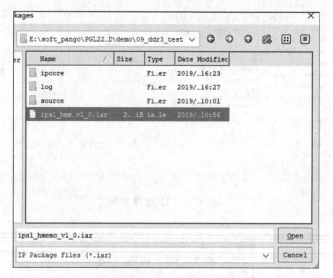

图 6-22　选择 IP 文件

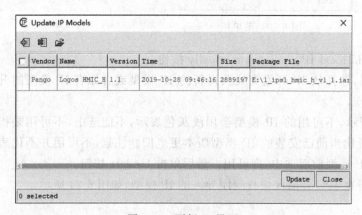

图 6-23　更新 IP 界面

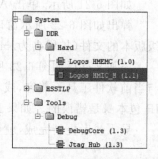

图 6-24　IP 选择界面

6.6 DDR IP 介绍

DDR SDRAM 全称为 Double Data Rate SDRAM,中文名为"双倍数据流 SDRAM"。DDR SDRAM 是在原有的 SDRAM 的基础上改进而来。也正因为如此,DDR 能够凭借转产成本优势打败昔日的对手 RDRAM,成为当今的主流。

6.6.1 DDR IP 简介

DDR IP 在 PDS 软件中名称为 HMEMC(或者 HMIC_H),HMIC_H IP 是深圳市紫光同创电子有限公司 FPGA 产品中用于实现对 SDRAM 读写而设计的 IP,可通过 PDS 套件中的 IPC 例化生成 IP 模块。

(1) 支持 LPDDR、DDR2、DDR3。

(2) 支持 x8 x16 Memory Device。

(3) 用户接口。

(4) 标准的 AXI4 总线接口。

(5) 一组 128 位的 AXI4 Host Port。

(6) 两组 64 位的 AXI4 Host Port。

(7) 标准的 APB 总线接口。

(8) DDRC 配置接口。

(9) 支持可配低功耗模式:Self-Refresh 和 Power Down。

(10) 支持 DDR3 的最高数据速率达到 1066Mb/s。

(11) 支持 DDR2 的最高数据速率达到 800Mb/s。

(12) 支持 LPDDR 的最高数据速率达到 400Mb/s。

(13) Burst Length 8 和单 Rank。

6.6.2 DDR IP 系统框图

如图 6-25 所示为 DDR IP 的系统框图。

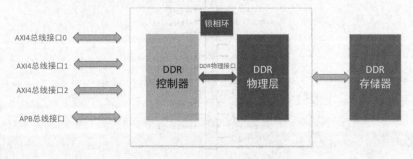

图 6-25 DDR IP 系统框图

DDR IP 包括了 DDR 控制器（DDR Controller）、DDR 物理层（DDR PHY）和锁相环（PLL），用户可通过 AXI4 接口实现数据的读写，通过 APB 接口可配置 DDR Controller 内部寄存器，PLL 用于产生需要的各种时钟。

AXI4 接口：HMIC_H IP 提供 3 组 AXI4 Host Port，即 AXI4 端口 0（128 位）、AXI4 端口 1（64 位）、AXI4 端口 2（64 位）。用户通过 HMIC_H IP 界面可以选择使能这 3 组 AXI4 端口。3 组 AXI4 主机端口均为标准 AXI4 接口。

APB 接口：HMIC_H IP 提供一个 APB 配置接口，通过该接口，可配置 DDR Controller 内部寄存器。HMIC_H IP 初始化完成后使能该接口。

6.6.3　DDR I/O 框图

DDR 的 I/O 接口众多，但是总共可以分为 4 种：Memory 接口、全局信号、AXI4 接口和 APB 接口。这里以 PGL22G 上常用的 DDR IP 为例，介绍其 Memory 接口、全局信号、AXI4 端口（AXI4 端口 0 是 128 位，端口 1 和端口 2 是 64 位），如图 6-26 所示。

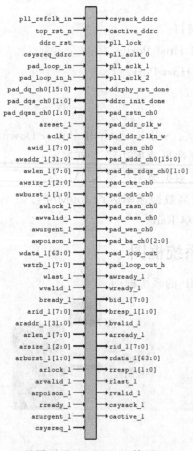

图 6-26　DDR I/O 接口

6.6.4 DDR I/O 引脚说明

如表 6-5～表 6-8 所示为 DDR 的引脚说明。

表 6-5　Memory 接口

信 号 名 称	输入/输出	位　　宽	有　效　值	描　　述
pad_addr_ch0	输出	15	—	存储器地址总线
pad_ba_ch0	输出	3	—	块地址总线
pad_ddr_clk_w	输出	1	—	存储器差分时钟正端
pad_ddr_clkn_w	输出	1	—	存储器差分时钟负端
pad_cke_ch0	输出	1	高电平	存储器差分时钟使能
pad_dm_rdqs_ch0	输出	2	高电平	数据掩码
pad_odt_ch0	输出	1	—	关闭终端
pad_csn_ch0	输出	1	低电平	存储器片选
pad_rasn_ch0	输出	1	低电平	行地址选通
pad_casn_ch0	输出	1	低电平	列地址选通
pad_wen_ch0	输出	1	低电平	写使能
pad_rstn_ch0	输出	1	低电平	存储器复位
pad_dq_ch0	输入/输出	16	—	数据总线
pad_dqs_ch0	输入/输出	2	—	数据时钟正端
pad_dqsn_ch0	输入/输出	2	—	数据时钟负端
pad_loop_in	输入	1	—	低位温度补偿输入
pad_loop_in_h	输入	1	—	高位温度补偿输入
pad_loop_out	输出	1	—	低位温度补偿输出
pad_loop_out_h	输出	1	—	高位温度补偿输出

表 6-6　全局信号

信 号 名 称	输入/输出	位　　宽	有　效　值	描　　述
pll_refclk_in	输入	1	—	外部参考时钟输入
top_rst_n	输入	1	低电平	外部复位输入
pll_lock	输出	1	高电平	HMIC_H 内部锁相环锁存信号
ddrc_rst	输入	1	高电平	DDRC 控制器的复位输入
ddrphy_rst_done	输出	1	高电平	DDR 物理层复位完成标志
ddrc_init_done	输出	1	高电平	DDR 控制器的初始化完成标志
pll_aclk_0	输出	1	—	AXI4 端口 0 的时钟
pll_aclk_1	输出	1	—	AXI4 端口 1 的时钟
pll_aclk_2	输出	1	—	AXI4 端口 2 的时钟
pll_pclk	输出	1	—	APB 端口的时钟
csysreq_ddrc	输入	1	低电平	DDRC 低功耗请求输入
csysack_ddrc	输出	1	低电平	DDRC 低功耗响应
cactive_ddrc	输出	1	高电平	DDRC 激活标志

HMIC_H IP 可提供 3 组 AXI4 Host Port：一组 128 位，两组 64 位。

表 6-7　AXI 接口

信号名称	输入/输出	位　宽	有　效　值	描　　述
AXI4 端口 0				
areset_0	输入	1	高电平	AXI 端口 0 复位
aclk_0	输入	1	—	AXI 端口 0 输入时钟
awid_0	输入	8	—	AXI 端口 0 写地址 ID
awaddr_0	输入	32	—	AXI 端口 0 写地址
awlen_0	输入	8	—	AXI 端口 0 写突发长度
awsize_0	输入	3	—	AXI 端口 0 写突发大小
awburst_0	输入	2	—	AXI 端口 0 写突发类型
awlock_0	输入	1	—	AXI 端口 0 写锁类型
awvalid_0	输入	1	高电平	AXI 端口 0 写地址有效
awready_0	输出	1	高电平	AXI 端口 0 写地址准备
awurgent_0	输入	1	高电平	AXI 端口 0 紧急写，使能时，该端口的写地址指令优先执行
awpoison_0	输入	1	高电平	AXI 端口 0 写无效，使能时，该端口的写地址指令无效
wdata_0	输入	128	—	AXI 端口 0 写数据
wstrb_0	输入	16	—	AXI 端口 0 写选通
wlast_0	输入	1	—	AXI 端口 0 写最后一位
wvalid_0	输入	1	高电平	AXI 端口 0 写数据有效
wready_0	输出	1	高电平	AXI 端口 0 写数据准备
bid_0	输出	8	—	AXI 端口 0 写响应 ID
bresp_0	输出	2	—	AXI 端口 0 写响应
bvalid_0	输出	1	高电平	AXI 端口 0 写响应有效
bready_0	输入	1	高电平	AXI 端口 0 写响应准备
arid_0	输入	8	—	AXI 端口 0 读地址 ID
araddr_0	输入	32	—	AXI 端口 0 读地址
arlen_0	输入	8	—	AXI 端口 0 读突发长度
arsize_0	输入	3	—	AXI 端口 0 读突发大小
arburst_0	输入	2	—	AXI 端口 0 读突发类型
arlock_0	输入	1	—	AXI 端口 0 读锁类型
arvalid_0	输入	1	高电平	AXI 端口 0 读地址有效
arready_0	输出	1	高电平	AXI 端口 0 读地址准备
arurgent_0	输入	1	高电平	AXI 端口 0 紧急读，使能时，该端口的读地址指令优先执行
arpoison_0	输入	1	高电平	AXI 端口 0 读无效，使能时，该端口的读地址指令无效
rid_0	输出	8	—	AXI 端口 0 读数据 ID

续表

信号名称	输入/输出	位　宽	有效值	描　述
rdata_0	输出	128	—	AXI端口0读数据
rresp_0	输出	2	—	AXI端口0读响应
rlast_0	输出	1	—	AXI端口0读最后一位
rvalid_0	输出	1	高电平	AXI端口0读数据有效
rready_0	输入	1	高电平	AXI端口0读数据准备
csysreq_0	输入	1	低电平	AXI端口0进入低功耗请求
csysack_0	输出	1	低电平	AXI端口0进入低功耗响应
cactive_0	输出	1	高电平	AXI端口0激活
AXI4端口1				
areset_1	输入	1	高电平	AXI端口1复位
aclk_1	输入	1	—	AXI端口1输入时钟
awid_1	输入	8	—	AXI Port0写地址ID
awaddr_1	输入	32	—	AXI端口1写地址
awlen_1	输入	8	—	AXI端口1写突发长度
awsize_1	输入	3	—	AXI端口1写突发大小
awburst_1	输入	2	—	AXI端口1写突发类型
awlock_1	输入	1	—	AXI端口1写锁类型
awvalid_1	输入	1	高电平	AXI端口1写地址有效
awready_1	输出	1	高电平	AXI端口1写地址准备
awurgent_1	输入	1	高电平	AXI端口1紧急写,使能时,该端口的写地址指令优先执行
awpoison_1	输入	1	高电平	AXI端口1写无效,使能时,该端口的写地址指令无效
wdata_1	输入	64	—	AXI端口1写数据
wstrb_1	输入	8	—	AXI端口1写选通
wlast_1	输入	1	—	AXI端口1写最后一位
wvalid_1	输入	1	高电平	AXI端口1写数据有效
wready_1	输出	1	高电平	AXI端口1写数据准备
bid_1	输出	8	—	AXI端口1写响应ID
bresp_1	输出	2	—	AXI端口1写响应
bvalid_1	输出	1	高电平	AXI端口1写响应有效
bready_1	输入	1	高电平	AXI端口1写响应准备
arid_1	输入	8	—	AXI端口1读地址ID
araddr_1	输入	32	—	AXI端口1读地址
arlen_1	输入	8	—	AXI端口1读突发长度
arsize_1	输入	3	—	AXI端口1读突发大小
arburst_1	输入	2	—	AXI端口1读突发类型
arlock_1	输入	1	—	AXI端口1读锁类型

续表

信 号 名 称	输入/输出	位　　宽	有　效　值	描　　　　述
arvalid_1	输入	1	高电平	AXI端口1读地址有效
arready_1	输出	1	高电平	AXI端口1读地址准备
arurgent_1	输入	1	高电平	AXI端口1紧急读,使能时,该端口的读地址指令优先执行
arpoison_1	输入	1	高电平	AXI端口1读无效,使能时,该端口的读地址指令无效
rid_1	输出	8	—	AXI端口1读数据ID
rdata_1	输出	64	—	AXI端口1读数据
rresp_1	输出	2	—	AXI端口1读响应
rlast_1	输出	1	—	AXI端口1读最后一位
rvalid_1	输出	1	高电平	AXI端口1读数据有效
rready_1	输入	1	高电平	AXI端口1读数据准备
csysreq_1	输入	1	低电平	AXI端口1进入低功耗请求
csysack_1	输出	1	低电平	AXI端口1进入低功耗响应
cactive_1	输出	1	高电平	AXI端口1激活
AXI4端口2				
areset_2	输入	1	高电平	AXI端口2复位
aclk_2	输入	1	—	AXI端口2输入时钟
awid_2	输入	8	—	AXI端口2写地址ID
awaddr_2	输入	32	—	AXI端口2写地址
awlen_2	输入	8	—	AXI端口2写突发长度
awsize_2	输入	3	—	AXI端口2写突发大小
awburst_2	输入	2	—	AXI端口2写突发类型
awlock_2	输入	1	—	AXI端口2写锁类型
awvalid_2	输入	1	高电平	AXI端口2写地址有效
awready_2	输出	1	高电平	AXI端口2写地址准备
awurgent_2	输入	1	高电平	AXI端口2紧急写,使能时,该端口的写地址指令优先执行
awpoison_2	输入	1	高电平	AXI端口2写无效,使能时,该端口的写地址指令无效
wdata_2	输入	64	—	AXI端口2写数据
wstrb_2	输入	8	—	AXI端口2写选通
wlast_2	输入	1	—	AXI端口2写最后一位
wvalid_2	输入	1	高电平	AXI端口2写数据有效
wready_2	输出	1	高电平	AXI端口2写数据准备
bid_2	输出	8	—	AXI端口2写响应ID
bresp_2	输出	2	—	AXI端口2写响应
bvalid_2	输出	1	高电平	AXI端口2写响应有效

续表

信号名称	输入/输出	位 宽	有 效 值	描 述
bready_2	输入	1	高电平	AXI端口2写响应准备
arid_2	输入	8	—	AXI端口2读地址ID
araddr_2	输入	32	—	AXI端口2读地址
arlen_2	输入	8	—	AXI端口2读突发长度
arsize_2	输入	3	—	AXI端口2读突发大小
arburst_2	输入	2	—	AXI端口2读突发类型
arlock_2	输入	1	—	AXI端口2读锁类型
arvalid_2	输入	1	高电平	AXI端口2读地址有效
arready_2	输出	1	高电平	AXI端口2读地址准备
arurgent_2	输入	1	高电平	AXI端口2紧急读,使能时,该端口的读地址指令优先执行
arpoison_2	输入	1	高电平	AXI端口2读无效,使能时,该端口的读地址指令无效
rid_2	输出	8	—	AXI端口2读数据ID
rdata_2	输出	64	—	AXI端口2读数据
rresp_2	输出	2	—	AXI端口2读响应
rlast_2	输出	1	—	AXI端口2读最后一位
rvalid_2	输出	1	高电平	AXI端口2读数据有效
rready_2	输入	1	高电平	AXI端口2读数据准备
csysreq_2	输入	1	低电平	AXI端口2进入低功耗请求
csysack_2	输出	1	低电平	AXI端口2进入低功耗响应
cactive_2	输出	1	高电平	AXI端口2激活

表 6-8 APB 接口

信号名称	输入/输出	位 宽	有 效 值	描 述
preset	输出	1	高电平	APB复位
pclk	输出	1	—	APB时钟
pwdata	输入	32	—	APB写数据
pwrite	输入	1	高电平	APB读写方向
penable	输入	1	高电平	APB使能
psel	输入	1	高电平	APB外围设备选择
paddr	输入	12	—	APB地址
prdata	输出	32	—	APB读数据
pready	输出	1	高电平	APB准备

6.6.5　DDR IP 配置

这里以 PGL22G 开发板上使用的 DDR IP 为例进行配置，打开 PDS 软件中的 IPC 工具，进入 IP 选择界面，在界面左侧选择 Logos HMIC_H，在右侧 Instance Name 处取名 ddr3_core 后单击 Customize 按钮，如图 6-27 所示。

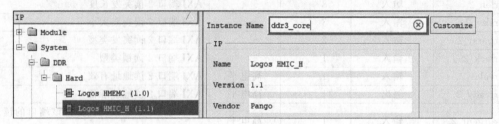

图 6-27　IP 选择界面

在如图 6-28 所示的 Step1：Basic Options 选项卡中，DDR3 的位置选择 Left（BANK L1＋BANK L2），其他为默认设置。

```
Logos HMIC_H   1.1   Logos-PGL22G-MBG324--6

Step 1: Basic Options   Step 2: Memory Options   Step 3: Interface Options   Step 4: Summary

┌─ Type Options ─────────────────────────────────────────────────────────────┐
│  Please select the memory interface type from the Memory Type selection.    │
│  Memory Type:          [DDR3            ▼]                                   │
└────────────────────────────────────────────────────────────────────────────┘

┌─ IO Options ───────────────────────────────────────────────────────────────┐
│  Please select the memory controller location.The IO pins used by the left  │
│  controller are distributed in BANK L1 and BANK L2.                         │
│  The IO pins used by the right controller are distributed in BANK R1 and BANK R2. │
│  Controller Location:  [Left (BANK L1 + BANK L2)    ]                        │
│  IO Standard:          [SSTL15_I        ▼]                                   │
└────────────────────────────────────────────────────────────────────────────┘

┌─ Mode Options ─────────────────────────────────────────────────────────────┐
│  Please select the operating mode for memory Interface.                     │
│  Operating Mode:       [Controller + PHY ▼]                                  │
└────────────────────────────────────────────────────────────────────────────┘

┌─ Width Options ────────────────────────────────────────────────────────────┐
│  Please select the data width which memory interface can access at a time.  │
│  Total Data Width:     [16              ▼]                                   │
└────────────────────────────────────────────────────────────────────────────┘

┌─ Clock settings ───────────────────────────────────────────────────────────┐
│  Input Clock Frequency:    50.000    ↕   MHz(rang:5-600MHz)                  │
│  Desired Data Rate:        800.000   ↕   Mbps(rang:600-1066Mbps)            │
│  Actual Data Rate:         800.0         Mbps                                │
└────────────────────────────────────────────────────────────────────────────┘
```

图 6-28　IP 配置界面 1

在如图 6-29 所示的 Step2：Memory Options 选项卡中，核对器件的型号，其他为默认设置。

在如图 6-30 所示的 Step3：Interface Options 选项卡中，选择 Enable AXI Port1 选项。

在如图 6-31 所示的界面中，保持默认设置，并单击 Generate 按钮开始。

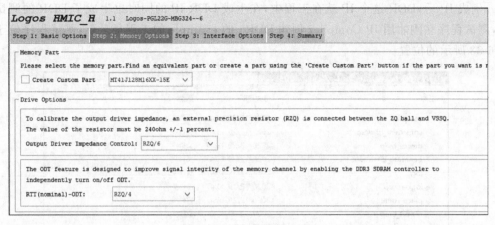

图 6-29 IP 配置界面 2

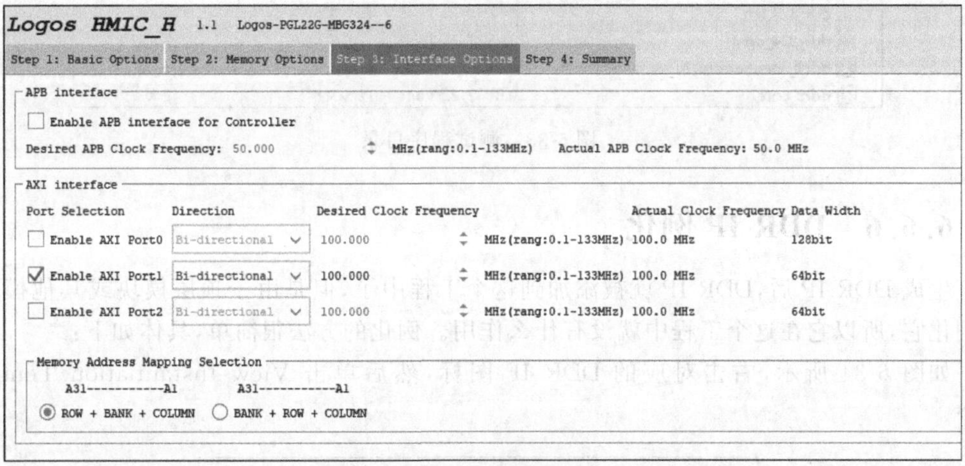

图 6-30 IP 配置界面 3

图 6-31 IP 菜单栏

如图 6-32 所示的提示框中单击 Yes 按钮，完成后关闭窗口。

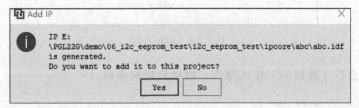

图 6-32 IP 生成界面

生成 IP 后，DDR 这个 IP 就在工程中，在生成 DDR IP 的同时也生成了 DDR 的测试程序，测试程序在刚才用 IP Compiler 创建 DDR3 的 example 的工程目录下，测试程序位于如图 6-33 所示的位置。

名称 ^	修改日期	类型	大小
compile	2020/12/29 13:47	文件夹	
constraint_backup	2020/12/29 13:47	文件夹	
device_map	2020/12/29 13:47	文件夹	
generate_bitstream	2020/12/29 13:47	文件夹	
log	2020/12/29 13:47	文件夹	
logbackup	2020/12/29 13:47	文件夹	
place_route	2020/12/29 13:47	文件夹	
report_timing	2020/12/29 13:47	文件夹	
synthesize	2020/12/29 13:47	文件夹	
ddr_256_left	2020/12/21 11:35	FDC 文件	37 KB
ddr_256_right	2020/12/21 11:35	FDC 文件	37 KB
ddr_324_left	2020/12/22 11:45	FDC 文件	36 KB
ddr_324_right	2020/12/21 11:35	FDC 文件	37 KB
ddr3_core.backup_1	2020/12/21 11:35	PDS 文件	6 KB
ddr3_core	2020/12/22 11:46	PDS 文件	12 KB

图 6-33 测试程序目录

6.6.6 DDR IP 例化

生成 DDR IP 后，DDR IP 就被添加到这个工程中了，但是由于顶层模块或其他模块没有例化它，所以它在这个工程中就没有什么作用。例化的方法很简单，具体如下：

如图 6-34 所示，右击对应的 DDR IP 图标，然后单击 View Instantiation Template 命令。

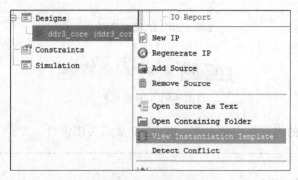

图 6-34 例化步骤

PDS 软件会在主界面的工作区弹出一段例化模块源码。

```
ddr3_core the_instance_name (
.pll_refclk_in(pll_refclk_in),                    // 输入
```

```
    .top_rst_n(top_rst_n),                       // 输入
    .ddrc_rst(ddrc_rst),                         // 输入
    .csysreq_ddrc(csysreq_ddrc),                 // 输入
    .csysack_ddrc(csysack_ddrc),                 // 输出
    .cactive_ddrc(cactive_ddrc),                 // 输出
    .pll_lock(pll_lock),                         // 输出
    .pll_aclk_0(pll_aclk_0),                     // 输出
    .pll_aclk_1(pll_aclk_1),                     // 输出
    .pll_aclk_2(pll_aclk_2),                     // 输出
    .ddrphy_rst_done(ddrphy_rst_done),           // 输出
    .ddrc_init_done(ddrc_init_done),             // 输出
    .pad_loop_in(pad_loop_in),                   // 输入
    .pad_loop_in_h(pad_loop_in_h),               // 输入
    .pad_rstn_ch0(pad_rstn_ch0),                 // 输出
    .pad_ddr_clk_w(pad_ddr_clk_w),               // 输出
    .pad_ddr_clkn_w(pad_ddr_clkn_w),             // 输出
    .pad_csn_ch0(pad_csn_ch0),                   // 输出
    .pad_addr_ch0(pad_addr_ch0),                 // 输出[15:0]
    .pad_dq_ch0(pad_dq_ch0),                     // 双向[15:0]
    .pad_dqs_ch0(pad_dqs_ch0),                   // 双向[1:0]
    .pad_dqsn_ch0(pad_dqsn_ch0),                 // 双向[1:0]
    .pad_dm_rdqs_ch0(pad_dm_rdqs_ch0),           // 输出[1:0]
    .pad_cke_ch0(pad_cke_ch0),                   // 输出
    .pad_odt_ch0(pad_odt_ch0),                   // 输出
    .pad_rasn_ch0(pad_rasn_ch0),                 // 输出
    .pad_casn_ch0(pad_casn_ch0),                 // 输出
    .pad_wen_ch0(pad_wen_ch0),                   // 输出
    .pad_ba_ch0(pad_ba_ch0),                     // 输出[2:0]
    .pad_loop_out(pad_loop_out),                 // 输出
    .pad_loop_out_h(pad_loop_out_h),             // 输出
    .areset_0(areset_0),                         // 输入
    .aclk_0(aclk_0),                             // 输入
    .awid_0(awid_0),                             // 输入[7:0]
    .awaddr_0(awaddr_0),                         // 输入[31:0]
    .awlen_0(awlen_0),                           // 输入[7:0]
    .awsize_0(awsize_0),                         // 输入[2:0]
    .awburst_0(awburst_0),                       // 输入[1:0]
    .awlock_0(awlock_0),                         // 输入
    .awvalid_0(awvalid_0),                       // 输入
    .awready_0(awready_0),                       // 输出
    .awurgent_0(awurgent_0),                     // 输入
    .awpoison_0(awpoison_0),                     // 输入
    .wdata_0(wdata_0),                           // 输入[127:0]
    .wstrb_0(wstrb_0),                           // 输入[15:0]
    .wlast_0(wlast_0),                           // 输入
    .wvalid_0(wvalid_0),                         // 输入
    .wready_0(wready_0),                         // 输出
    .bid_0(bid_0),                               // 输出[7:0]
    .bresp_0(bresp_0),                           // 输出[1:0]
    .bvalid_0(bvalid_0),                         // 输出
```

```
    .bready_0(bready_0),                        // 输入
    .arid_0(arid_0),                            // 输入[7:0]
    .araddr_0(araddr_0),                        // 输入[31:0]
    .arlen_0(arlen_0),                          // 输入[7:0]
    .arsize_0(arsize_0),                        // 输入[2:0]
    .arburst_0(arburst_0),                      // 输入[1:0]
    .arlock_0(arlock_0),                        // 输入
    .arvalid_0(arvalid_0),                      // 输入
    .arready_0(arready_0),                      // 输出
    .arpoison_0(arpoison_0),                    // 输入
    .rid_0(rid_0),                              // 输出[7:0]
    .rdata_0(rdata_0),                          // 输出[127:0]
    .rresp_0(rresp_0),                          // 输出[1:0]
    .rlast_0(rlast_0),                          // 输出
    .rvalid_0(rvalid_0),                        // 输出
    .rready_0(rready_0),                        // 输入
    .arurgent_0(arurgent_0),                    // 输入
    .csysreq_0(csysreq_0),                      // 输入
    .csysack_0(csysack_0),                      // 输出
    .cactive_0(cactive_0)                       // 输出
);
```

直接将这个文件的内容复制到调用模块中即可,需要注意的是,应根据情况适当地对括号内的接口进行调整。

6.7 HSST IP 介绍

6.7.1 HSST IP 简介

Logos 系列产品内置了线速率高达 6.375Gb/s 的高速串行接口模块（High Speed Serial Transceiver,HSST）。除了 PMA,HSST 还集成了丰富的 PCS 功能,可灵活应用于各种串行协议标准。在 Logos 系列产品内部,每个 HSST 支持 1～4 个全双工收发 LANE。HSST 主要特性包括:

(1) 支持线速率为 0.6～6.375Gb/s。

(2) 灵活的参考时钟选择方式。

(3) 可编程输出摆幅和去加重。

(4) 接收端自适应线性均衡器。

(5) 数据通道支持 8bit only、10bit only、8b10b 8bit、16bit only、20bit only、8b10b 6bit、32bit only、40bit only、8b10b 32bit、64b66b/64b67b 16bit、64b66b/64b67b 32bit 模式。

(6) 可灵活配置的 PCS,可支持 PCI Express GEN1、PCI Express GEN2、XAUI、千兆以太网、CPRI、SRIO 等协议。

(7) 灵活的字节对齐功能。

(8) 支持 RxClock Slip 功能以保证固定的接收延时。

（9）支持协议标准 8b10b 编码解码。

（10）支持协议标准 64b66b/64b67b 数据适配功能。

（11）灵活的 CTC 方案。

（12）支持 x2 和 x4 的通道绑定。

（13）HSST 的配置支持动态修改。

（14）近端环回和远端环回模式。

（15）内置 PRBS 功能。

PGL100H 包含 2 个 HSST，共 8 个全双工收发 LANE；PGL50H 包含 1 个 HSST，共 4 个全双工收发 LANE。

HSST 的结构示意图如图 6-35 所示。每个 HSST 由 2 个锁相环（PLL）和 4 个收发通道（LANE）组成，其中每个通道又包括 4 个组件：物理编码子层发送器（PCS Transmitter）、物理介质附加发送器（PMA Transmitter）、物理编码子层接收器（PCS Receiver）和物理介质附加接收器（PMA Receiver）。

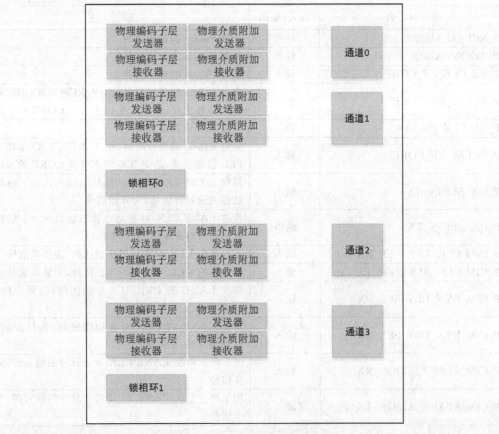

图 6-35　HSST 的结构示意图

物理编码子层发送器和物理介质附加发送器组成发送通路,物理编码子层发送器和物理介质附加接收器组成接收通路。

HSST 中有 4 个收发 LANE,其中 LANE0/LANE1 只能由 PLL0 提供时钟,LANE2/LANE3 可由 PLL0 或 PLL1 提供时钟,PLL VCO 的转出频率范围为 2.125～3.1875GHz。PLL0 和 PLL1 各自有一对外部差分参考时钟输入对应,每个 PLL 还可以选择来自另一个 PLL 的参考时钟或者来自 Fabric 的时钟作为参考时钟输入(Fabric 逻辑时钟作参考时钟,仅用于内部测试);PLL 输出频率支持动态再分频,以适应 0.6～6.375Gb/s 的线速率范围。

6.7.2　HSST I/O 接口

如表 6-9 所示为 HSST 的引脚说明。

表 6-9　HSST 引脚

HSST LANE 时钟相关端口		
端　口　名	输入/输出	描　　述
P_RCLK2FABRIC	输出	送到 Fabric 的接收时钟
P_TCLK2FABRIC	输出	送到 Fabric 的发送时钟
P_RX_CLK_FR_CORE	输入	来自 Fabric 的接收时钟
P_RCLK2_FR_CORE	输入	来自 Fabric 的接收时钟,由 P_REFCK2CORE 通过 PLL 倍频生成,是 P_RX_CLK_FR_CORE 的 2 倍频
P_TX_CLK_FR_CORE	输入	来自 Fabric 的发送时钟
P_TCLK2_FR_CORE	输入	来自 Fabric 的接收时钟,由 P_REFCK2CORE 通过 PLL 倍频生成,是 P_TX_CLK_FR_CORE 的 2 倍频
P_CA_ALIGN_RX	输出	接收 LANE CLK 对齐动态状态输出,0→1 的跳变状态表示对齐成功,为异步信号
P_CA_ALIGN_TX	输出	发送 LANE CLK 对齐动态状态输出,0→1 的跳变状态表示对齐成功,为异步信号
P_CIM_CLK_ALIGNER_RX[7:0]	输入	接收侧的 CLK 对齐延时步长选择,为异步信号
P_CIM_CLK_ALIGNER_TX[7:0]	输入	发送侧的 CLK 对齐延时步长选择,为异步信号
P_CIM_DYN_DLY_SEL_RX	输入	接收 LANE 的 CLK 对齐功能使能,为异步信号。1:使能;0:不使能
P_CIM_DYN_DLY_SEL_TX	输入	发送 LANE 的 CLK 对齐功能使能,为异步信号。1:使能;0:不使能
P_CIM_START_ALIGN_RX	输入	用于产生接收 LANE CLK 对齐脉冲的输入源,为异步信号
P_CIM_START_ALIGN_TX	输入	用于产生发送 LANE CLK 对齐脉冲的输入源,为异步信号

HSST LANE 复位相关端口		
端 口 名	输入/输出	描 述
P_PCS_TX_RST	输入	对 PCS Transmitter 进行复位。1：复位；0：不复位
P_PCS_RX_RST	输入	对 PCS Receiver 进行复位。1：复位；0：不复位
P_LANE_PD	输入	通道电源关闭，包括 RX LANE 和 TX LANE。1：电源关闭；0：电源不关闭
P_LANE_RST	输入	LANE 复位，包括 RX LANE 和 TX LANE。1：复位；0：不复位
P_RX_LANE_PD	输入	接收通道电源关闭，包括 RX PMA 和 RX PCS；1：电源关闭；0：电源不关闭
P_RX_PMA_RST	输入	对 PMA Receiver 进行复位，为异步信号，1：复位；0：不复位
P_TX_PMA_RST	输入	对 PMA Transmitter 进行复位，为异步信号。1：复位；0：不复位
P_TX_LANE_PD	输入	TX LANE power down，包括 TX PMA 和 TX PCS。1：电源关闭；0：电源不关闭
P_PCS_CB_RST	输入	复位通道绑定之后的模块。1：复位；0：不复位。内部测试信号，接固定值 0
P_CTLE_ADP_RST	输入	PMA 接收端的线性均衡器复位。1：复位；0：不复位。内部测试信号，接固定值 0
HSST LANE 和 Fabric 之间的发送端口		
端 口 名	输入/输出	描 述
P_TDATA[45：0]	输入	发送数据
P_TX_LS_DATA	输入	发送的低频信号
P_TX_BEACON_EN	输入	TX beacon 使能信号。1：使能；0：不使能
P_TX_DEEMP[1：0]	输入	Transmitter 去加重控制
P_TX_SWING	输入	Transmitter 输出摆幅值进行半摆幅控制。1'b0：满摆幅（默认值）；1'b1：半摆幅
P_TX_MARGIN[2：0]	输入	Transmitter 输出摆幅的 DAC 来源选择。默认值 3'b000 3'b000：摆幅来源寄存器 PMA_CH_REG_TX_AMP_DAC0；3'b001：摆幅来源寄存器 PMA_CH_REG_TX_AMP_DAC1；3'b010：摆幅来源寄存器 PMA_CH_REG_TX_AMP_DAC2；3'b011：摆幅来源寄存器 PMA_CH_REG_TX_AMP_DAC3；其他值：保留
P_TX_RXDET_REQ	输入	接收检测请求信号
P_TX_RXDET_STATUS	输出	接收检测结果，为异步信号，1：检测到 Receiver

续表

HSST LANE 和 Fabric 之间的发送端口		
端 口 名	输入/输出	描 述
P_TX_RATE[2：0]	输入	TX 线速率控制信号 2'b00：线速率是 PLL 时钟频率的 1/4 倍； 2'b01：线速率和 PLL 时钟频率的 1/2； 2'b10：线速率和 PLL 时钟频率相等； 2'b11：线速率是 PLL 时钟频率的 2 倍； bit[2]：保留，固定值 0
P_TX_BUSWIDTH[2：0]	输入	TX PCS 到 TX PMA 的数据位宽选择 3'bX00：8bit； 3'bX01：10bit； 3'bX10：16bit； 3'bX11：20bit； bit[2]：保留，接固定值 0
P_TX_SDN	输出	差分输出数据负端，HSST 专用引脚
P_TX_SDP	输出	差分输出数据正端，HSST 专用引脚
HSST LANE 和 Fabric 之间的接收端口		
P_RDATA[46：0]	输出	接收数据
P_RX_SIGDET_STATUS	输出	端口有效信号检测，为异步信号： 0：从端口 P_RX_SDP/P_RX_SDN 没有检测到有效信号 1：从端口 P_RX_SDP/P_RX_SDN 检测到了有效信号
P_RX_SATA_COMINIT	输出	SATA COMINIT 状态，1：检测到；0：未检测到
P_RX_SATA_COMWAKE	输出	SATA COMWAKE 状态，1：检测到；0：未检测到
P_RX_LS_DATA	输出	输出到 Fabric 的低频信号
P_RX_READY	输出	CDR 已成功锁定标志信号，为异步信号，1：锁定；0：未锁定
P_TEST_STATUS[19：0]	输出	Rx 输出测试状态寄存器，内部测试信号
P_PCS_WORD_ALIGN_EN	输入	当配置为 Rx CLK Slip 端口控制方式有效后控制有效，则作为 Rx CLK Slip 控制信号，为异步信号，0→1 的一次上升沿，PMA Rx 的解串器模块的数据滑动一个比特，当配置为外部状态机时，作为字节对齐使能信号，为异步信号，1：使能；0：不使能
P_PCS_LSM_SYNCED	输出	字节对齐成功，状态机锁定标志，为异步信号，1：字节对齐成功；0：字节对齐未成功
P_PCS_MCB_EXT_EN	输入	外置状态机模式下通道绑定使能，为异步信号，1：使能；0：不使能

续表

HSST LANE 和 Fabric 之间的接收端口		
端　口　名	输入/输出	描　　述
P_PCS_RX_MCB_STATUS	输出	通道绑定控制状态机指示信号,为异步信号,1:处于绑定状态;0:处于未绑定状态
P_RXGEAR_SLIP	输入	比特滑动控制信号采用 64b66b/67b 解码模式,边沿触发,检测到上升沿或者下降沿都会延时 1 比特
P_RX_POLARITY_INVERT	输入	Rx Sample Reg 的极性反转使能,为异步信号。1:极性反转;0:极性不反转
P_CEB_ADETECT_EN[3:0]	输入	测试信号,正常模式下需在外部置 4'b1111
P_RX_RATE[2:0]	输入	Rx 线速率控制信号 2'b00:线速率是 PLL 时钟频率的 1/4; 2'b01:线速率是 PLL 时钟频率的 1/2; 2'b10:线速率和 PLL 时钟频率相等; 2'b11:线速率是 PLL 时钟频率的 2 倍; bit[2]:保留,接固定值 0
P_RX_BUSWIDTH[2:0]	输入	Rx PMA 到 Rx PCS 的数据位宽选择 3'bX00:8bit; 3'bX01:10bit; 3'bX10:16bit; 3'bX11:20bit; bit[2]:保留,接固定值 0
P_RX_HIGHZ	输入	Rx 输入高阻控制信号,0:非高阻;1:高阻
P_RX_SDN	输入	差分输入数据负端,HSST 专用引脚
P_RX_SDP	输入	差分输入数据正端,HSST 专用引脚
HSST LANE 和 Fabric 之间的其他端口		
P_PCS_NEAREND_LOOP	输入	PCS 近端环回控制信号,1:使能;0:不使能
P_PCS_FAREND_LOOP	输入	PCS 远端环回控制信号,1:使能;0:不使能
P_PMA_NEAREND_PLOOP	输入	PMA 近端并行环回控制信号,1:使能;0:不使能
P_PMA_NEAREND_SLOOP	输入	PMA 近端串行环回控制信号,1:使能;0:不使能
P_PMA_FAREND_PLOOP	输入	PMA 远端并行环回控制信号,1:使能;0:不使能
P_CFG_READY	输出	动态配置接口的读写输出准备就绪,1:有效;0:无效
P_CFG_RDATA[7:0]	输出	动态配置接口的读数据
P_CFG_INT	输出	动态配置接口的中断输出。1:有效;0:无效
P_CFG_CLK	输入	动态配置接口的时钟输入
P_CFG_RST	输入	动态配置接口的复位信号。1:复位;0:不复位。复位后所有寄存器恢复到 Parameter 设置的初始值
P_CFG_PSEL	输入	动态配置接口的选择信号。1:选中;0:不选中
P_CFG_ENABLE	输入	动态配置接口的访问使能。1:使能;0:不使能
P_CFG_WRITE	输入	动态配置接口的读写选择信号。1:写;0:读

续表

HSST LANE 和 Fabric 之间的其他端口		
端　口　名	输入/输出	描　　述
P_CFG_ADDR[15：0]	输入	动态配置接口的写地址
P_CFG_WDATA[7：0]	输入	动态配置接口的写数据
HSST PLL 端口		
P_REFCK2CORE	输出	引脚输入的参考时钟 Bypass 输出到 Fabric
P_PLL_REF_CLK	输入	来自 Fabric 的 PLL 参考时钟
P_PLL_READY	输出	PLL 锁定状态，为异步信号。1：锁定；0：未锁定
P_PLLPOWERDOWN	输入	PLL 电源关闭控制。0：电源不关闭默认；1：电源关闭
P_PLL_RST	输入	PLL 复位控制。0：不复位默认；1：复位
P_RESCAL_RST_I	输入	电阻校正复位。1：复位；0：不复位，内部测试信号，接固定值 0
P_RESCAL_I_CODE_I[5：0]	输入	PMA 手动配置电阻值，默认值 6b'101110，内部测试信号
P_RESCAL_I_CODE_O[5：0]	输出	无效时的电阻控制输出码，默认值 6b'101110 内部测试信号
P_LANE_SYNC	输入	发送通道的同步信号
P_RATE_CHANGE_TXPCLK_ON	输入	用于动态切换的同步控制信号使能
P_REFCLKN	输入	差分输入参考时钟负端，HSST 专用引脚
P_REFCLKP	输入	差分输入参考时钟正端，HSST 专用引脚

第 7 章

基 础 实 验

7.1 LED 流水灯

7.1.1 实验原理

1. 硬件电路

如图 7-1 所示为开发板 LED 部分原理图。可以看出，开发板将 I/O 经过一个电阻和三极管相连，FPGA 的 I/O 输出高时，三极管导通点亮 LED 灯；I/O 输出低电平时 LED 灯熄灭。

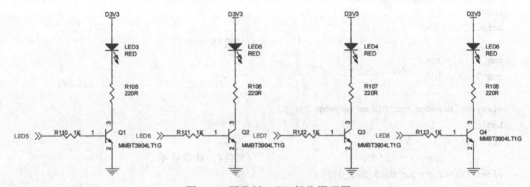

图 7-1　开发板 LED 部分原理图

2. 程序设计思路

流水灯就是一组灯，在预定控制下按照设定的顺序和时间来点亮和熄灭，从而产生视觉效果，程序设计中每隔 1s LED 灯变化一次，每 8s 做一个循环。流程图如图 7-2 所示。

7.1.2 程序解读

程序代码如下：

```
`timescale 1ns/1ns
module led_test
```

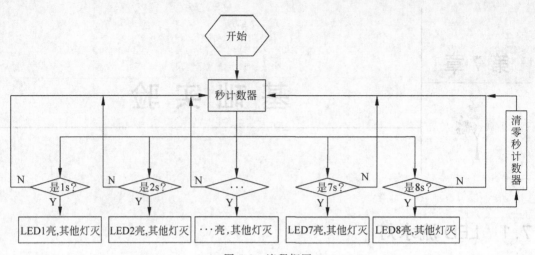

图 7-2　流程框图

```verilog
(
    sys_clk,                                   // 系统时钟
    rst_n,                                     // 复位,低有效
    led                                        // LED 控制信号
);
input      sys_clk;
input      rst_n;
output[7:0] led;

                                               //计数器
reg[31:0]  timer;
reg[7:0]   led;


always@(posedge sys_clk or negedge rst_n)
begin
if(~rst_n)
        timer <= 32'd0;                        //复位时,计数清零
elseif(timer == 32'd399_999_999)               //8s
        timer <= 32'd0;                        //计数完成,清零
else
        timer <= timer +1'b1;                  //计数器加1
end
always@(posedge sys_clk or negedge rst_n)
begin
if(~rst_n)
        led <= 8'b0000_0000;                   //复位
elseif(timer == 32'd49_999_999)                //LED1 亮


        led <= 8'b0000_0001;
elseif(timer == 32'd99_999_999)                //LED2 亮
```

```
begin
        led <= 8'b0000_0010;
end
else if(timer == 32'd149_999_999)              //LED3 亮
        led <= 8'b0000_0100;
else if(timer == 32'd199_999_999)              //LED4 亮
        led <= 8'b0000_1000;
else if(timer == 32'd249_999_999)              //LED5 亮

        led <= 8'b0001_0000;
else if(timer == 32'd299_999_999)              //LED6 亮
begin
        led <= 8'b0010_0000;
end
else if(timer == 32'd349_999_999)              //LED7 亮
        led <= 8'b0100_0000;
else if(timer == 32'd399_999_999)              //LED8 亮
        led <= 8'b1000_0000;
end
endmodule
```

这个文件比较简单,只有一个模块,没有调用外部模块,模块接口也比较少,sys_clk 是时钟输入,rst_n 是系统输入复位,输出端口信号连接到 8 个 LED 灯。信号接口如表 7-1 所示。

表 7-1　信号接口

端口名称	类　型	位　宽	描　述
sys_clk	输入	1	FPGA 时钟输入
rst_n	输入	1	FPGA 系统复位输入
led	输出	8	模块输出信号连接到 8 个 LED 灯

程序首先定义了两个寄存器:timer 用来对 FPGA 输入的时钟进行计数,最大计数值为 4294967295,十六进制就是 FFFFFFFF,如果计数器计数到最大值,50MHz 的时钟计数可以表示 85.89934592s;led 寄存器是连接到 LED 灯的输出引脚,存放的是 8 个 LED 灯的控制信号,bit0 为 1 则开发板 LED1 亮,bit1 为 1 则开发板 LED2 亮,……,bit8 为 1 则开发板 LED8 亮。

再来看看两个 always 模块:第一个模块计数到 399999999(即 8s)后再重新开始计数;第二个模块控制 8 个 LED 灯的状态,当时间计数到 1s(即计数到 49999999)时,LED 的 bit0 为高,从而 LED1 灯亮其他灯熄灭;时间计数到 2s 时,LED 的 bit1 为高,LED2 灯亮其他灯熄灭,一直到 LED8 灯亮后再重复循环。

7.1.3　Flash 程序固化

将 .sbit 文件下载到 FPGA 中后,程序正常运行,但是当开发板断电后,程序丢失,需要再次下载，操作烦琐，所以这一节介绍将配置程序固化到开发板上的 Flash 中，这样就不用担心掉电后程序丢失了。

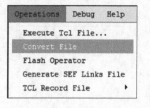

图 7-3　下载界面

在开发板上有一个 128Mb 的 Flash 芯片，用于存储配置程序。不能直接把 .sbit 文件下载到这个 Flash 中，只能下载 .sfc 文件到 Flash 中。下面介绍 Flash 程序的固化流程。

首先，需要将 .sbit 文件转换成能下载到 Flash 的 .sfc 文件。在下载程序界面，选择菜单命令 Operations→Convert File 进行文件转换，如图 7-3 所示。

然后弹出如图 7-4 所示的界面，这里要根据硬件的 Flash 型号来选择 Flash 的厂家和设备型号，开发板用到的是 GIGA 的 GD25Q128C。Flash Read Mode 选择 SPI X4，然后选择要转换的 .sbit 文件，单击 OK 按钮即可转换。

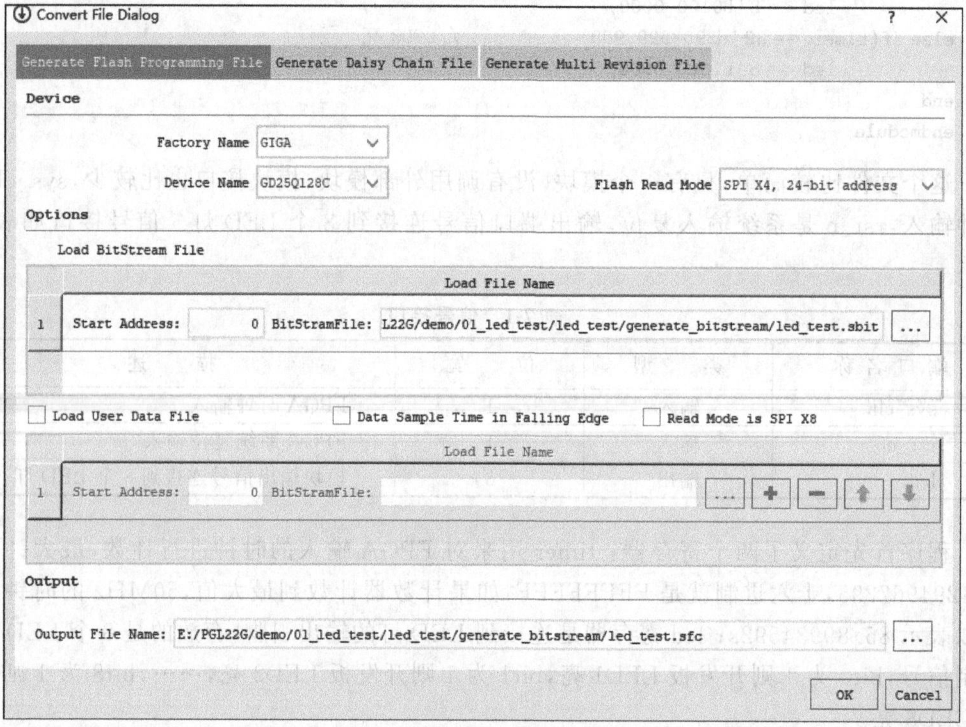

图 7-4　文件转换界面

转换完成后显示如图 7-5 所示界面，单击 OK 按钮。

如图 7-6 所示，右击图中方块，会弹出快捷菜单，选择 Scan Outer Flash 命令。

出现如图 7-7 所示界面，选择已生成的 .sfc 文件。

在如图 7-8 所示的界面中，可以看到有了对应的

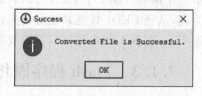

图 7-5　转化完成界面

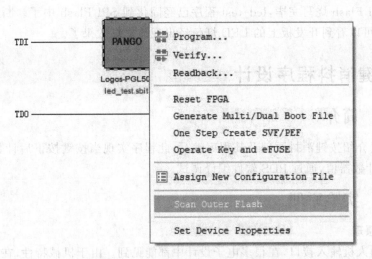

图 7-6　外设 Flash

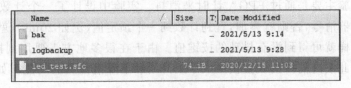

图 7-7　选择 .sfc 文件

Flash 器件,选中 Outer Flash 方块并右击,在弹出的快捷菜单中选择 Program 命令。

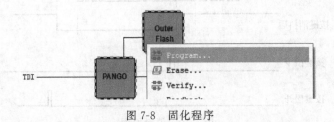

图 7-8　固化程序

　　弹出正在编程的进度界面(先擦除原程序后下载新程序),如图 7-9 所示,Flash 编程完成后该界面自动消失。

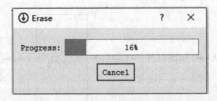

图 7-9　下载进度

视频讲解

　　至此,SPI Flash 烧写完毕,led_test 程序已经固化到 SPI Flash 中了。断电重新启动开发板,稍后就可以看到开发板上的 LED 灯已经出现流水灯效果了。

7.2　按键消抖程序设计

7.2.1　简介

　　本节主要介绍按键消抖原理及其程序编写,此程序实现当按键按下后计数器加 1,并用 LED 灯显示计数器值,通过 PDS 软件编译调试。

7.2.2　实验原理

1. 基础原理

　　按键作为人机输入接口,在很多电子设计中都能见到。由于机械特性,在按键按下或松开的时候,按键输入值是有抖动的,无论按下去时有多平稳,都难以消除抖动。按键消抖方式有很多,本实验主要是通过 FPGA 计时来消抖。实验中设计了一个计数器,当按键输入有变化时,计时器清零,否则就累加,直到计数到一个预定值(例如 20ms),就认为按键稳定,输出按键值,这样就可得到没有抖动的按键值。由于在很多地方需要用到按键下降沿或上升沿的检测,因此按键消抖模块直接集成了上升沿和下降沿检测的功能。如图 7-10 所示为消抖原理。

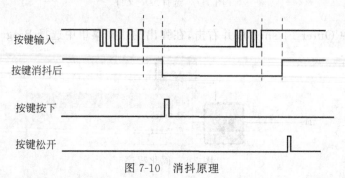

图 7-10　消抖原理

2. 程序设计思路

程序设计的系统框图如图 7-11 所示。

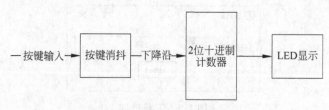

图 7-11　程序设计的系统框图

7.2.3 程序解读

LED 显示部分在本章不做说明,就例程中按键消抖模块 ax_debounce 做一些讲解。模块中通过两级 D 触发器来寄存键值,只有当键值稳定时才将键值输出。

在源码中可以看到,在 assign 赋值语句中有"assign q_reset＝(DFF1 ^ DFF2)",学过数字电路的应该都知道," ^"是异或运算符,运算符两边相同运算结果为 0,不同运算结果为 1。在程序中,DFF1 和 DFF2 比较运算后的值通过 assign 赋给 q_reset,表示比较锁存键值的前后两级寄存器的值是否一致,只有前后两级寄存器的值一致,也就是 q_reset 的值为 0 时才表示当前锁存的键值没有变化。q_add 表示当计数器累加到 TIMER_MAX_VAL(稳定延迟时间 20ms),表示锁存的键值已经稳定,可以输出了。通过 case 语句检测{q_reset, q_add}的状态,即检测 DFF1 和 DFF2 前后键值为 0,并且持续为 0 的时间达到 20ms。达到条件后才可以将键值 button_out 输出。

另外,在模块中可以看到"{…}"符号,要注意这可不是大括号,它表示位拼接运算符,其作用是将运算符内的两位或是多位信号拼接在一起,具体用法请参考例程。

最后,程序中需要说明的是 button_posedge 和 button_negedge 两个输出信号,这是一种常用的上升沿和下降沿的采集方法,当然还有其他的边沿检测电路的描述方法,但是其基本原理都是在逻辑时序电路里先将需要检测的信号作为输入非阻塞赋值给一个自定义寄存器,通过判断前后两级寄存器的值来判断是上升沿或是下降沿,由 0→1 变化是上升沿,由 1→0 变化是下降沿。

程序代码如下:

```verilog
`timescale 1ns /100ps
module ax_debounce
(
input     clk,
input     rst,
input     button_in,
outputreg button_posedge,
outputreg button_negedge,
outputreg button_out
);
////  ---------------- 参数 ----------------
parameter N = 32;                    // 计数器宽度
parameter FREQ = 50;                 //时钟:MHz
parameter MAX_TIME = 20;             //时间:ms
localparam TIMER_MAX_VAL =   MAX_TIME * 1000 * FREQ;
////---------------- 变量 ----------------
reg[N-1:0] q_reg;                    // 时间寄存器
reg[N-1:0] q_next;
reg DFF1, DFF2;                      // 触发器
wire q_add;                          // 控制标志信号
```

```verilog
wire q_reset;
reg button_out_d0;
//// ------------------------------------------------------

assign q_reset = (DFF1 ^ DFF2);              // 异或
assign q_add = ~(q_reg == TIMER_MAX_VAL);  //时间计数器计数到设定值

always@( q_reset, q_add, q_reg)
begin
case({q_reset , q_add})
2'b00:
                q_next <= q_reg;
2'b01:
                q_next <= q_reg +1;
default:
                q_next <= { N {1'b0}};
endcase
end
//// 触发器输入,更新时间寄存器
always@(posedge clk or posedge rst)
begin
if(rst == 1'b1)
begin
        DFF1 <= 1'b0;
        DFF2 <= 1'b0;
        q_reg <= { N {1'b0}};
end
else
begin
        DFF1 <= button_in;
        DFF2 <= DFF1;
        q_reg <= q_next;
end
end


always@(posedge clk or posedge rst)
begin
if(rst == 1'b1)
        button_out <= 1'b1;
else if(q_reg == TIMER_MAX_VAL)
        button_out <= DFF2;
else
        button_out <= button_out;
end

always@(posedge clk or posedge rst)
begin
```

```
if(rst == 1'b1)
begin
        button_out_d0 <= 1'b1;
        button_posedge <= 1'b0;
        button_negedge <= 1'b0;
end
else
begin
        button_out_d0 <= button_out;
        button_posedge <= ~button_out_d0 & button_out;
        button_negedge <= button_out_d0 &~button_out;
end
end
endmodule
```

如表 7-2 所示为按键消抖模块的信号接口。

表 7-2 按键消抖模块的信号接口

信 号 名 称	输入/输出	说　　　明
clk	输入	时钟输入
rst_n	输入	异步复位输入,低复位
button_in	输入	按键输入
button_posedge	输出	消抖后按键上升沿,高有效,1 个时钟周期
button_negedge	输出	消抖后按键下降沿,高有效,1 个时钟周期
button_out	输出	消抖后按键输出

7.3 串口程序设计

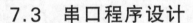

视频讲解

7.3.1 简介

本节介绍的串口是通用异步接收/发送(Universal Asynchronous Receiver/Transmitter)的简称。UART 是将并行输入转为串行输出的芯片,通常集成在主板上。UART 包含 TTL 电平的串口和 RS-232 电平的串口。TTL 电平是 3.3V 的,而 RS-232 是负逻辑电平,它定义+5~+12V 为低电平,-12~-5V 为高电平,MDS2710、MDS SD4、EL805 等是 RS-232 接口,EL806 有 TTL 接口。

串行接口按电气标准及协议来分包括 RS-232-C、RS-422、RS-485 等。RS-232-C、RS-422 与 RS-485 标准只对接口的电气特性做出规定,不涉及接插件、电缆或协议。

开发板的串口通信通过 USB 转串口方式,主要是解决计算机不带串口接口的问题,所以这里不涉及电气协议标准,用法与 TTL 电平串口类似。FPGA 芯片使用 2 个 I/O 口和 USB 转串口芯片 CP2102 相连。

7.3.2 实验原理

1. 异步串口通信协议

消息帧从一个低位起始位开始,后面是 7 个或 8 个数据位,一个可用的奇偶位和一个或几个高位停止位。接收器发现开始位时它就知道数据准备发送,并尝试与发送器时钟频率同步。如果选择了奇偶校验,那么 UART 就在数据位后面加上奇偶位。奇偶位可用来进行错误校验。在接收过程中,UART 从消息帧中去掉起始位和结束位,对进来的字节进行奇偶校验,并将数据字节从串行转换成并行。UART 传输时序如图 7-12 所示。

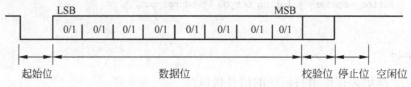

图 7-12　串口传输时序

从波形上可以看到,起始位是低电平,停止位和空闲位都是高电平,也就是说,没有数据传输时是高电平,利用这个特点可以准确接收数据。当一个下降沿事件发生时,表示将进行一次数据传输。

常见的串口通信波特率有 2400bps、9600bps、115200bps 等,发送和接收波特率必须保持一致才能正确通信。波特率是指 1s 最大传输的数据位数,包括起始位、数据位、校验位、停止位。假如通信波特率设定为 9600bps,那么一个数据位的时间长度是 1/9600s。

2. 硬件电路

如图 7-13 所示,为开发板上 USB 转 UART 的部分原理图。

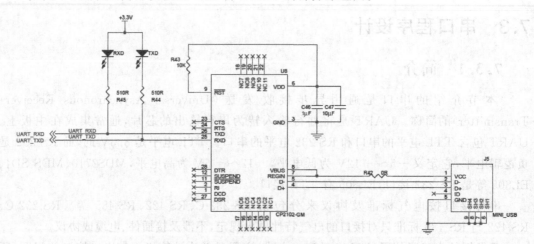

图 7-13　开发板 USB 转 UART 部分原理图

7.3.3　程序解读

1. 接收模块

串口接收模块是个参数化可配置模块,参数 CLK_FRE 定义接收模块的系统时钟频率,单位是 MHz,参数 BAUD_RATE 是波特率。接收模块流程图如图 7-14 所示。

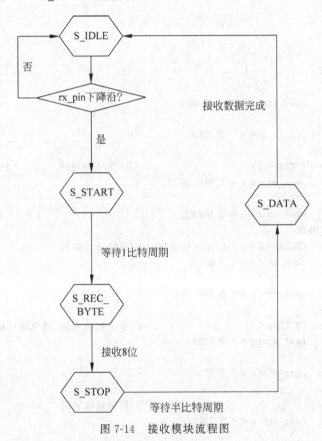

图 7-14　接收模块流程图

S_IDLE 为空闲状态,上电后进入 S_IDLE 状态,如果信号 rx_pin 有下降沿,则认为是串口的起始位,进入状态 S_START,等待 1 比特周期起始位结束后进入数据位接收状态 S_REC_BYTE,本实验中数据位设计为 8 位,接收完成以后进入 S_STOP 状态,在 S_STOP 状态没有等待 1 比特周期,只等待了半个比特周期,这是因为如果等待了 1 比特周期,则有可能会错过下一个数据的起始位判断,最后进入 S_DATA 状态,将接收到的数据送到其他模块。需要说明的是,为了满足采样定理,在接收数据时每个数据都在波特率计数器的时间中点进行采样,以避免数据出错的情况。

1 比特周期 CYCLE = CLK_FRE ×1000000 / BAUD_RATE,由输入时钟和波特率决定,cycle_cnt 计数器是由系统时钟控制,如 CLK_FRE 为 50 和 BAUD_RATE 为

115200bps，则 cycle_cnt 是 20ns 计数 ·次，1 比特周期计数 434 次。

rx_bits[bit_cnt] <= rx_pin 将接收到的串行数据转化为并行数据。rx_data_ready 为输入信号，高有效，表示接收模块可以接收数据；rx_data_valid 为输出信号，高有效，表示接收数据有效。

接收模块部分源码：

```verilog
always@( * )
begin
case(state)
        S_IDLE:
if(rx_negedge)
                next_state <= S_START;
else
                next_state <= S_IDLE;
        S_START:
if(cycle_cnt == CYCLE - 1)                  //一个比特周期
                next_state <= S_REC_BYTE;
else
                next_state <= S_START;
        S_REC_BYTE:
if(cycle_cnt == CYCLE - 1 && bit_cnt == 3'd7) //接收 8 位数据
                next_state <= S_STOP;
else
                next_state <= S_REC_BYTE;
        S_STOP:
if(cycle_cnt == CYCLE/2 - 1)                 //半个比特周期,避免错过接收数据
                next_state <= S_DATA;
else
                next_state <= S_STOP;
        S_DATA:
if(rx_data_ready)                            //数据接收完成
                next_state <= S_IDLE;
else
                next_state <= S_DATA;
default:
                next_state <= S_IDLE;
endcase
end

always@(posedge clk or negedge rst_n)
begin
if(rst_n == 1'b0)
        rx_data_valid <= 1'b0;
else if(state == S_STOP && next_state != state)
        rx_data_valid <= 1'b1;
else if(state == S_DATA && rx_data_ready)
```

```
        rx_data_valid <= 1'b0;
end

always@(posedge clk or negedge rst_n)
begin
if(rst_n == 1'b0)
        rx_data <= 8'd0;
else if(state == S_STOP && next_state != state)
        rx_data <= rx_bits;                    //锁存接收数据
end
                                               //接收串行数据
always@(posedge clk or negedge rst_n)
begin
if(rst_n == 1'b0)
        rx_bits <= 8'd0;
else if(state == S_REC_BYTE && cycle_cnt == CYCLE/2 - 1)
        rx_bits[bit_cnt] <= rx_pin;
else
        rx_bits <= rx_bits;
end
```

如表 7-3 所示为串口接收模块的信号接口。

表 7-3 串口接收模块信号接口

信 号 名 称	输入/输出	位 宽	描 述
clk	输入	1	时钟输入
rst_n	输入	1	复位,低有效
rx_pin	输入	1	串口接收数据输入
rx_data_ready	输入	1	可以接收数据,当 rx_data_ready 和 rx_data_valid 都为高时接收数据
rx_data_valid	输出	1	接收到串口数据有效(高有效)
rx_data	输出	8	接收到串口数据

2. 发送模块

发送模式设计和接收模块相似,发送状态流程图如图 7-15 所示。

上电后进入 S_IDLE 状态,如果有发送请求,则进入发送起始位状态 S_START,起始位发送完成后进入发送数据位状态 S_SEND_BYTE,数据位发送完成后进入发送停止位状态 S_STOP,停止位发送完成后又进入空闲状态。在数据发送模块中,从顶层模块写入的数据直接传递给寄存器 tx_reg,并通过 tx_reg 寄存器模拟串口传输协议在状态机的条件转换下进行数据传送。

tx_reg <= tx_data_latch[bit_cnt] 将并行数据转化为串行数据;tx_data_ready 为输入信号,高有效,表示发送模块可以发送数据;rx_data_valid 为输出信号,高有效,表示发送数据有效。

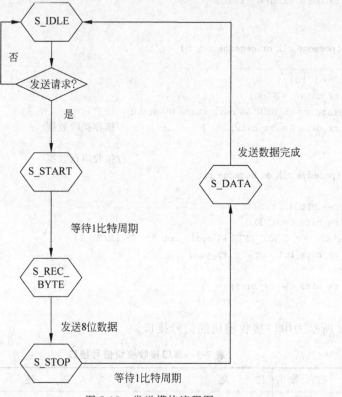

图 7-15　发送模块流程图

接收模块部分源码：

```verilog
always@( * )
begin
case(state)
        S_IDLE:
if(tx_data_valid == 1'b1)
                next_state <= S_START;
else
                next_state <= S_IDLE;
        S_START:
if(cycle_cnt == CYCLE - 1)
                next_state <= S_SEND_BYTE;
else
                next_state <= S_START;
        S_SEND_BYTE:
if(cycle_cnt == CYCLE - 1&& bit_cnt == 3'd7)
                next_state <= S_STOP;
else
                next_state <= S_SEND_BYTE;
```

```
          S_STOP:
if(cycle_cnt == CYCLE - 1)
              next_state <= S_IDLE;
else
              next_state <= S_STOP;
default:
          next_state <= S_IDLE;
endcase
end


always@(posedge clk or negedge rst_n)
begin
if(rst_n == 1'b0)
begin
          tx_data_ready <= 1'b0;
end
else if(state == S_IDLE)
if(tx_data_valid == 1'b1)
          tx_data_ready <= 1'b0;
else
          tx_data_ready <= 1'b1;
else if(state == S_STOP && cycle_cnt == CYCLE - 1)
          tx_data_ready <= 1'b1;
end


always@(posedge clk or negedge rst_n)
begin
if(rst_n == 1'b0)
begin
          tx_data_latch <= 8'd0;
end
else if(state == S_IDLE && tx_data_valid == 1'b1)
          tx_data_latch <= tx_data;
end
always@(posedge clk or negedge rst_n)
begin
if(rst_n == 1'b0)
        tx_reg <= 1'b1;
else
case(state)
        S_IDLE,S_STOP:
            tx_reg <= 1'b1;
        S_START:
            tx_reg <= 1'b0;
        S_SEND_BYTE:
            tx_reg <= tx_data_latch[bit_cnt];
default:
```

```
                    tx_reg <= 1'b1;
        endcase
    end
```

如表 7-4 所示为串口发送模块的信号接口。

表 7-4　串口发送模块信号接口

信 号 名 称	输入/输出	位　宽	描　　　述
clk	输入	1	时钟输入
rst_n	输入	1	复位,低有效
tx_pin	输出	1	通过串口发送数据
tx_data_ready	输出	1	可以发送数据,当 tx_data_ready 和 tx_data_valid 都为高时发送数据
tx_data_valid	输入	1	发送的串口数据有效(高有效)
tx_data	输入	8	要发送的串口数据

视频讲解

7.4　HDMI 显示程序设计

7.4.1　简介

HDMI 作为视频输出输入接口已经广泛使用很长时间,HDMI 采用和 DVI 相同的传输原理——最小化传输差分信号(Transition Minimized Differential Signal,TMDS)。开发板使用 4 对 TMDS 差分显示,其中 1 对是时钟,其他 3 对是数据。

本实验通过在 HDMI 屏幕上显示彩条,来学习视频的时序和视频颜色的表示,并作为后面视频处理实验的基础。

TMDS 传输系统分为两个部分:发送端和接收端。TMDS 发送端收到 HDMI 接口传来的表示 RGB 信号的 24 位并行数据(TMDS 对每个像素的 RGB 三原色分别按 8 位编码,即 R 信号有 8 位,G 信号有 8 位,B 信号有 8 位),然后对这些数据进行编码和并/串转换,再将表示 3 个 RGB 信号的数据分别分配到独立的传输通道发送出去。接收端接收来自发送端的串行信号,对其进行解码和串/并转换,然后发送到显示器的控制端。与此同时也接收时钟信号,以实现同步。

每一个 TMDS 链路都包括 3 个传输 RGB 信号的数据通道和 1 个传输时钟信号的通道。每一个数据通道都通过编码算法,将 8 位的视频或音频数据转换成最小化传输、直流平衡的 10 位数据。这使得数据的传输和恢复更加可靠。最小化传输差分信号是通过异或及异或非等逻辑算法将原始 8 位信号数据转换成 10 位,前 8 位数据由原始信号经运算后获得,第 9 位指示运算的方式,第 10 位用来对应直流平衡。

一般来说,HDMI 传输的编码格式中要包含视频数据、控制数据和数据包(数据包中包含音频数据和附加信息数据,例如纠错码等)。TMDS 每个通道在传输时都要包含一个 2

位的控制数据、8 位的视频数据或者 4 位的数据包。在 HDMI 信息传输过程中,可以分为 3 个阶段:视频数据传输周期、控制数据传输周期和数据包传输周期,分别对应上述 3 种数据类型。

下面介绍 TMDS 中采用的技术。

1. 传输最小化

8 位数据经过编码和直流平衡得到 10 位最小化数据,这看起来是增加了冗余位,但对传输链路的带宽要求更高,事实上,通过这种算法得到的 10 位数据在更长的同轴电缆中传输的可靠性更强。图 7-16 展示了对一个 8 位的并行 RED 数据编码、并/串转换。

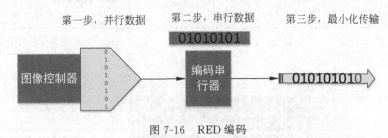

图 7-16 RED 编码

第一步,将 8 位并行 RED 数据发送到 TMDS 发送端。

第二步,并/串转换。

第三步,进行最小化传输处理,加上第 9 位,即编码过程。第 9 位数据称为编码位。

2. 直流平衡

直流平衡(DC-balanced)是指在编码过程中保证信道中直流偏移为零。方法是在原来的 9 位数据的后面加上第 10 位数据,这样,传输的数据就会趋于直流平衡,使信号对传输线的电磁干扰减少,从而提高信号传输的可靠性。

3. 差分信号

TMDS 差分传动技术是一种利用 2 个引脚间的电压差来传送信号的技术。传输数据的数值(0 或者 1)由 2 个引脚间电压的正负极性和大小决定。即采用 2 根线来传输信号:一根线上传输原来的信号,另一根线上传输与原来信号相反的信号。这样接收端就可以通过让一根线上的信号减去另一根线上的信号的方式来屏蔽电磁干扰,从而得到正确的信号。如图 7-17 所示。

另外,还有一个显示数据通道(DDC),是 PC 主机用于访问显示器存储器以获取显示器中 EEPROM 中的 EDID (Extended Display Identification Data,扩展显示器识别数据)格式数据,确定显示器的显示属性(如分辨率、纵横比等)信息的数据通道。搭载 HDCP (High Bandwidth Digital Content Protection,高带宽数字内容保护技术)的发送、接收设备之间也利用 DDC 线进行密码键的认证。

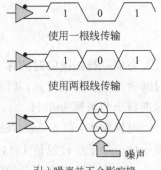

图 7-17 TMDS 传输

7.4.2　实验原理

1. HDMI 扫描时序

视频时序如图 7-18 所示，HDMI 显示器扫描方式从屏幕左上角一点开始，从左向右逐点扫描，每扫描完一行，电子束回到屏幕的左边下一行的起始位置，在此期间，CRT 对电子束进行消隐，每行结束时，用行同步信号进行同步；当扫描完所有的行，形成一帧，用场同步信号进行场同步，并使扫描回到屏幕左上方，同时进行场消隐，开始下一帧。

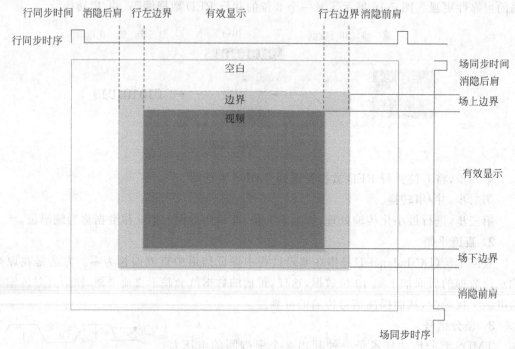

图 7-18　视频时序

完成一行扫描的时间称为水平扫描时间，其倒数称为行频率；完成一帧（整屏）扫描的时间称为垂直扫描时间，其倒数称为场频率，即刷新一屏的频率，常见的有 60Hz、75Hz 等，标准显示的场频为 60Hz。

时钟频率：以 1024×768@59.94Hz(60Hz) 为例，每场对应 806 个行周期，其中 768 为显示行。每显示行包括 1344 个像素，其中 1024 个为有效显示区。因此需要的扫描时钟频率为 806×1344×60，约 65MHz。

VGA 扫描的基本元素是行扫描，多行组成一帧，图 7-19 显示了一行的时序，其中视频区域是一行视频的有效像素，大部分分辨率的显示边界都是 0。空白区域是一行的同步时间，空白区域的时间加上视频区域的时间就是一行的总时间。空白区域又分为前肩、同步时间、后肩 3 段。

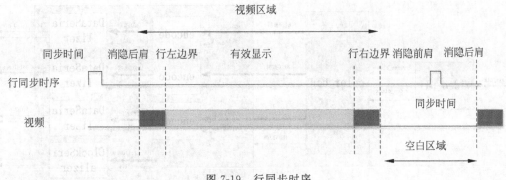

图 7-19 行同步时序

2．硬件电路图

如图 7-20 所示为开发板上 HDMI 的部分原理图。

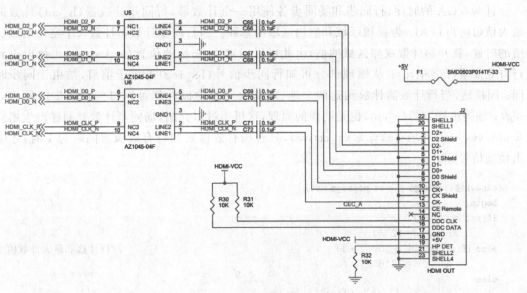

图 7-20 HDMI 输出部分电路

7.4.3 程序解读

本实验将实现 HDMI 输出显示，Verilog 实现编程驱动 HDMI 输出，在 HDMI 显示器里显示测试图像彩条。HDMI 输出显示模块分成 3 个模块实现，分别是时钟模块 video_pll、彩条生成模块 color_bar 和 VGA 转 DVI 模块 dvi_encoder。其实现的逻辑框图如图 7-21所示。

1．彩条产生模块 color_bar.v

color_bar.v 是产生 8 种颜色的 VGA 格式的彩条，彩条分别为白、黄、青、绿、紫、红、蓝

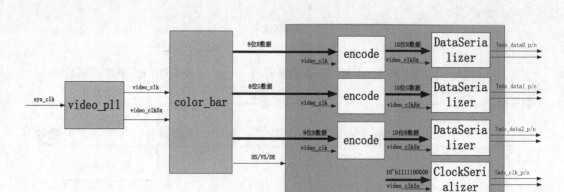

图 7-21　HDMI 输出实现逻辑框图

和黑。

针对 VGA 的时序，行同步和场同步各使用一个计数器，行同步计数器（h_cnt）计数的最大值（H_TOTAL）为视频区域和空白区域的总和。当行同步计数器计数大于空白区域的值的时候，就开始计数视频区域的值，由此可以确定 X 坐标的位置（active_x），也可以得到行有效像素（h_active）；从原理部分可知行同步信号（hs_reg）开始于前肩，结束于同步时间；同样地，当行计数器计数到这两个地方时，改变它的极性就可以得到行同步信号（hs_reg）；场同步计数器（v_cnt）也是同样的原理，这里不过多介绍，场同步计数器同样产生场同步信号（vs_reg）和场有效像素（v_active），只有场有效像素和行有效像素同时为 1 时，才输出使能信号（de）。

```verilog
always@(posedge clk or posedge rst)
begin
if(rst == 1'b1)
        h_cnt <= 12'd0;
else if(h_cnt == H_TOTAL - 1)                              //行计数器最大计数值
        h_cnt <= 12'd0;
else
        h_cnt <= h_cnt + 12'd1;
end

always@(posedge clk or posedge rst)
begin
if(rst == 1'b1)
        active_x <= 12'd0;
else if(h_cnt >= H_FP + H_SYNC + H_BP - 1)                 //行有效像素
        active_x <= h_cnt - (H_FP[11:0] + H_SYNC[11:0] + H_BP[11:0] - 12'd1);
else
        active_x <= active_x;
end

always@(posedge clk or posedge rst)
```

```verilog
begin
if(rst == 1'b1)
        v_cnt <= 12'd0;
else if(h_cnt == H_FP - 1)                                  //行同步时间
if(v_cnt == V_TOTAL - 1)                                     //场最大计数值
            v_cnt <= 12'd0;
else
            v_cnt <= v_cnt + 12'd1;
else
        v_cnt <= v_cnt;
end

always@(posedge clk or posedge rst)
begin
if(rst == 1'b1)
        hs_reg <= 1'b0;
else if(h_cnt == H_FP - 1)                                   //行同步开始
        hs_reg <= HS_POL;
else if(h_cnt == H_FP + H_SYNC - 1)                          //行同步借宿
        hs_reg <= ~hs_reg;
else
        hs_reg <= hs_reg;
end
always@(posedge clk or posedge rst)
begin
if(rst == 1'b1)
        h_active <= 1'b0;
else if(h_cnt == H_FP + H_SYNC + H_BP - 1)                   //行有效像素开始
        h_active <= 1'b1;
else if(h_cnt == H_TOTAL - 1)                                //行结束
        h_active <= 1'b0;
else
        h_active <= h_active;
end

always@(posedge clk or posedge rst)
begin
if(rst == 1'b1)
        vs_reg <= 1'd0;
else if((v_cnt == V_FP - 1)&&(h_cnt == H_FP - 1))            //场同步开始
        vs_reg <= HS_POL;
else if((v_cnt == V_FP + V_SYNC - 1)&&(h_cnt == H_FP - 1))   //场同步结束
        vs_reg <= ~vs_reg;
else
        vs_reg <= vs_reg;
end

always@(posedge clk or posedge rst)
begin
if(rst == 1'b1)
```

```
              v_active <= 1'd0;
     else if((v_cnt == V_FP + V_SYNC + V_BP -1)&&(h_cnt == H_FP -1))//场有效开始
              v_active <= 1'b1;
     else if((v_cnt == V_TOTAL -1)&&(h_cnt == H_FP -1))              //场结束
              v_active <= 1'b0;
     else
              v_active <= v_active;
     end
```

下面的程序中预设了几种分辨率的时序参数，包括 4.3 英寸和 7 英寸 LCD 液晶屏的，为后续的 LCD 验证试验做准备。

```
//1280×720 74.25MHz
`ifdef VIDEO_1280_720
parameter H_ACTIVE = 16'd1280;              //行有效像素
parameter H_FP = 16'd110;                   //行前肩像素
parameter H_SYNC = 16'd40;                  //行同步像素
parameter H_BP = 16'd220;                   //行后肩像素
parameter V_ACTIVE = 16'd720;               //场有效像素
parameter V_FP = 16'd5;                     //场前肩像素
parameter V_SYNC = 16'd5;                   //场同步像素
parameter V_BP = 16'd20;                    //场后肩像素
parameter HS_POL = 1'b1;                     //行同步极性1:正;0:负
parameter VS_POL = 1'b1;                     //场同步极性1:正;0:负
`endif

//480×272 9MHz
`ifdef VIDEO_480_272
parameter H_ACTIVE = 16'd480;
parameter H_FP = 16'd2;
parameter H_SYNC = 16'd41;
parameter H_BP = 16'd2;
parameter V_ACTIVE = 16'd272;
parameter V_FP = 16'd2;
parameter V_SYNC = 16'd10;
parameter V_BP = 16'd2;
parameter HS_POL = 1'b0;
parameter VS_POL = 1'b0;
`endif

//800×480 33MHz
`ifdef VIDEO_800_480
parameter H_ACTIVE = 16'd800;
parameter H_FP = 16'd40;
parameter H_SYNC = 16'd128;
parameter H_BP = 16'd88;
parameter V_ACTIVE = 16'd480;
parameter V_FP = 16'd1;
parameter V_SYNC = 16'd3;
parameter V_BP = 16'd21;
```

```
parameter HS_POL = 1'b0;
parameter VS_POL = 1'b0;
`endif

//1024×768 65MHz
`ifdef VIDEO_1024_768
parameter H_ACTIVE = 16'd1024;
parameter H_FP = 16'd24;
parameter H_SYNC = 16'd136;
parameter H_BP = 16'd160;
parameter V_ACTIVE = 16'd768;
parameter V_FP = 16'd3;
parameter V_SYNC = 16'd6;
parameter V_BP = 16'd29;
parameter HS_POL = 1'b0;
parameter VS_POL = 1'b0;
`endif

//1920×1080 148.5MHz
`ifdef VIDEO_1920_1080
parameter H_ACTIVE = 16'd1920;
parameter H_FP = 16'd88;
parameter H_SYNC = 16'd44;
parameter H_BP = 16'd148;
parameter V_ACTIVE = 16'd1080;
parameter V_FP = 16'd4;
parameter V_SYNC = 16'd5;
parameter V_BP = 16'd36;
parameter HS_POL = 1'b1;
parameter VS_POL = 1'b1;
`endif
```

如表 7-5 所示为 color_bar 模块的信号接口。

表 7-5　color_bar 模块信号接口

信 号 名 称	输入/输出	位　　宽	描　　　　述
clk	输入	1	时钟输入
rst	输入	1	复位输入，高有效
hs	输出	1	行同步信号
vs	输出	1	场同步信号
de	输出	1	视频数据有效信号
rgb_r	输出	8	R 数据
rgb_g	输出	8	G 数据
rgb_b	输出	8	B 数据

2. VGA 转 DVI 模块 dvi_encoder

dvi_encoder 模块中又包含两个模块 encode 和 serdes_4b_10to1，用来实现 RGB 格式的图像转换成 TMDS 差分输出，以驱动 HDMI 显示。

1) encode

红、绿、蓝的 8 位视频数据及时钟编码成 10 位的 TMDS 视频数据。TMDS 数据通道传送的是一个连续的 10 位 TMDS 字符流，在空闲期间，传送 4 个有显著特征的字符，它们直接对应编码器的 2 个控制信号的 4 个可能状态。在数据有效期间，10 位的字符包含 8 位的像素数据，编码的字符提供近似的直流平衡，并最少化数据流的跳变次数，对有效像素数据的编码处理可以认为分两个阶段：第一阶段是依据输入的 8 位像素数据产生跳变最少的 9 位代码字；第二阶段是产生一个 10 位的代码字，最终的 TMDS 字符将维持发送字符总体的直流平衡。编码器在第一阶段产生的 9 位代码字由"8 位＋1 位"组成，"8 位"反映输入的 8 位数据位的跳变，"1 位"表示用来描述跳变的两个方法（采用同或运算 XOR 和异或运算 XNOR）中哪一个被使用，无论使用哪种方法，输出的最低位都会与输入的最低位相匹配。使用 XOR 还是 XNOR 要看哪个方法使得编码结果包含最少的跳变，代码字的第 9 位用来表示输出的代码是使用 XOR 还是 XNOR，这 9 位代码字的解码方法很简单，就是相邻位的 XOR 或 XNOR 操作。在有效数据期间，编码器执行使传输的数据流维持近似的直流平衡处理，这是通过选择性地反转第一阶段产生的 9 位代码中的 8 位数据位来实现的，第 10 位被加到代码字上，表示是否进行了反转处理，编码器是基于跟踪发送流中 1 和 0 个数的不一致以及当前代码字 1 和 0 的数目来确定什么时候反转下一个 TMDS 字符。如果太多的 1 被发送，且输入包含的 1 多于 0，则代码字反转，这个发送端的动态编码决定在接收端是否可以很简单地解码，方法是以 TMDS 字符的第 10 位决定是否对输入代码进行反转。TMDS 视频数据编码算法过程如图 7-22 所示，各定义参数如表 7-6 所示。

表 7-6　参数定义

参　　数	说　　明
D，C0，C1，DE	编码器输入数据集。D 表示 8 位像素数据，C0 和 C1 表示通道的控制数据，DE 表示数据使能
CNT	寄存器，用来跟踪数据流的不一致，正值表示发送的 1 的个数超过的数目，负数表示发送的 0 的个数超过的数目。表达式 $cnt(t-1)$ 表示相对于输入数据前一个集的前一个不一致值。表达式 $cnt(t)$ 表示相对于输入数据当前集的新的不一致值
q_out	编码器产生 10 位数
N1{x}	这个操作符返回参数 x 中 1 的个数
N0{x}	这个操作符返回参数 x 中 0 的个数

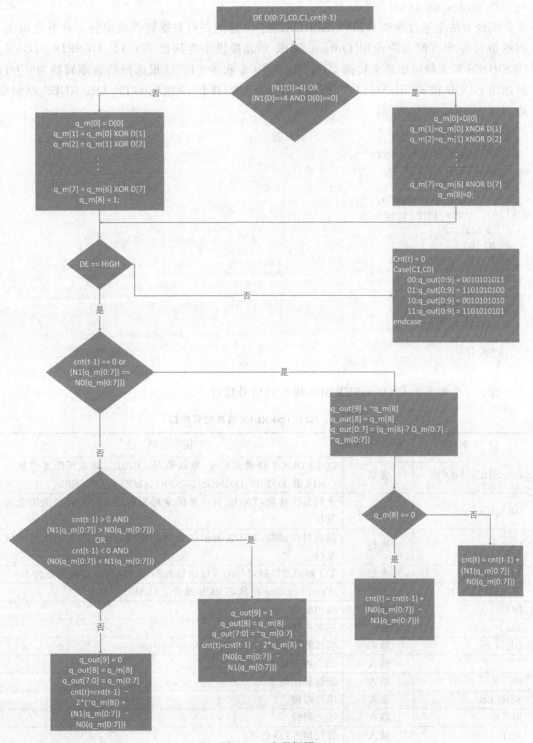

图 7-22 流程框图

2) serdes_4b_10to1

实现方法是通过原语 GTP_OSERDES 把 10 位的并行数据转换成串行形式发送出去。PDS 软件库为方便用户使用 Output DDR 单元提供了专用原语 GTP_DESRDES，GTP_DESRDES 可支持输出速率转换 2∶1、4∶1、7∶1 和 8∶1。这里选择的速率转换为 2∶1，即选用 ODDR 模式，用户可以在源代码（Verilog/VHDL）中例化 GTP_OSERDES 原型模块。以 Verilog 例化为例：

```
GTP_OSERDES #(
     .OSERDES_MODE ("ODDR" ),
   .WL_EXTEND ("FALSE "),
   .GRS_EN ("TRUE" ),
      .LRS_EN ("TRUE" ),
    .TSDDR_INIT (1'b0 )
) u_OSERDES(
  .DO (DO ),
  .TQ (TQ ),
  .DI (DI ),
  .TI (TI ),
  .RCLK (RCLK ),
  .SERCLK (SERCLK ),
  .OCLK (OCLK ),
  .RST (RST )
);
```

如表 7-7 所示为 GTP_OSERDES 模块的信号接口。

表 7-7　GTP_OSERDES 模块信号接口

信 号 名 称	输入/输出	说　　明
OSERDES_MODE	参数	OSERDES 工作模式配置，默认值是 ODDR ，其他可配置参数为 OMDDR、OSER4、OMSER4、OSER7、OSER8、OMSER8
GRS_EN	参数	全局复位使能，TRUE 表示使能全局复位，FALSE 表示关闭全局复位
LRS_EN	参数	局域复位使能，TRUE 表示使能局域复位，FALSE 表示关闭局域复位
TSDDR_INIT	参数	TQ 初始态控制，1'b0：TQ 初始态为 0，1'b1：TQ 初始态为 1
WL_EXTEND	参数	Write Leveling 扩展，TRUE 或者 FALSE
DO	输出	输出数据
TQ	输出	三态控制输出
DI[7∶0]	输入	输入数据
TI[3∶0]	输入	三态控制输入
OCLK	输入	数据输出时钟
SERCLK	输入	串行时钟
RCLK	输入	输入时钟
RST	输入	复位信号，高有效

GTP_OSERDES 通常与 GTP_OUTBUF、GTP_OUTBUFDS、GTP_OUTBUFCO，GTP_OUTBUFTCO、GTP_OUTBUFTDS 和 GTP_OUTBUFT 一起使用。如图 7-23 所示，以 GTP_OUTBUFTDS 为例，说明了 GTP_OSERDES 与之连接的关系。

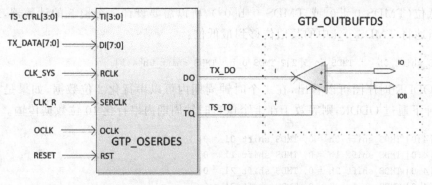

图 7-23　GTP_OSERDES 常用连接方法

在使用 GTP_OSERDES 时，分为有三态控制和没有三态控制两类模式。当没有三态控制时，GTP_OSERDES 是不开放 TI 和 TQ 的。

当 Output DDR 配置为 ODDR 模式时，其功能图可化简为如图 7-24 所示。

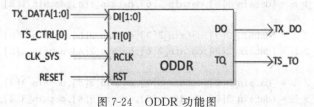

图 7-24　ODDR 功能图

ODDR 时序图如图 7-25 所示。

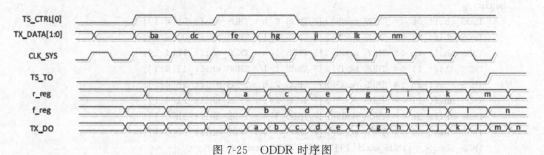

图 7-25　ODDR 时序图

要把这 10 位数据正确地发送出去，需要将数据分配好位置，在 ODDR 时序图中数据（ba）高位（b）是最后输出的，因为 ODDR 一次串行化 2 位数据，所以将 10 位数据分成两部分（输入 ODDR 的高位和低位）：

```
wire[4:0] TMDS_0_l = {datain_0[9],datain_0[7],datain_0[5],datain_0[3],datain_0[1]};
```

```
wire[4:0] TMDS_0_h = [datain_0[8],datain_0[6],datain_0[4],datain_0[2],datain_0[0]};
```

在 ODDR 模式输出时，将 TMDS_0_l 置于最高位，TMDS_0_h 置于最低位，可以实现 10 位数据输出的顺序正确，但是，我们在 ODDR 模式中，只是读取 TMDS_0_l 或 TMDS_0_h 的最低位（TMDS_0_l[0]或 TMDS_0_h[0]），所以需要设计一个模 5 的计数器，通过循环 5 次不断地将 TMDS_0_l 中的其他位移到最低位：

```
TMDS_shift_0h <= TMDS_mod5[2]? TMDS_0_h : TMDS_shift_0h[4:1];
```

从 ODDR 时序图可以看出，在 1 个时钟周期内可以串行化 2 位数据，如果是在 5 倍的像素时钟下通过 ODDR，则等效于在 1 个像素时钟周期内串行化 10 位数据传输。

```
reg[4:0] TMDS_shift_0h = 0, TMDS_shift_0l = 0;
reg[4:0] TMDS_shift_1h = 0, TMDS_shift_1l = 0;
reg[4:0] TMDS_shift_2h = 0, TMDS_shift_2l = 0;
reg[4:0] TMDS_shift_3h = 0, TMDS_shift_3l = 0;

wire[4:0] TMDS_0_l = {datain_0[9],datain_0[7],datain_0[5],datain_0[3],datain_0[1]};
wire[4:0] TMDS_0_h = {datain_0[8],datain_0[6],datain_0[4],datain_0[2],datain_0[0]};

wire[4:0] TMDS_1_l = {datain_1[9],datain_1[7],datain_1[5],datain_1[3],datain_1[1]};
wire[4:0] TMDS_1_h = {datain_1[8],datain_1[6],datain_1[4],datain_1[2],datain_1[0]};

wire[4:0] TMDS_2_l = {datain_2[9],datain_2[7],datain_2[5],datain_2[3],datain_3[1]};
wire[4:0] TMDS_2_h = {datain_2[8],datain_2[6],datain_2[4],datain_2[2],datain_3[0]};

wire[4:0] TMDS_3_l = {datain_3[9],datain_3[7],datain_3[5],datain_3[3],datain_2[1]};
wire[4:0] TMDS_3_h = {datain_3[8],datain_3[6],datain_3[4],datain_3[2],datain_2[0]};


always@(posedge clkx5)
begin
    TMDS_shift_0h <= TMDS_mod5[2]? TMDS_0_h : TMDS_shift_0h[4:1];
    TMDS_shift_0l <= TMDS_mod5[2]? TMDS_0_l : TMDS_shift_0l[4:1];
    TMDS_shift_1h <= TMDS_mod5[2]? TMDS_1_h : TMDS_shift_1h[4:1];
    TMDS_shift_1l <= TMDS_mod5[2]? TMDS_1_l : TMDS_shift_1l[4:1];
    TMDS_shift_2h <= TMDS_mod5[2]? TMDS_2_h : TMDS_shift_2h[4:1];
    TMDS_shift_2l <= TMDS_mod5[2]? TMDS_2_l : TMDS_shift_2l[4:1];
    TMDS_shift_3h <= TMDS_mod5[2]? TMDS_3_h : TMDS_shift_3h[4:1];
    TMDS_shift_3l <= TMDS_mod5[2]? TMDS_3_l : TMDS_shift_3l[4:1];
    TMDS_mod5 <= (TMDS_mod5[2])?3'd0: TMDS_mod5 + 3'd1;
end
GTP_OSERDES #(
.OSERDES_MODE("ODDR"),                       //"ODDR","OSER4","OSER7","OSER8"
.WL_EXTEND   ("FALSE"),                      //"TRUE"; "FALSE"
.GRS_EN      ("TRUE"),                       //"TRUE"; "FALSE"
.LRS_EN      ("TRUE"),                       //"TRUE"; "FALSE"
.TSDDR_INIT (1'b0)//1'b0;1'b1
```

```
) gtp_ogddr0(
.DO   (stxd_rgm_p[3]),
.TQ   (padt3_p),
.DI   ({6'd0,TMDS_shift_3l[0],TMDS_shift_3h[0]}),
.TI   (4'd0),
.RCLK (clkx5),
.SERCLK(clkx5),
.OCLK (1'd0),
.RST  (1'b0)
);
GTP_OUTBUFT gtp_outbuft0
(

.I(stxd_rgm_p[3]),
.T(padt3_p),
.O(dataout_3_p)
);
```

如表 7-8 所示为 VGA 转 DVI 模块的信号接口。

表 7-8　VGA 转 DVI 模块信号接口

信 号 名 称	输入/输出	位　　宽	描　　述
pixelclk	输入	1	像素时钟
pixelclk5x	输入	1	像素时钟的 5 倍
rstin	输入	1	复位,高有效
Blue_din	输入	8	B 数据
green_din	输入	8	G 数据
red_din	输入	8	R 数据
hsync	输入	1	行同步信号
vsync	输入	1	场同步信号
de	输入	1	视频数据有效信号
tmds_clk_p	输出	1	tmds 时钟输出 p 端
tmds_clk_n	输出	1	tmds 时钟输出 n 端
tmds_data_p	输出	3	tmds 数据输出 p 端
tmds_data_n	输出	3	tmds 数据输出 n 端

7.5　DDR3 存储程序设计

视频讲解

7.5.1　简介

本实验为后续使用 DDR3 内存的实验做铺垫,通过循环读写 DDR3 内存,了解其工作原理和 DDR3 控制器的写法。由于 DDR3 控制复杂,控制器的编写难度高,这里介绍采用第三方的 DDR3 IP 控制器情况下的应用,是后续数码相框、摄像头采集显示等需要用到 DDR3 实验的基础。

7.5.2 实验原理

1. DDR 存储原理

DDR SDRAM(Double Data Rate SDRAM,双倍数据流 SDRAM)。DDR3 的内部是一个存储阵列,将数据"填"进去,你可以将它想象成一张表格,如表 7-9 所示。和表格的检索原理一样,先指定一行(Row),再指定一列(Column),就可以准确地找到所需要的单元格,这就是内存芯片寻址的基本原理。对于内存,这个单元格可称为存储单元,那么这个表格(存储阵列)就是逻辑 Bank(Logical Bank)。

表 7-9　DDR3 内部 Bank 示意表

逻辑 Bank1	列地址(C)							
	1	2	3	4	5	6	7	8
行地址(R)　　1								
2								
3								
4								
5								
6								
7								
8								

如果寻址命令是 B1、R4、C4,就能确定地址是图中深色格子的位置,目前 DDR3 内存芯片基本上都是 8 个 Bank 设计,也就是说,一共有 8 个这样的"表格"。寻址的流程也就是先指定 Bank 地址,再指定行地址,然后指定列地址。

如 AXP50 开发板上搭载着两片 DDR3 SCB13H4G160AF,其参数如表 7-10 所示,它的行地址宽度为 15,列地址宽度为 10,块地址宽度为 3。

表 7-10　DDR3 参数

配　　置	256Mb x16
Bank 数量	8
Bank 地址	8(BA[2:0])
行地址	64K(A[15:0])
列地址	1K(A[9:0])
页大小	1KB

2. DDR 芯片引脚

下面以 AXP50 开发板上的 DDR 芯片 SCB13H4Gxx0AF 为例进行介绍。如表 7-11 所示为 DDR 的芯片引脚。

表 7-11　DDR 芯片引脚

信　　号	类　　型	功　　能
CK，$\overline{CK}$	输入	时钟：CK 和 $\overline{CK}$ 是差分时钟输入。所有的地址和控制输入信号都在 CK 的正边和 $\overline{CK}$ 的负边的交叉点进行采样
CKE	输入	时钟启用：CKE 高激活，而 CKE 低停用内部时钟信号和设备输入缓冲区和输出驱动程序。使用 CKE 低功能提供预充电断电和自刷新操作（所有 Bank 空闲）或主动断电（任何 Bank 中行处于活动状态）。CKE 是异步方式进行自刷新退出。在 VREFCA 和 VREFDQ 在通电和初始化顺序过程中保持稳定后，必须在所有操作（包括自刷新）期间进行维护。CKE 在整个读写访问过程中必须保持较高值。在关闭电源期间，将禁用输入缓冲区，不包括 CK、$\overline{CK}$、ODT、CKE 和 RESET。在自刷新期间禁用排除 CKE 和 RESET 的输入缓冲区
$\overline{CS}$	输入	芯片选择：当 $\overline{CS}$ 为高时，所有命令都被屏蔽。$\overline{CS}$ 在具有多个排名的系统上提供外部排名选择。$\overline{CS}$ 被认为是命令代码的一部分
$\overline{RAS}$，$\overline{CAS}$，$\overline{WE}$	输入	命令输入：$\overline{RAS}$、$\overline{CAS}$ 和 $\overline{WE}$（以及 $\overline{CS}$）定义要输入的命令
ODT	输入	终端使能：ODT（高）启用 DDR3Lsdram 内部的终端电阻。启用时，ODT 仅应用于 ×8 配置的每个 DQ、DQS、$\overline{DQS}$ 和 DM 信号。如果模式寄存器 MR1 被编程为禁用 ODT 和自刷新期间，则 ODT 信号将被忽略
DM	输入	输入数据掩码：DM 是一个用来写入数据的输入掩码信号。在写入访问期间采样输入数据时，输入数据被屏蔽。DM 在 DQS 的两边进行采样
BA0～BA2	输入	块地址输入：定义 ACIVATE\READ、WRITE 或 PRECHARGE 命令是对哪一个 blank 操作的。块地址还确定在模式寄存器设置周期中要访问哪个模式寄存器
A0～A15	输入	地址输入：提供 Active 命令的行地址和读/写命令的列地址，以便从相应组的内存阵列中选择一个位置。（A10│AP 和 A12│$\overline{BC}$ 具有附加功能，请参见下两行）地址输入还在模式寄存器设置命令期间提供操作代码
A10│AP	输入	自动预充电：A10│AP 在读写命令期间采样，以确定在读写操作后是否应对访问块，执行自动预充电
A12│$\overline{BC}$	输入	Burst Chop：读取和写入命令时 A12│$\overline{BC}$ 被采样，以确定是否将执行突发切割（动态）
DQ	输入/输出	数据输入/输出：双向数据总线
DQS，$\overline{DQS}$	输入/输出	数据选通：读取数据输出，写入数据输入。边缘与读取数据对齐，以写入数据为中心。数据选通 DQS 与 $\overline{DQS}$ 是一对差分信号，以便在读写过程中向系统提供差分对信号
$\overline{RESET}$		异步复位，低有效

3. DDR 相关知识

如图 7-26 所示为 DDR 时序图。

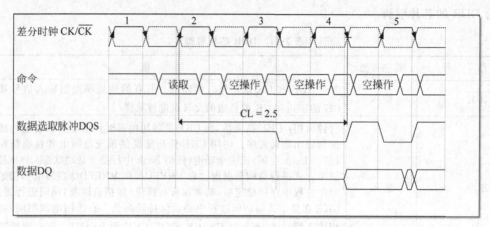

图 7-26　DDR 时序图

1) 差分时钟

差分时钟是 DDR 的一个必要设计，但 $\overline{CK}$ 的作用，并不能理解为第二个触发时钟，而是起到触发时钟校准的作用。如图 7-27 所示，由于数据是在 CK 的上下沿触发，造成传输周期缩短了一半，因此必须要保证传输周期的稳定以确保数据的正确传输，这就要求 CK 的上下沿间距要有精确的控制。但因为温度、电阻性能的改变等原因，CK 上下沿间距可能发生变化，此时与其反相的 $\overline{CK}$ 就起到纠正的作用（CK 上升快下降慢，$\overline{CK}$ 则是上升慢下降快）。而由于上下沿触发的原因，也使 CL=1.5 和 CL=2.5 成为可能，并容易实现。与 CK 反相的 $\overline{CK}$ 保证了触发时机的准确性。

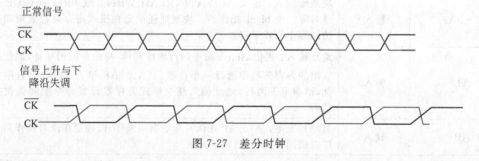

图 7-27　差分时钟

2) 数据选取脉冲(DQS)

DQS：它是双向信号。读内存时，由内存产生，DQS 的沿和数据的沿对齐；写入内存时，由外部产生，DQS 的中间对应数据的沿，即此时 DQS 的沿对应数据最稳定的中间时刻。

DQS 是 DDR SDRAM 中的重要功能，它的功能主要用来在一个时钟周期内准确地区分出每个传输周期，以便于接收方准确地接收数据。每颗芯片都有一个 DQS 信号线，它是双向的,在写入时它用来传送由北桥发来的 DQS 信号;读取时,则由芯片生成 DQS 向北桥发送。完全可以说,它就是数据的同步信号。

如图 7-28 所示,在读取时,DQS 与数据信号同时生成(也是在 CK 与 $\overline{\text{CK}}$ 的交叉点)。而 DDR 内存中的 CL 也就是从 CAS 发出到 DQS 生成的间隔,数据真正出现在数据 I/O 总线上相对于 DQS 触发的时间间隔被称为 tAC。注意,这与 SDRAM 中的 tAC 的不同。实际上,DQS 生成时,芯片内部的预取已经完毕了,由于预取的原因,实际的数据传出可能会提前于 DQS 发生(数据提前于 DQS 传出)。由于是并行传输,DDR 内存对 tAC 也有一定的要求,对于 DDR 266 tAC 的允许范围是±0.75ns,对于 DDR 333,则是±0.7ns。

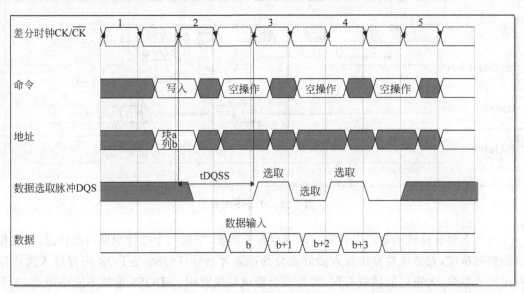

图 7-28　DQS 时序

如前所述,DQS 是为了保证接收方的选择数据,DQS 在读取时与数据同步传输,那么接收时也是以 DQS 的上下沿为准吗? 不,如果以 DQS 的上下沿区分数据周期很危险。由于芯片有预取的操作,所以输出时的同步很难控制,只能限制在一定的时间范围内,数据在各 I/O 端口的出现时间可能有快有慢,会与 DQS 有一定的间隔,这也就是为什么要有一个 tAC 规定的原因。而在接收方,一切必须保证同步接收,不能有 tAC 之类的偏差。这样在写入时,芯片不再自己生成 DQS,而以发送方传来的 DQS 为基准,并相应延后一定的时间,在 DQS 的中部为数据周期的选取分割点(在读取时分割点就是上下沿),从这里分隔开两个传输周期。这样做的好处是,由于各数据信号都会有一个逻辑电平保持周期,即使发送时不同步,在 DQS 上下沿时都处于保持周期中,此时数据接收触发的准确性无疑是最高的。在写入时,以 DQS 的高/低电平期中部为数据周期分割点,而不是上/下沿,但数据的接收触发仍为 DQS 的上/下沿。

　　3）写入延迟

　　在图 7-28 中，可以发现写入延迟已经不是 0 了，在发出写入命令后，DQS 与写入数据要等一段时间才会送达。这个周期被称为 DQS 相对于写入命令的延迟时间(tDQSS)，如图 7-29 所示。

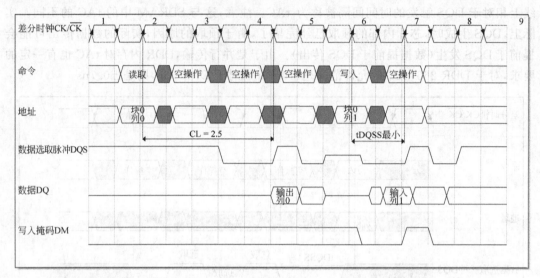

图 7-29　tDQSS 时序

　　为什么要有这样的延迟设计呢？原因也在于同步，毕竟一个时钟周期两次传送，需要很高的控制精度，它必须要等接收方做好充分的准备才行。tDQSS 是 DDR 内存写入操作的一个重要参数，太短可能接收有误，太长则会造成总线空闲。tDQSS 最短不能小于 0.75 个时钟周期，最长不能超过 1.25 个时钟周期。有人可能会说，如果这样，DQS 不就与芯片内的时钟不同步了吗？对，正常情况下，tDQSS 是一个时钟周期，但写入时接收方的时钟只用来控制命令信号的同步，而数据的接收则完全依靠 DQS 进行同步，所以 DQS 与时钟不同步也无所谓。不过，tDQSS 产生了一个不利影响——读后写操作延迟的增加，如果 CL＝2.5，还要在 tDQSS 基础上加入半个时钟周期，因为命令都要在 CK 的上升沿发出。

　　DDR 内存的数据真正写入由于要经过更多步骤的处理，所以写回时间(tWR)也明显延长，一般在 3 个时钟周期左右，而在 DDR-Ⅱ 规范中更是将 tWR 列为模式寄存器的一项，可见它的重要性。

　　误区：DDR SDRAM 各种延迟与潜伏期的单位时间减半。

　　有些观点认为，DDR 是数据输出速率加倍，那么与之相关的延迟与潜伏期的单位时间也减半，比如 DDR-226 内存，tRCD、CL、tRP 的单位周期为 3.73ns，比 PC133 内存少了一半。这是严重的概念性错误，tRCD、CL、tRP 是以时钟信号来界定的，不能用传输周期表示，否则 CL＝2.5 的参考基准是什么？对于 DDR-266，时钟频率是 133MHz，时钟周期仍是 7.5，和 PC133 的标准一样。

4）突发长度与写入掩码

在 DDR SDRAM 中，突发长度只有 2、4、8 三种选择，没有了随机存取的操作（突发长度为 1）和全页式突发。这是为什么呢？因为 L-Bank 一次就存取两倍于芯片位宽的数据，所以芯片至少要进行两次传输才可以，否则内部多出来的数据无法处理。而全页式突发事实证明在 PC 内存中是很难用得上的，所以被取消也不奇怪。

但是，突发长度的定义也与 SDRAM 的不一样了，它不再指连续寻址的存储单元数量，而是指连续的传输周期数，每次是一个芯片位宽的数据。对于突发写入，如果其中有不想存入的数据，那么仍可以运用 DM 信号进行屏蔽。DM 信号和数据信号同时发出，接收方在 DQS 的上升与下降沿来判断 DM 的状态，如果 DM 为高电平，那么之前从 DQS 中部选取的数据就被屏蔽了。有人可能会觉得，DM 是输入信号，意味着芯片不能发出 DM 信号给北桥作为屏蔽读取数据的参考。其实，该读哪个数据也是由北桥芯片决定的，所以芯片无须参与北桥的工作。

5）延迟锁定回路

DDR SDRAM 对时钟的精确性有着很高的要求。DDR SDRAM 有两个时钟：一个是外部的总线时钟，一个是内部的工作时钟。从理论上说，DDR SDRAM 的这两个时钟应该是同步的，但由于种种原因，如温度、电压波动而产生的延迟使两者很难同步，更何况时钟频率本身也有不稳定的情况（SDRAM 也是内部时钟，不过因为它的工作/传输频率较低，所以内外同步问题并不突出）。DDR SDRAM 的 tAC 就是因为内部时钟与外部时钟有偏差而引起的，并且它很可能造成因数据不同步而产生错误的后果。实际上，不同步就是一种正/负延迟，如果延迟不可避免，那么可以设定一个延迟值，如一个时钟周期，这样内外时钟的上升与下降沿还是同步的。鉴于外部时钟周期不会绝对统一，所以需要根据外部时钟动态修正内部时钟的延迟来实现与外部时钟的同步，这就是 DLL 的任务。

DLL 不同于主板上的 PLL，它不涉及频率与电压转换，而是生成一个延迟量给内部时钟。目前 DLL 有两种实现方法：一个是时钟频率测量法（Clock Frequency Measurement，CFM），一个是时钟比较法（Clock Comparator，CC）。

如图 7-30 所示，CFM 是测量外部时钟的频率周期，然后以此周期为延迟值控制内部时钟，这样内外时钟正好就相差了一个时钟周期，从而实现同步。DLL 反复测量并控制延迟值，使内部时钟与外部时钟保持同步。

如图 7-31 所示，CC 是比较内外部时钟的长短。如果内部时钟周期短了，就将所少的延迟加到下一个内部时钟周期里，然后再与外部时钟做比较；若内部时钟周期长了，就将多出的延迟从下一个内部时钟中去除。如此往复，最终使内外时钟同步。

CFM 与 CC 各有优缺点，CFM 的校正速度快，仅用两个时钟周期，但容易受到噪声干扰，并且如果测量失误，则内部的延迟就永远错下去了。CC 的优点是更稳定可靠，如果比较失败，延迟受影响的只是一个数据（而且不会太严重），不会影响后面的延迟修正，但它的修正时间要比 CFM 长。DLL 功能在 DDR SDRAM 中可以被禁止，但仅限于除错与评估操作，正常工作状态是自动有效的。

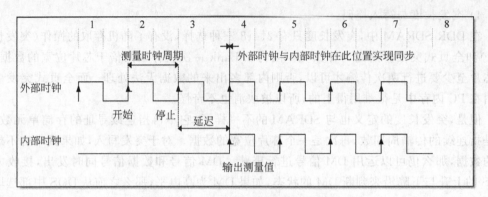

图 7-30　CFM 式 DLL 工作示意图

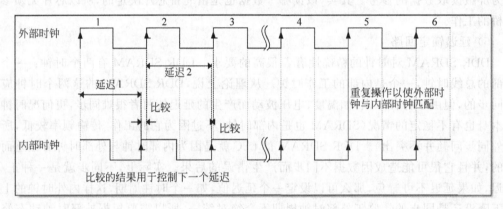

图 7-31　CC 式 DLL 工作示意图

7.5.3　程序解读

DDR 读写测试主要由 4 个模块组成，这 4 个模块为 test_main_ctrl、test_rd_ctrl、test_wr_ctrl、prbs31_128bit 和 IP(ips_ddr_top)。DDR 系统框图如图 7-32 所示。

系统上电或者硬复位启动后，DDR IP 开始执行初始化，待初始化完成（ddr_init_done 拉起），test_main_ctrl 模块控制 test_wr_ctrl 模块产生写指令和写数据对 DDR 颗粒的数据初始化，写满 DDR 颗粒后，test_main_ctrl 开始进行随机读写，test_rd_ctrl 对回读的数据进行检验，判断数据是否出错。

ips_ddr_top 模块为 DDR3 硬核控制器模块，是紫光同创 FPGA 产品中用于实现对 SDRAM 读写而设计的，其 IP 信号接口大致可以分为 4 种：全局信号、memory 接口、APB 接口和精简 AXI4 接口。其接口如表 7-12～表 7-15 所示，其中参数如下：

ROW_ADDR_WIDTH——行地址宽度。

COL_ADDR_WIDTH——列地址宽度。

BANK_ADDR_WIDTH——块地址宽度。

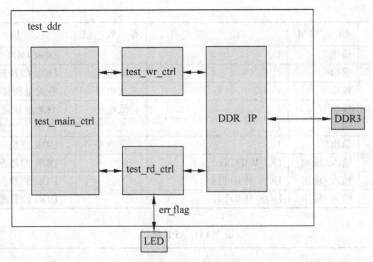

图 7-32　DDR 系统框图

DQ_WIDTH——数据宽度。

DM_WIDTH=DQ_WIDTH/8——数据掩码。

DQS_WIDTH=DQ_WIDTH/8——数据随路时钟。

CTRL_ADDR_WIDTH=ROW_ADDR_WIDTH+BADDR_WIDTH+COL_ADDR_
WIDTH——控制地址宽度。

表 7-12　全局信号

信号名称	输入/输出	位　宽	有　效　值	描　述
ref_clk	输入	1	—	外部参考时钟输入
resetn	输入	1	低电平	外部复位输入
core_clk	输出	1	—	IP 的工作时钟
pll_lock	输出	1	高电平	IP 的初始化完成标志： 1'b1 表示 DDR IP 初始化已完成； 1'b0 表示 DDR IP 初始化未完成,外部对 DDR IP 的操作无效

表 7-13　memory 接口

信号名称	输入/输出	位　宽	有　效　值	描　述
mem_a	输出	ROW_ADDR_WIDTH	—	DDR 行列地址总线
mem_ba	输出	BANK_ADDR_WIDTH	—	DDR 块地址
mem_ck	输出	1	—	DDR 输入系统时钟
mem_ck_n	输出	1	—	DDR 输入系统时钟
mem_cke	输出	1	高电平	DDR 输入系统时钟有效
mem_dm	输出	DM_WIDTH	高电平	DDR 输入数据掩码

续表

信号名称	输入/输出	位　宽	有效值	描　述
mem_odt	输出	1	—	DDR ODT
mem_cs_n	输出	1	低电平	DDR 的片选
mem_ras_n	输出	1	低电平	行地址使能
mem_cas_n	输出	1	低电平	列地址使能
mem_we_n	输出	1	低电平	DDR 写使能信号
mem_reset_n	输出	1	低电平	DDR 复位
mem_dq	输入/输出	DQ_WIDTH	—	DDR 的数据
mem_dqs	输入/输出	DQS_WIDTH	—	DDR 的数据随路时钟
mem_dqs_n	输入/输出	DQS_WIDTH	—	DDR 的数据随路时钟

表 7-14　APB 接口

信号名称	输入/输出	位　宽	有效值	描　述
apb_clk	输入	1	高电平	APB 时钟
apb_rst_n	输入	1	低电平	APB 复位
apb_sel	输入	1	高电平	APB 选择
apb_enable	输入	1	高电平	APB 端口使能
apb_addr	输入	8	—	APB 地址总线
apb_write	输入	1	高电平	APB 读写方向,高电平写,低电平读
apb_ready	输出	1	高电平	APB 准备
apb_wdata	输入	16	—	APB 写数据
apb_rdata	输出	16	—	APB 读数据

表 7-15　精简 AXI4 接口

信号名称	输入/输出	位　宽	有效值	描　述
axi_awaddr	输入	CTRL_ADDR_WIDTH	—	AXI 写地址
axi_awuser_ap	输入	1	高电平	AXI 读并自动预充电
axi_awuser_id	输入	4	—	AXI 写地址 ID(用于区分该地址属于哪个写地址组)
axi_awlen	输入	4	—	AXI 写突发长度
axi_awready	输出	1	高电平	AXI 读地址准备
axi_awvalid	输入	1	高电平	AXI 读地址有效
axi_wdata	输入	DQ_WIDTH * 8	—	AXI 写数据
axi_wstrb	输入	DQ_WIDTH * 8/8	高电平	数据段有效(标记写数据中哪几个 8 位字段有效)
axi_wready	输出	1	高电平	AXI 写数据准备
axi_wusero_id	输出	4	—	AXI 写数据 ID

续表

信 号 名 称	输入/输出	位　　宽	有　效　值	描　　述
axi_wusero_last	输出	1	高电平	AXI 写数据 last 信号（有效时表示当前为突发传输最后一个数据）
axi_araddr	输入	CTRL_ADDR_WIDTH	—	AXI 读地址
axi_aruser_ap	输入	1	高电平	AXI 读并自动预充电
axi_aruser_id	输入	4	—	AXI 读地址 ID
axi_arlen	输入	4	—	AXI 读突发长度
axi_arready	输出	1	高电平	AXI 读地址准备
axi_arvalid	输入	1	高电平	AXI 读地址有效
axi_rdata	输出	DQ_WIDTH * 8	—	AXI 读数据
axi_rid	输出	4	—	AXI 读数据 ID
axi_rlast	输出	1	高电平	AXI 读数据最后信号
axi_rvalid	输出	1	高电平	AXI 读数据有效

下面介绍控制模块。因为 test_main_ctrl 模块控制着 test_wr_ctrl 模块和 test_rd_ctrl 模块，它们之间的关系很复杂，信号交错，建议结合源码理解。prbs31_128bit 模块：PRBS（Pseudo-Random Binary Sequence，伪随机码），常用于高速串行通道的测试。这里主要产生 axi_awuser_id、axi_awaddr、axi_awlen 及 axi_awuser_ap 的值。

test_main_ctrl 模块负责将用户指令和模式转化为内部控制信号，控制 test_wr_ctrl 模块和 test_rd_ctrl 模块的运行状态。如表 7-16 所示为 test_main_ctrl 模块信号端口。

表 7-16　test_main_ctrl 模块信号端口

信 号 名 称	输入/输出	位　　宽	描　　述
clk	输入	1	DDR 时钟，100MHz
rst_n	输入	1	复位，低有效
ddrc_init_done	输入	1	DDR IP 初始化完成
init_start	输出	1	DDR 开始写数据
init_done	输入	1	DDR 写满
write_en	输出	1	写使能，控制 test_wr_ctrl 模块
write_done_p	输入	1	写完成，test_wr_ctrl 模块反馈信号
read_en	输出	1	读使能，控制 test_rd_ctrl 模块
read_done_p	输入	1	读完成，test_rd_ctrl 模块反馈信号
random_rw_addr	输出	CTRL_ADDR_WIDTH	PRBS 产生 AXI 地址
random_axi_id	输出	4	PRBS 产生 AXI 地址 ID
random_axi_len	输出	4	PRBS 产生 AXI 突发长度
random_axi_ap	输出	4	置零

test_wr_ctrl 模块根据 test_main_ctrl 发出的控制信号，将由 PRBS 产生的数据、地址

按照 AXI4 时序发送到总线上。test_wr_ctrl 模块写数据分为两个部分：init_start 为高时，数据不断地写入 DDR，axi_awuser_id、axi_awaddr、axi_awlen、axi_awuser_ap 的值由用户设置，直到 DDR 颗粒写满，输出 init_done 信号为高，test_main_ctrl 模块接收到 init_done 有效信号，拉低 init_start 信号，进入第二部分写操作，axi_awuser_id、axi_awaddr、axi_awlen 及 axi_awuser_ap 的值由 test_main_ctrl 模块中 PRBS 伪随机数产生并写入数据。

下面的程序实现了写地址通道和写数据通道的功能：

```verilog
always@(posedge clk or negedge rst_n)
begin
if(!rst_n)begin
        axi_awaddr     <= 'b0;
        axi_awuser_ap <= 'b0;
        axi_awuser_id <= 4'b0;
        axi_awlen      <= 4'b0;
        axi_awvalid    <= 1'b0;
        state          <= E_IDLE;
        write_done_p   <= 1'b0;
end
else begin
if(init_start)begin
        axi_awlen <= 4'd0;
        axi_awuser_ap <= 'b0;
if(axi_awaddr <(AXI_ADDR_MAX - 8'd128))begin
        axi_awvalid <= 1;
if(axi_awvalid&axi_awready)begin
        axi_awaddr <= axi_awaddr + 8'd128;
        axi_awuser_id <= axi_awuser_id + 1;
end
end
else if(axi_awaddr == (AXI_ADDR_MAX - 8'd128))begin
if(axi_awvalid&axi_awready)
        axi_awvalid <= 0;
end
else
        axi_awvalid <= 0;
end
else begin
if((state == E_IDLE)&& write_en && write_finished)begin
        axi_awuser_id <= random_axi_id;
        axi_awaddr    <= random_rw_addr;
        axi_awlen     <= random_axi_len;
        axi_awuser_ap <= random_axi_ap;
end
case(state)
        E_IDLE:begin
```

```verilog
            if(write_en && write_finished)
                    state <= E_WR;
        end
            E_WR:begin
                    axi_awvalid <= 1'b1;
        if(axi_awvalid&axi_awready)begin
                    state <= E_END;
                    write_done_p <= 1'b1;
                    axi_awvalid <= 1'b0;
        end
        end
            E_END:begin
                    axi_awvalid <= 1'b0;
                    write_done_p <= 1'b0;
        if(write_finished)
                    state <= E_IDLE;
        end
        default:begin
                    state <= E_IDLE;
        end
        endcase
        end
        end
        end


always@(posedge clk or negedge rst_n)
begin
if(!rst_n)begin
    axi_wdata <= 'h0;
    init_addr <= 'd0;
    normal_wr_addr <= 'd0;
    init_done <= 0;
end
else begin
if(init_start)begin
if(init_addr < AXI_ADDR_MAX)begin
        axi_wdata <= {{DQ_NUM{wr_data_7}},{DQ_NUM{wr_data_6}},{DQ_NUM{wr_data_5}},{DQ_NUM
{wr_data_4}},{DQ_NUM{wr_data_3}},{DQ_NUM{wr_data_2}},{DQ_NUM{wr_data_1}},{DQ_NUM{wr_data_
0}}};
if(axi_wready_d[0])begin
        init_addr <= init_addr + 8;
end
end
else begin
        axi_wdata <= 'h0;
        init_done <= 1;
end
```

```verilog
        end
    else begin
    if(state == E_WR)begin
            normal_wr_addr <= axi_awaddr;
            axi_wdata <= 'h0;
    end
    else if(state == E_END)begin
            axi_wdata <= {{DQ_NUM{wr_data_7}},{DQ_NUM{wr_data_6}},{DQ_NUM{wr_data_5}},{DQ_NUM
{wr_data_4}},{DQ_NUM{wr_data_3}},{DQ_NUM{wr_data_2}},{DQ_NUM{wr_data_1}},{DQ_NUM{wr_data_
0}}};
    if(axi_wready_d[0])begin
            normal_wr_addr <= normal_wr_addr + 8;
    end
    end
    else
            axi_wdata <= 'h0;
    end
    end
    end
assign wr_data_addr = (init_start == 1)? init_addr[7:0]: normal_wr_addr[7:0];
```

突发长度由 axi_awlen 控制，当 axi_awlen 不为 0 时，该值即为包长，当 axi_awlen 等于 0 时，突发长度为 16。一次握手完成的条件是 axi_awready 与 axi_awvalid 同时有效。write_finished 为一次突发写完。

```verilog
always@(posedge clk or negedge rst_n)
    if(!rst_n)begin
        req_wr_cnt    <= 16'd0;
        execute_wr_cnt <= 16'd0;
    end
    else if(!init_start)
    begin
    if(axi_awvalid & axi_awready)begin
    if(axi_awlen == 4'd0)
        req_wr_cnt <= req_wr_cnt + 16;
    else
        req_wr_cnt <= req_wr_cnt + axi_awlen;
    end
    if(axi_wready_d[1])begin
        execute_wr_cnt <= execute_wr_cnt + 1;
    end
    end
    else begin
        req_wr_cnt    <= 16'd0;
        execute_wr_cnt <= 16'd0;
    end
```

assign write_finished = (req_wr_cnt == execute_wr_cnt);

如表 7-17 所示为 test_wr_ctrl 模块信号接口。

表 7-17 test_wr_ctrl 模块信号接口

信号名称	输入/输出	位 宽	描 述
clk	输入	1	DDR 时钟 100MHz
rst_n	输入	1	复位,低有效
wite_en	输入	1	读使能,由 test_main_ctrl 模块控制
wite_done_p	输入	1	写完成,反馈给 test_main_ctrl 模块
iit_start	输入	1	DDR 开始写
iit_done	输出	1	DDR 写满
data_pattern_01	输入	1	数据模式使能
rdom_data_en	输入	1	PRBS 随机数使能
axi_awaddr	输出	CTRL_ADDR_WIDTH	AXI 写地址
axi_awuser_ap	输出	1	AXI 写并自动 precharge
axi_awuser_id	输出	4	AXI 写地址 ID
axi_awlen	输出	4	AXI 写突发长度
axi_awready	输入	1	AXI 写地址 ready
axi_awvalid	输出	1	AXI 写地址 valid
axi_wdata	输入	MEM_DQ_WIDTH * 8	AXI 写数据
axi_watrb	输入	MEM_DQ_WIDTH * 8/8	AXI 写数据选通
axi_wready	输入	1	AXI 写数据 ready
axi_wusero_last	输入	1	AXI 写数据 last 信号
axi_wusero_id	输入	4	AXI 写数据 ID
random_rw_addr	输入	CTRL_ADDR_WIDTH	PRBS 产生 axi 读地址
random_axi_id	输入	4	PRBS 产生 axi 读地址 ID
random_axi_len	输入	4	PRBS 产生 axi 读突发长度
random_axi_ap	输入	1	与 axi_aruser_ap 对应,置零

test_rd_ctrl 模块实现存储数据的读出,并进行校验判断。首先 axi_aruser_id、axi_araddr、axi_arlen、axi_aruser_ap 的值由 test_main_ctrl 模块中 PRBS 伪随机数产生;一次握手完成的条件是 axi_awready 与 axi_awvalid 同时有效。

突发长度由 axi_arlen 控制,当 axi_arlen 不为 0 时,该值即为突发长度,当 axi_arlen 等于 0 时,突发长度为 16。read_finished 为一次突发读完。

always@(**posedge** clk **or negedge** rst_n)
if(!rst_n)**begin**
    req_rd_cnt   < = 16'd0;
    execute_rd_cnt < = 16'd0;
end
else begin

```
if(axi_arvalid & axi_arready)begin
if(axi_arlen == 4'd0)
        req_rd_cnt <= req_rd_cnt + 16;
else
        req_rd_cnt <= req_rd_cnt + axi_arlen;
end
if(axi_rvalid)begin
        execute_rd_cnt <= execute_rd_cnt + 1;
end
end

assign read_finished = (req_rd_cnt == execute_rd_cnt);
```

下面的程序对读出的数据进行检验,当 data_pattern_01 为高时,输出固定数据,直接比较即可;当 data_pattern_01 为低时,需要调用函数 DATA_CHK,其功能是将读数据的高 8 位(data_random)与读地址(normal_rd_addr,由 axi 读地址处理后得到)异或得到新的低 8 位数据,两部分组成新的 16 位数据,然后将新的 16 位数据与读到的 16 位数据比较,不相等为 1,相等为 0;因为 AXI 上数据宽度为 128 位,所以 8 位 data_err 的每一位检验一个 16 位的数据,最后将 data_err 的每一位相或,即 data_err 有任意一位数据错误,err 都输出为 1,从而点亮 LED 灯。

```
always@(posedge clk or negedge rst_n)
begin
if(~rst_n)
begin
        data_err[0]<= 1'b0;
        data_err[1]<= 1'b0;
        data_err[2]<= 1'b0;
        data_err[3]<= 1'b0;
        data_err[4]<= 1'b0;
        data_err[5]<= 1'b0;
        data_err[6]<= 1'b0;
        data_err[7]<= 1'b0;
end
else
begin
if(data_pattern_01)begin
        data_err[0]<= rd_data0 == 16'hffff;
        data_err[1]<= rd_data1 == 16'h0000;
        data_err[2]<= rd_data2 == 16'hffff;
        data_err[3]<= rd_data3 == 16'h0000;
        data_err[4]<= rd_data4 == 16'hffff;
        data_err[5]<= rd_data5 == 16'h0000;
        data_err[6]<= rd_data6 == 16'hffff;
        data_err[7]<= rd_data7 == 16'h0000;
```

```verilog
    end
    else begin
            data_err[0]<= DATA_CHK(rd_data0,addr_0_mux);
            data_err[1]<= DATA_CHK(rd_data1,addr_1_mux);
            data_err[2]<= DATA_CHK(rd_data2,addr_2_mux);
            data_err[3]<= DATA_CHK(rd_data3,addr_3_mux);
            data_err[4]<= DATA_CHK(rd_data4,addr_4_mux);
            data_err[5]<= DATA_CHK(rd_data5,addr_5_mux);
            data_err[6]<= DATA_CHK(rd_data6,addr_6_mux);
            data_err[7]<= DATA_CHK(rd_data7,addr_7_mux);
    end
    end
    end

    assign err = |data_err;

    function DATA_CHK;
    input[MEM_DQ_WIDTH-1:0] data_in;
    input[7:0]   addr;
    reg[7:0]   data_random;
    reg[MEM_DQ_WIDTH-1:0] expect_data;
    begin
            data_random = data_in[15:8];
            expect_data = {DQ_NUM{data_random,(data_random ^ addr)}};
            DATA_CHK = data_in != expect_data;
    end
    endfunction

    always@(posedge clk or negedge rst_n)
    begin
    if(~rst_n)
    begin
            err_cnt <= 8'b0;
            err_flag_led <= 1'b0;
    end
    else if(err && axi_rvalid_d1)
    begin
    if(err_cnt == 8'hff)
            err_cnt <= err_cnt;
    else
            err_cnt <= err_cnt + 8'b1;
            err_flag_led <= 1'b1;
    end
    end
```

如表 7-18 所示为 test_rd_ctrl 模块信号接口。

表 7-18　test_rd_ctrl 模块信号接口

信号名称	输入/输出	位　　宽	描　　述
clk	输入	1	DDR 时钟 100MHz
rst_n	输入	1	复位，低有效
read_en	输入	1	读使能，由 test_main_ctrl 模块控制
read_double_en	输入	1	控制 read_done_p
data_pattern_01	输入	1	数据模式使能
read_done_p	输出	1	控制 PRBS 模块时钟使能
axi_araddr	输出	CTRL_ADDR_WIDTH	AXI 读地址
axi_aruser_ap	输出	1	AXI 读并自动 precharge
axi_aruser_id	输出	4	AXI 读地址 ID
axi_arlen	输出	4	AXI 读突发长度
axi_arready	输入	1	AXI 读地址准备
axi_arvalid	输出	1	AXI 读地址有效
axi_data	输入	MEM_DQ_WIDTH * 8	AXI 读数据
axi_rid	输入	4	AXI 读数据 ID
axi_rlast	输入	1	AXI 读数据最后信号
axi_rvalid	输入	1	AXI 读数据有效
err_flag_led	输出	1	读到数据校验出错
random_rw_addr	输入	CTRL_ADDR_WIDTH	PRBS 产生 AXI 读地址
random_axi_id	输入	4	PRBS 产生 AXI 读地址 ID
random_axi_len	输入	4	PRBS 产生 AXI 读突发长度
random_axi_ap	输入	1	与 axi_aruser_ap 对应，置零

第8章

进阶实验

8.1　摄像头采集显示设计

视频讲解

8.1.1　简介

本实验将采用 500 万像素的 OV5640 摄像头模组(模块型号：AN5640)显示更高分辨率的视频画面。OV5640 摄像头模组最大支持 QSXGA(2592×1944)的拍照功能,支持1080P、720P、VGA、QVGA 视频图像输出。本实验将 OV5640 配置为 RGB565 输出,先将视频数据写入外部存储器,再从外部存储器读取送到 VGA、LCD 等显示模块。

8.1.2　实验原理

AN5640 摄像头模组采用美国 OmniVision(豪威)CMOS 芯片图像传感器 OV5640,支持自动对焦的功能。OV5640 芯片支持 DVP 和 MIPI 接口,实验中所用 OV5640 摄像头模组通过 DVP 接口和 FPGA 连接实现图像的传输。

AN5640 的参数说明：

(1) 像素——硬件像素 500W。

(2) 感光芯片——OV5640。

(3) 感光尺寸——1/4。

(4) 功能支持——自动对焦,自动曝光控制(AEC),自动白平衡(AWB)。

(5) 图像格式——RAW RGB、RGB565/555/444、YUV422/420 和 JPEG 压缩。

(6) 捕获画面——QSXGA(2592×1944 像素)、1080p 像素、1280×960 像素、VGA(640×480 像素)和 QVGA(320×240 像素)。

(7) 工作温度——-30~70℃,稳定工作温度为 0~50℃。

1. OV5640 的寄存器配置

OV5640 的寄存器配置是通过 FPGA 的 I^2C 接口(也称为 SCCB 接口)来配置的。用户需要配置正确的寄存器值,让 OV5640 输出需要的图像格式,实验中把摄像头输出分辨率和显示设备分辨率配置成一样的,OV5640 摄像头输出的数据格式在 0x4300 的寄存器里配置。本实验 OV5640 配置成 RGB565 的输出格式。

关于 OV5640 的寄存器还有很多，但大部分的寄存器无须了解，寄存器的配置可以按照 OV5640 的应用指南来完成。如果想了解更多的寄存器的信息，可以参考 OV5640 的官方文档中的寄存器说明。

2. OV5640 的 RGB565 输出格式

如图 8-1 所示，OV5640 在 HREF 信号为高时输出一行图像数据，输出数据在 PCLK 的上升沿有效。因为 RGB565 显示每像素为 16 位，但 OV5640 每个 PCLK 输出的是 8 位，所以每个图像的像素分两次输出，第一字节为 R4~R0 和 G5~G3，第二字节为 G2~G0 和 B4~B0，将前后 2 字节拼接起来就是 16 位 RGB565 数据。

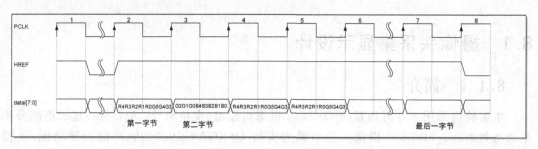

图 8-1　输出格式

8.1.3　程序解读

摄像头采集实现的逻辑框图如图 8-2 所示。

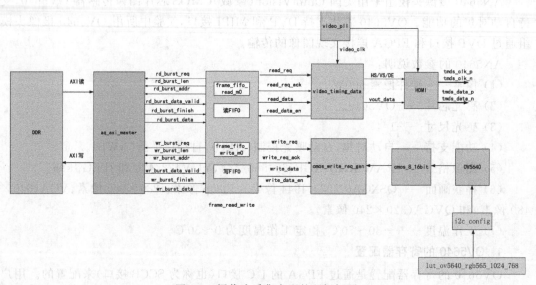

图 8-2　摄像头采集实现的逻辑框图

本程序一个比较关键的地方在于视频同时读写,如何做到读写不冲突?在设计帧读写模块时就已经考虑到这点,所以有帧基地址选择,最大 4 帧选择,如图 8-3 所示,VGA 显示读取 DDR 的地址和 CMOS 采集写入 DDR 的地址是不同的,VGA 读取 DDR 的地址是 CMOS 前一帧数据写入 DDR 的地址,这样就可以避免读写冲突,避免视频画面裂开错位。这个问题由 cmos_write_req_gen 模块解决。

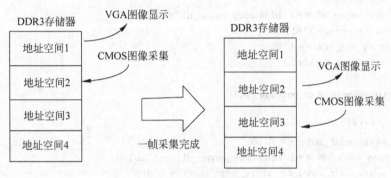

图 8-3　DDR 帧读写

cmos_write_req_gen 模块通过判断摄像头的场同步信号 cmos_vsync 的上升沿,生成 OV5640 数据写入的请求信号,表示一帧图像开始写入请求。另外,生成 write_addr_index 写地址选择和 read_addr_index 读地址选择,这里 read_addr_index 的值会比 write_addr_index 的值延迟一帧,从而使得读和写的地址不冲突。

```
module cmos_write_req_gen(
input           rst,
input           pclk,
input           cmos_vsync,
outputreg       write_req,
outputreg[1:0]  write_addr_index,
outputreg[1:0]  read_addr_index,
input           write_req_ack
);
reg cmos_vsync_d0;
reg cmos_vsync_d1;
always@(posedge pclk or posedge rst)
begin
if(rst == 1'b1)
begin
        cmos_vsync_d0 <= 1'b0;
        cmos_vsync_d1 <= 1'b0;
end
else
begin
        cmos_vsync_d0 <= cmos_vsync;
```

```
                    cmos_vsync_d1 <- cmos_vsync_d0;
        end
    end
    always@(posedge pclk or posedge rst)
    begin
    if(rst == 1'b1)
            write_req <= 1'b0;
    else if(cmos_vsync_d0 == 1'b1&& cmos_vsync_d1 == 1'b0)
            write_req <= 1'b1;
    else if(write_req_ack == 1'b1)
            write_req <= 1'b0;
    end
    always@(posedge pclk or posedge rst)
    begin
    if(rst == 1'b1)
            write_addr_index <= 2'b0;
    else if(cmos_vsync_d0 == 1'b1&& cmos_vsync_d1 == 1'b0)
            write_addr_index <= write_addr_index + 2'd1;
    end

    always@(posedge pclk or posedge rst)
    begin
    if(rst == 1'b1)
            read_addr_index <= 2'b0;
    else if(cmos_vsync_d0 == 1'b1&& cmos_vsync_d1 == 1'b0)
            read_addr_index <= write_addr_index;
    end
    endmodule
```

如表 8-1 所示为 cmos_write_req_gen 模块信号接口。

表 8-1　cmos_write_req_gen 模块信号接口

信 号 名 称	输入/输出	说　　明
rst	输入	异步复位输入，高复位
pclk	输入	传感器像素时钟输入
cmos_vsync	输入	场同步输入，每一帧视频都会变化一次，可以用于一帧的开始或结束
write_req	输出	写数据请求
write_addr_index	输出	写帧地址选择
read_addr_index	输出	读帧地址选择
write_req_ack	输入	写请求应答

cmos_8_16bit 模块完成摄像头输入的 2 个 8 位数据转换为一个 16 位数据（一像素），即将 1 个 8 位的数据缓存一个时钟周期后，进行位拼接操作，程序如下：pdata_o <= {pdata_i_d0,pdata_i}；数据位宽变成 2 倍，时钟频率不变，所以 16 位数据是隔一个时钟周期有效，并不是每个时钟一直有效。

如表 8-2 所示为 cmos_8_16bit 模块信号接口。

表 8-2 cmos_8_16bit 模块信号接口

信 号 名 称	输入/输出	说　　明
rst	输入	异步复位输入,高复位
pclk	输入	传感器像素时钟输入
pdata_i	输入	传感器 8 位数据输入
de_i	输入	数据有效(HREF)
pdata_o	输出	16 位数据输出
hblank	输出	de_i 延时一个时钟周期
de_o	输出	数据输出有效

frame_read_write 模块分为 frame_fifo_write 和 frame_fifo_read 两部分,frame_fifo_write 就是将摄像头采集的数据通过 FIFO 写入 DDR3,然后 frame_fifo_read 读模块完成从 DDR3 中读取数据写入另一个 FIFO 中,供 HDMI 读取数据。当使用 OV5642 双目摄像头时,实例化 2 个 frame_read_write 模块,分别对应 2 路视频的数据存储和读取,这里每路视频的 DDR3 的存储地址是不一样的。如果使用 OV5640 单目摄像头,则只需要实例化 1 个 frame_read_write 模块,存储地址为第一路视频的存储地址即可。

第一路视频的存储地址如下:

```
.read_addr_0    (25'd0),                    //第一帧地址
.read_addr_1    (25'd2073600),              //第二帧地址
.read_addr_2    (25'd4147200),
.read_addr_3    (25'd6220800),
.read_addr_index (ch0_read_addr_index),
.read_len(25'd196608),                      //一帧大小:1024 * 768 * 16 / 64
```

第二路视频的存储地址如下:

```
.write_addr_0    (25'd8294400),
.write_addr_1    (25'd10368000),
.write_addr_2    (25'd12441600),
.write_addr_3    (25'd14515200),
.write_addr_index (ch1_write_addr_index),
.write_len        (25'd196608),
```

video_rect_read_data 模块的功能是将从 DDR3 里读取的视频图像与彩条图像叠加,如果使用的是双目摄像头 OV5640 只需要调用 1 个 video_rect_read_data 模块;如果使用的是双目摄像头 OV5642,就需要调用 2 个 video_rect_read_data 模块。

video_rect_read_data 模块例化了第 7 章讲到的 color_bar 模块,由 color_bar 模块产生的有效信号(de)、行同步信号(hs)、场同步信号(vs)来控制读 FIFO,当检测到行同步信号的上升沿时发送读请求,有效信号控制 FIFO 的读使能,当有效信号为高时读出数据,显示在

HDMI 上。

```verilog
always@(posedge video_clk or posedge rst)
begin
if(rst == 1'b1)
        vout_data_r <= {DATA_WIDTH{1'b0}};
else if(video_de_d0)
        vout_data_r <= read_data;
else
        vout_data_r <= {DATA_WIDTH{1'b0}};
end

always@(posedge video_clk or posedge rst)
begin
if(rst == 1'b1)
        read_req <= 1'b0;
else if(video_vs_d0 &~video_vs)        //场同步边沿
        read_req <= 1'b1;
else if(read_req_ack)
        read_req <= 1'b0;
end

color_bar color_bar_m0(
.clk(video_clk),
.rst(rst),
.hs(video_hs),
.vs(video_vs),
.de(video_de),
.rgb_r(),
.rgb_g(),
.rgb_b()
);
```

如表 8-3 所示为 video_rect_read_data 模块信号接口。

表 8-3   video_rect_read_data 模块信号接口

信 号 名 称	输入/输出	说　明
video_clk	输入	视频的像素时钟
rst	输入	复位信号
video_left_offset	输入	视频显示的水平偏移地址
video_top_offset	输入	视频显示的垂直偏移地址
video_width	输入	视频的宽度
video_height	输入	视频的高度
read_req	输出	读一帧图像数据请求
read_req _ack	输入	读请求应答

续表

信号名称	输入/输出	说　　明
read_en	输出	读数据使能
read_data	输入	读到的数据
timing_hs	输入	输入的行同步信号
timing_vs	输入	输入的列同步信号
timing_de	输入	输入的数据有效信号
timing_data	输入	输入的数据信号
hs	输出	输出的行同步信号
vs	输出	输出的列同步信号
de	输出	输出的数据有效信号
vout_data	输出	输出的数据信号

　　i2c_config 模块实现的功能是配置 OV5640 的寄存器,通过 I²C 对 OV5640 的寄存器赋值,而 lut_ov5640_rgb565_1024_768 模块描述的是 OV5640 的寄存器值,其本质是一个查找表,查找表部分内容如下所示:

```
always@(*)
begin
case(lut_index)
10'd0: lut_data <= {8'h78,24'h310311};
10'd1: lut_data <= {8'h78,24'h300882};
10'd2: lut_data <= {8'h78,24'h300842};
10'd3: lut_data <= {8'h78,24'h310303};
10'd4: lut_data <= {8'h78,24'h3017ff};
10'd5: lut_data <= {8'h78,24'h3018ff};
10'd6: lut_data <= {8'h78,24'h30341A};
10'd7: lut_data <= {8'h78,24'h303713};
10'd8: lut_data <= {8'h78,24'h310801};
10'd9: lut_data <= {8'h78,24'h363036};
```

　　通过 i2c_config 模块控制 lut_index 不断地累加,输出 lut_data 配置 OV5640 的寄存器,lut_data 总共 32 位,前 8 位为设备地址,中间 16 位为寄存器地址,后 8 位配置寄存器的值。如表 8-4 所示为 i2c_config 模块信号接口。

表 8-4　i2c_config 模块信号接口

信号名称	输入/输出	描　　述
clk	输入	时钟输入
rst	输入	复位,高有效
clk_div_cnt	输入	I²C 时钟分频因子,等于系统时钟频率/(5×I²C 时钟频率)−1。例如 50MHz 系统时钟,100kHz 的 I²C,配置为 99,400kHz 的 I²C,配置为 24
lut_index	输出	计数器,用于查找表

续表

信 号 名 称	输入/输出	描 述
i2c_addr_2byte	输入	寄存器地址是 8 位还是 16 位，1：16 位，0：8 位
i2c_dev_addr	输入	I^2C 设备地址，8 位，最低位忽略，有效数据位是高 7 位
i2c_reg_addr	输入	寄存器地址，8 位地址时，低 8 位有效
i2c_reg_data	输入	写寄存器数据
error	输出	设备无应答错误
done	输出	配置完成
i2c_scl	双向	I^2C 时钟
i2c_sda	双向	I^2C 数据

视频讲解

8.2 数码相框显示设计

8.2.1 简介

本实验将 SD 卡中的 BMP 图片读出，写入到外部存储器，再通过 HDMI、LCD 等显示。

8.2.2 实验原理

1. 硬件电路

开发板上装有一个 Micro SD 卡座，FPGA 通过 SPI 数据总线访问 Micro SD 卡，SD 卡座和 FPGA 的硬件电路连接如图 8-4 所示。

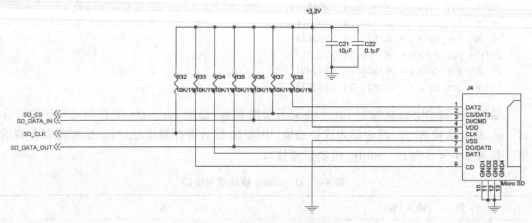

图 8-4 开发板 SD 卡原理图

2. SD 卡原理

在 SD 卡数据读写速度要求不高的情况下，选用 SPI 通信模式可以说是一种最佳的解决方案。因为在 SPI 模式下，通过 4 条线就可以完成所有的数据交换。本实验将为大家介绍 FPGA 通过 SPI 总线读写 SD 卡。要完成 SD 卡的 FPGA 读写,用户需要了解 SD 卡的命令协议。

SD 卡的协议是一种简单的命令/响应协议。全部命令由主机发起,SD 卡接收到命令后返回响应数据。根据命令的不同,返回的数据内容和长度也不同。如表 8-5 所示,SD 卡命令是一个 6 字节组成的命令包,其中第 1 字节为命令号,命令号高位 bit7 和 bit6 为固定的 01,其他 6 位为具体的命令号。第 2~5 字节为命令参数。第 6 字节为 7 位的 CRC 校验和 1 位的结束位。在 SPI 模式下,CRC 校验位为可选。如表 8-5 所示,Command 表示命令,通常使用十进制表示名称,例如 CMD17,这时 Command 就是十进制的 17。SD 卡具体的协议这里不做介绍,可查阅相关资料学习。

表 8-5 命令格式

字节 1			字节 2~5		字节 6	
7	6	5~0	31	0	7~1	0
0	1	Command	命令参数		CRC	1

SD 卡对每个命令都会返回一个响应,每个命令都有一定的响应格式。响应的格式与给它的命令号有关。在 SPI 模式中,有 3 种响应格式:R1、R2、R3。

如表 8-6 所示,R1 的响应长度为 48 位。位 45:40 表示要响应的命令的索引值,被解释为二进制编码的数字(0~63)。卡的状态是 32 位。注意,如果涉及卡上的数据传输,则数据线上可能在每个数据块传输之后出现占线信号。数据块传输后,主机应检查是否忙。

表 8-6 R1 响应

位号	47	46	[45:40]	[39:8]	[7:1]	0
宽度	1	1	6	32	7	1
值	0	0	×	×	×	1
描述	起始位	传输位	命令索引	卡状态	CRC7	结束位

如表 8-7 所示,R2 的响应长度是 136 位。CID 寄存器的内容作为对命令 CMD2、CMD10 的响应。CSD 寄存器的内容作为对 CMD9 的响应。只有[127:1]的 CID 和 CSD 寄存器部分内容被传输过来,这些寄存器的保留位[0]被替换为结束响应。

表 8-7 R2 响应

位号	135	134	[133:128]	[127:1]	0
宽度	1	1	6	127	1
值	0	0	111111	×	1
描述	起始位	传输位	命令索引	CID 或 CSD 的内容,包括 CRC7	结束位

如表 8-8 所示,R3 的响应长度为 48 位。OCR 寄存器的内容作为 ACMD41 的响应。

表 8-8　R3 响应

位号	47	46	[45:40]	[39:8]	[7:1]	0
宽度	1	1	6	32	7	1
值	0	0	111111	×	1111111	1
描述	起始位	传输位	保留	OCR	保留	结束位

1）SD 卡 2.0 版的初始化步骤

（1）上电后延时至少 74 个时钟周期，等待 SD 卡内部操作完成。

（2）片选信号 CS 为低电平时表示选中 SD 卡。

（3）发送 CMD0，需要返回 0x01，进入空闲状态。

（4）为了区别 SD 卡是 2.0 还是 1.0，或是 MMC 卡，这里兼容 SD1.0 和 MMC 卡协议，首先发送只有 SD2.0 卡才有的命令 CMD8，如果 CMD8 返回无错误，则初步判断为 2.0 卡，进一步循环发送命令 CMD55＋ACMD41，直到返回 0x00，最终确定为 SD2.0 卡。

（5）如果 CMD8 返回错误，则判断为 1.0 卡或 MMC 卡，循环发送 CMD55＋ACMD41，返回无错误，则为 SD1.0 卡，此时 SD1.0 卡初始化成功，如果在一定的循环次数下，返回有错误，则进一步发送 CMD1 进行初始化，如果返回无错误，则确定为 MMC 卡；如果在一定的次数下，返回有错误，则不能识别该卡，初始化结束。（通过 CMD16 可以改变 SD 卡一次性读写的长度）。

（6）CS 拉高。

2）SD 卡的读步骤

如图 8-5 所示为 SD 卡的读操作。

（1）发送 CMD17（单块）或 CMD18（多块）读命令，返回 0x00。

（2）接收数据开始令牌 fe（或 fc）＋正式数据 512B ＋ CRC 校验 2B 默认正式传输的数据长度是 512B。

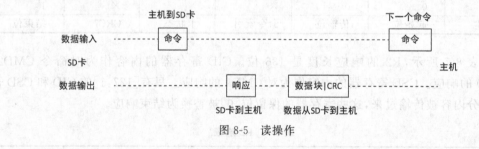

图 8-5　读操作

3）SD 卡的写步骤

如图 8-6 所示为 SD 卡的写操作。

（1）发送 CMD24（单块）或 CMD25（多块）写命令，返回 0x00。

（2）发送数据开始令牌 fe（或 fc）＋正式数据 512B ＋ CRC 校验 2B。

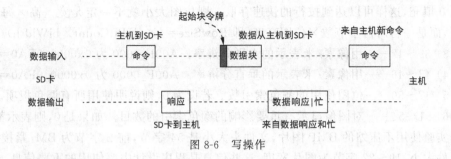

图 8-6　写操作

3. BMP 图片格式

本实验直接在 SD 卡中搜索 BMP 文件,假设每个文件都是从 SD 卡的某个扇区的第 1 字节开始,根据 BMP 文件头的特征找到 BMP。

BMP(全称 Bitmap)是 Windows 操作系统中的标准图像文件格式,可以分成两类:设备相关位图(DDB)和设备无关位图(DIB)。BMP 使用非常广,它采用位映射存储格式,除了图像深度可选以外,BMP 其他特性不进行任何压缩,因此,BMP 文件所占用的空间很大。BMP 文件的图像深度可选 1 位、4 位、8 位及 24 位。由于 BMP 文件格式是 Windows 环境中交换与图有关的数据的一种标准,因此在 Windows 环境中运行的图形图像软件都支持 BMP 图像格式。对于程序设计来说,最重要的是找到 BMP 文件头,BMP 图像文件头格式如下:

(1) 1 和 2(这里的数字代表的是字节,下同)——图像文件头。0x4d42="BM",表示是 Windows 支持的 BMP 格式(注意:查 ASCII 表 B 对应 0x42,M 对应 0x4d,B 为 low 字节,M 为 high 字节,所以文件类型为 0x4d42,而不是 0x424d)。

(2) 3~6——整个文件大小。4690_0000,为 0x00009046=36934。

(3) 7 和 8——保留,必须设置为 0。

(4) 9 和 10——保留,必须设置为 0。

(5) 11~14——从文件开始到位图数据之间的偏移量(14+40+4 * (2^biBitCount),在有调色板的情况下)。4600_0000,为 0x00000046=70,表示 BMP 图像文件头有 70 字节。

(6) 15~18——位图信息头长度。

(7) 19~22——位图宽度,以像素为单位。8000_0000,为 0x00000080=128。

(8) 23~26——位图高度,以像素为单位。9000_0000,为 0x00000090=144。

(9) 27 和 28——位图的位面数,该值总是 1。0100,为 0x0001=1。

(10) 29 和 30——每像素的位数,有 1(单色)、4(16 色)、8(256 色)、16(64K 色,高彩色)、24(16M 色,真彩色)、32(4096M 色,增强型真彩色)。1000 为 0x0010=16。

(11) 31~34——压缩说明,有 0(不压缩)、1(RLE 8,8 位 RLE 压缩)、2(RLE 4,4 位 RLE 压缩)、3(Bit Fields,位域存放)。

(12) 35~38——位图数据大小。Windows 默认的扫描的最小单位是 4 字节,如果 BMP 图像满足位图数据对齐排列规则,就要求每行的数据长度必须是 4 的倍数,如果不够,需要以 0 填充,这样可以达到按行的快速存取。则位图大小就不一定是宽×高×每像素字节数了,而是一行所占字节数×位图高度,即 RowSize＝4×(biBitCount×biWidth)/32。

（13）39～42——用像素/米表示的水平分辨率。A00F_0000 为 0x0000_0FA0＝4000。

（14）43～46——用像素/米表示的垂直分辨率。A00F_0000 为 0x0000_0FA0＝4000。

（15）47～50——位图使用的颜色索引数。若设为 0,则说明使用所有调色板项。

（16）51～54——对图像显示有重要影响的颜色索引的数目。如果是 0,则表示都重要。

本实验使用不压缩的 BMP 图片,文件头大小是 54 字节,前 2 字节为 BM,紧接着 4 字节是文件大小,19～22 字节为图片宽度,这些信息是程序设计中要使用的重要信息。

8.2.3 程序解读

数码相框实现逻辑框图如图 8-7 所示。

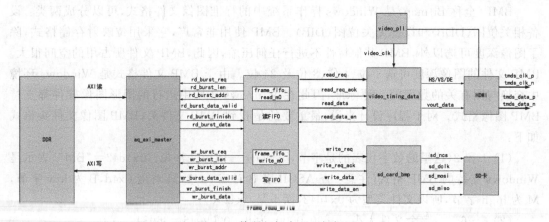

图 8-7　数码相框实现逻辑框图

DDR、HDMI 在前面已讲解过,这里不再重复。主要介绍 SD 卡读取 BMP 文件,也就是图 8-7 中的 sd_card_bmp 模块,其他主要由 sd_card_top、bmp_read 和按键消抖模块组成,这里主要介绍 sd_card_top 和 bmp_read 模块。

1. SD 卡读写模块

sd_card_top 包含 3 个子程序,分别为 sd_card_sec_read_write.v、sd_card_cmd.v 和 spi_master.v。它们的逻辑关系如图 8-8 所示。

sd_card_sec_read_write 模块有一个状态机,首先完成 SD 卡初始化,如图 8-9 所示为模块的初始化状态机转换图,首先发送 CMD0 命令,然后发送 CMD8 命令,再发送 CMD55 命令,接着发送 ACMD41 和 CMD16 命令。如果应答正常,SD 卡初始化完成,等待 SD 卡扇区的读写命令。

根据扇区读写命令完成扇区的读写操作,如图 8-10 所示为模块的读写状态机转换图。

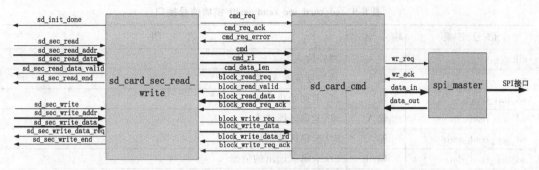

图 8-8　SD 卡各模块的逻辑关系

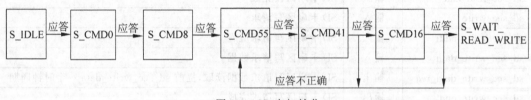

图 8-9　SD 卡初始化

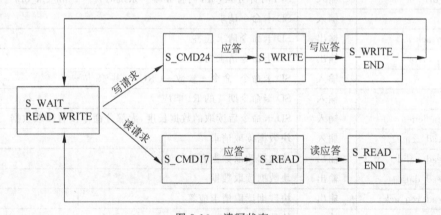

图 8-10　读写状态

在此模块中定义了两个参数,SD 卡的初始化过程是先用慢时钟来发送命令和配置,初始化成功后再用快时钟来控制数据读写。

parameter SPI_LOW_SPEED_DIV = 248,
// SD 卡低速模式分频参数,spi 时钟速度 = clk speed /((SPI_LOW_SPEED_DIV + 2) * 2)
parameter SPI_HIGH_SPEED_DIV = 0
// SD 卡高速模式分频参数,spi 时钟速度 = clk speed /((SPI_HIGH_SPEED_DIV + 2) * 2)

如表 8-9 所示为 sd_card_sec_read_write 模块信号接口。

表 8-9　sd_card_sec_read_write 模块信号接口

信 号 名 称	输入/输出	说　　明
clk	输入	时钟输入
rst	输入	异步复位输入,高复位
sd_init_done	输出	SD卡初始化完成
sd_sec_read	输入	SD卡扇区读请求
sd_sec_read_addr	输入	SD卡扇区读地址
sd_sec_read_data	输出	SD卡扇区读出的数据
sd_sec_read_data_valid	输出	SD卡扇区读出的数据有效
sd_sec_read_end	输出	SD卡扇区读完成
sd_sec_write	输入	SD卡扇区写请求
sd_sec_write_addr	输入	SD卡扇区写请求应答
sd_sec_write_data	输入	SD卡扇区写请求数据
sd_sec_write_data_req	输出	SD卡扇区写请求数据读取,提前 sd_sec_write_data 一个时钟周期
sd_sec_write_end	输出	SD卡扇区写请求完成
spi_clk_div	输入	SPI时钟分频,SPI时钟频率＝系统时钟/((spi_clk_div ＋ 2) * 2)
cmd_req	输入	SD卡命令请求
cmd_req_ack	输出	SD卡命令请求应答
cmd_req_error	输出	SD卡命令请求错误
cmd	输入	SD卡命令,命令＋参数＋CRC,一共 48 位
cmd_r1	输入	SD卡命令期待的 R1 响应
cmd_data_lcn	输入	SD卡命令后读取的数据长度,大部分命令没有读取数据
block_read_req	输入	块数据读取请求
block_read_valid	输出	块数据读取数据有效
block_read_data	输出	块数据读取数据
block_read_req_ack	输出	块数据读取请求应答
block_write_req	输入	块数据写请求
block_write_data	输入	块数据写数据
block_write_data_rd	输出	块数据写数据请求,提前 block_write_data 一个时钟周期
block_write_req_ack	输出	块数据写请求应答

　　sd_card_cmd 模块主要实现 SD 卡的基本命令操作,以及上电初始化,数据块的命令和读写的状态机如图 8-11 所示。

　　如图 8-12 所示,从 SD 2.0 标准中可以看到,从主控设备写命令到 SD 卡,最高两位(47位和 46 位)必须为 01,代表命令发送开始。

　　所以代码中都是将 48 位命令的高 8 位与十六进制 0x40 做或操作再将得到的结果写入,所以有如下代码:

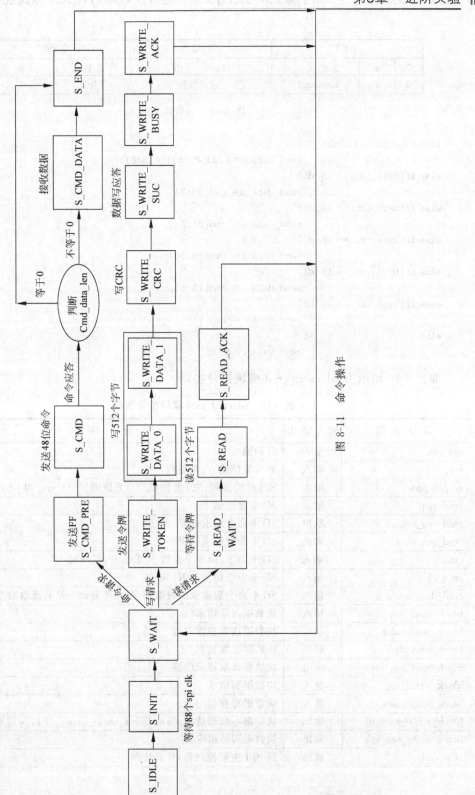

图 8-11 命令操作

字节1			字节2~5		字节6	
7	6	5~0	31	0	7~1	0
0	1	command	命令参数		CRC	1

图 8-12 写格式

```verilog
if(byte_cnt == 16'd0)
                        send_data <= (cmd[47:40]|8'h40);
else if(byte_cnt == 16'd1)
                        send_data <= cmd[39:32];
else if(byte_cnt == 16'd2)
                        send_data <= cmd[31:24];
else if(byte_cnt == 16'd3)
                        send_data <= cmd[23:16];
else if(byte_cnt == 16'd4)
                        send_data <= cmd[15:8];
else if(byte_cnt == 16'd5)
                        send_data <= cmd[7:0];
else
                        send_data <= 8'hff;
```

如表 8-10 所示为 sd_card_cmd 模块信号接口。

表 8-10 sd_card_cmd 模块信号接口

信 号 名 称	输入/输出	说 明
sys_clk	输入	时钟输入
rst	输入	异步复位输入,高复位
spi_clk_div	输入	SPI 时钟分频,SPI 时钟频率＝系统时钟/((spi_clk_div ＋ 2)＊2)
cmd_req	输入	SD 卡命令请求
cmd_req_ack	输出	SD 卡命令请求应答
cmd_req_error	输出	SD 卡命令请求错误
cmd	输入	SD 卡命令,命令＋参数＋CRC,一共 48 位
cmd_r1	输入	SD 卡命令期待的 R1 响应
cmd_data_len	输入	SD 卡命令后读取的数据长度,大部分命令没有读取数据
block_read_req	输入	块数据读取请求
block_read_valid	输出	块数据读取数据有效
block_read_data	输出	块数据读取数据
block_read_req_ack	输出	块数据读取请求应答
block_write_req	输入	块数据写请求
block_write_data	输入	块数据写数据
block_write_data_rd	输出	块数据写数据请求,提前 block_write_data 一个时钟周期
block_write_req_ack	输出	块数据写请求应答
nCS_ctrl	输出	到 SPI 主机控制器,片选控制

续表

信 号 名 称	输入/输出	说　　明
clk_div	输出	到 SPI 主机控制器,时钟分频参数
spi_wr_req	输出	到 SPI 主机控制器,写一字节请求
spi_wr_ack	输入	来自 SPI 主机控制器,写请求应答
spi_data_in	输出	到 SPI 主机控制器,写数据
spi_data_out	输入	来自 SPI 主机控制器,读数据

spi_master 模块主要完成 SPI 一字节的读写,当 SPI 状态机处于空闲状态的时候,检测到 wr_req 的信号为高,会产生 8 个 DCLK,并将 datain 的数据从高位依次输出到 MOSI 信号线上。同时 spi_master 程序也会读取 MISO 输入的数据,转换成 8 位的 data_out 数据输出,实现 SPI 的一字节的数据读取。从程序中可以看出 SPI 读写数据通过移位来完成。CPHA 用于时钟相位选择,CPOL 用于时钟极性选择,通过改变 CPHA 和 CPOL 的值可改变 SPI 的工作模式。

```
//SPI 数据输出
always@(posedge sys_clk or posedge rst)
begin
if(rst)
        MOSI_shift <= 8'd0;
else if(state == IDLE && wr_req)
        MOSI_shift <= data_in;
else if(state == DCLK_EDGE)
if(CPHA == 1'b0&& clk_edge_cnt[0] == 1'b1)
            MOSI_shift <= {MOSI_shift[6:0],MOSI_shift[7]};
else if(CPHA == 1'b1&&(clk_edge_cnt != 5'd0&& clk_edge_cnt[0] == 1'b0))
            MOSI_shift <= {MOSI_shift[6:0],MOSI_shift[7]};
End
//SPI 数据输入
always@(posedge sys_clk or posedge rst)
begin
if(rst)
        MISO_shift <= 8'd0;
else if(state == IDLE && wr_req)
        MISO_shift <= 8'h00;
else if(state == DCLK_EDGE)
if(CPHA == 1'b0&& clk_edge_cnt[0] == 1'b0)
            MISO_shift <= {MISO_shift[6:0],MISO};
else if(CPHA == 1'b1&&(clk_edge_cnt[0] == 1'b1))
            MISO_shift <= {MISO_shift[6:0],MISO};
End
```

2. BMP 图片读取模块

BMP 图片读取模块 bmp_read 完成 SD 卡中读取一个扇区的数据,然后和 BMP 的文件头对比,如果前 2 字节为 BM,则找到 18～21 字节,对比图片的宽度和输入要求的宽度是否一致，如果一致就认为找到一张 BMP 图片，读取出来，去掉前面 54 字节的文件头，写入外部存储器。如图 8-13 所示为 bmp_read 模块流程图。

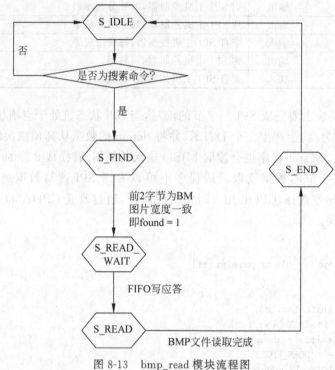

图 8-13　bmp_read 模块流程图

程序判断 BMP 图片是否符合要求：

```
if(rd_cnt == 10'd54&& header_0 == "B"&& header_1 == "M"&& width[15:0] == bmp_width)
found <= 1'b1;
```

由图 8-13 可知，有了搜索命令以后（即 Key2 按键按下），进入搜索状态 S_FIND，开始不断地读取 SD 卡，找到符合要求的 BMP 图片，找到以后进入 S_READ_WAIT 状态，判断 FIFO 空间大小，如果 FIFO 空间足够大，则进入 S_READ 状态，通过一个模 3 计数器，将每次读到的 8 位 RGB 数据，输出为 24 位的 RGB 数据（bmp_data），并写入 FIFO。

```
always@(posedge clk or posedge rst)
begin
if(rst == 1'b1)
        bmp_len_cnt_tmp <= 2'd0;
else if(state == S_READ)
begin
if(bmp_data_valid == 1'b1)
        bmp_len_cnt_tmp <= bmp_len_cnt_tmp == 2'd2?2'd0: bmp_len_cnt_tmp + 2'd1;
end
else if(state == S_END)
```

```
                bmp_len_cnt_tmp <= 2'd0;
        end
        always@(posedge clk or posedge rst)
        begin
        if(rst == 1'b1)
        begin
                bmp_data_wr_en <= 1'b0;
                bmp_data <= 24'd0;
        end
        else if(state == S_READ)
        begin
        if(bmp_len_cnt_tmp == 2'd2&& bmp_data_valid == 1'b1)
        begin
                bmp_data_wr_en <= 1'b1;
                bmp_data[23:16]<= sd_sec_read_data;
        end
        else if(bmp_len_cnt_tmp == 2'd1&& bmp_data_valid == 1'b1)
        begin
                bmp_data_wr_en <= 1'b0;
                bmp_data[15:8]<= sd_sec_read_data;
        end
        else if(bmp_len_cnt_tmp == 2'd0&& bmp_data_valid == 1'b1)
        begin
                bmp_data_wr_en <= 1'b0;
                bmp_data[7:0]<= sd_sec_read_data;
        end
        else
                bmp_data_wr_en <= 1'b0;
        end
        else
                bmp_data_wr_en <= 1'b0;

        end
```

如表8-11所示为bmp_read模块信号接口。

表 8-11 bmp_read 模块信号接口

信 号 名 称	输入/输出	说　　明
clk	输入	时钟输入
rst	输入	异步复位输入,高复位
ready	输出	空闲状态指示
find	输入	搜索播放请求
sd_init_done	输入	SD卡初始化完成
state_code	输出	状态码:0表示SD还在初始化;1表示SD卡初始化完成,等待按键按下;2表示正在搜索BMP文件;3表示找到BMP文件,正在读取
bmp_width	输入	搜索BMP图片的宽度
write_req	输出	写外部存储器请求

续表

信 号 名 称	输入/输出	说　明
write_req_ack	输入	写外部存储器请求应答
sd_sec_read	输出	SD 卡读请求
sd_sec_read_addr	输出	SD 卡读请求扇区地址
sd_sec_read_data	输入	SD 卡读到的数据
sd_sec_read_data_valid	输入	SD 卡读数据有效
sd_sec_read_end	输入	SD 卡读请求完成
bmp_data_wr_en	输出	BMP 文件写使能
bmp_data	输出	BMP 文件的音频数据

视频讲解

8.3 模数采集设计

8.3.1 简介

本实验练习使用模拟数字转换器（ADC），实验中使用的 ADC 模块型号为 AN9238，最大采样率为 65MHz，精度为 12 位。实验中将 AN9238 的 2 路输入以波形方式在 HDMI 上显示出来，从而用更加直观的方式观察波形。

8.3.2 实验原理

高速 ADC 模块 AN9238 为 2 路 65MSPS，12 位的模拟信号转数字信号模块。模块的模拟数字转换器采用了 ADI 公司的 AD9238 芯片，AD9238 芯片支持 2 路模拟数字（A/D）输入转换，所以 1 片 AD9238 芯片可支持 2 路的 A/D 输入转换。模拟信号输入支持单端模拟信号输入，输入电压范围为 −5～+5V，接口为 SMA 插座。

AN9238 模块的原理设计框图如图 8-14 所示。

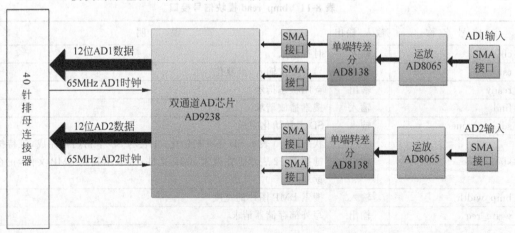

图 8-14　AN9238 模块的原理设计框图

1. 单端输入及运放电路

单端输入 A/D1 和 A/D2 通过两个 SMA 头输入,单端输入的电压为−5～+5V。板上通过运放 AD8065 芯片和分压电阻将−5～+5V 输入的电压缩小成−1～+1V。如果用户想输入更宽范围的电压,那么只需要修改前端的分压电阻的阻值。如图 8-15 为 AD8065 部分原理图,表 8-12 为 AD8065 运放电压与模拟输入电压对照表。

转换公式: VOUT=(1.0/5.02)×VIN

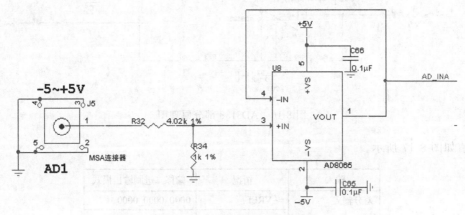

图 8-15 AD8065 部分原理图

表 8-12 模拟输入电压与 AD8065 运放输出后的电压对照表

A/D 模拟输入值	AD8065 运放输出
−5V	−1V
0V	0V
+5V	+1V

2. 单端转差分及 A/D 转换

−1～+1V 的输入电压通过 AD8138 芯片转换成差分信号(VIN+～VIN−),差分信号的共模电平由 A/D 的 CML 引脚决定。如图 8-16 为 AD8138 模块的部分原理图,表 8-13 为 AD8138 差分电压与模拟输入电压对照表。

表 8-13 模拟输入信号与 AD8138 差分输出后的电压对照表

A/D 模拟输入值	AD8138 差分输出(VIN+～VIN−)
−5V	−1V
0V	0V
+5V	+1V

3. AD9238 转换

默认 A/D 是配置成偏移二进制(offset binary)输出模式,VREF 为参考电压,A/D 转

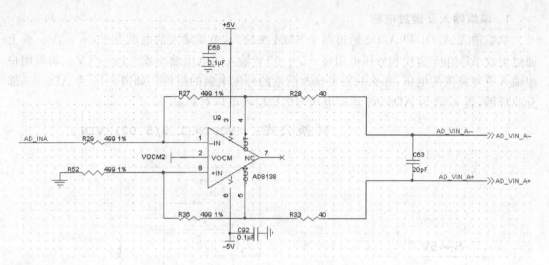

图 8-16　AD8138 部分原理图

换的值如图 8-17 所示。

输入	情况	偏移二进制输出模式
差分输入 VIN+~VIN−	=−VREF	0000_0000_0000
	=0	1000_0000_0000
	=VREF	1111_1111_1111

图 8-17　A/D 转换

在模块电路设计中，AD9238 的 VREF 的值为 1V，这样最终的模拟信号输入和 A/D 转换的数据如表 8-14 所示。

表 8-14　模拟信号输入和 A/D 转换的数据

A/D 模拟输入值	AD8055 运放输出	AD8138 差分输出（VIN+～VIN−）	AD9238 数字输出
−5V	−1V	−1V	000000000000
0V	0V	0V	100000000000
+5V	+1V	+1V	11111111111

表 8-14 中可以看出，输入−5V 的时候，AD9238 转换的数字值最小；输入+5V 的时候，AD9238 转换的数字值最大。

4. AD9238 数字输出时序

AD9238 有 2 路通道 A 和 B，A 通道信号有时钟 CLKA 和数据 DATA_A，B 通道信号有时钟 CLKB 和数据 DATA_B，两通道时钟信号和数据信号独立，当 CLKA 等于 CLKB，并且等于多路复用器 MUX_SELECT 时，A 和 B 的通道数据都通过通道 A 将数据输出，如图 8-18 所示。A/D 数据在时钟的上升沿转换数据，FPGA 端可用 A/D 时钟采集数据。

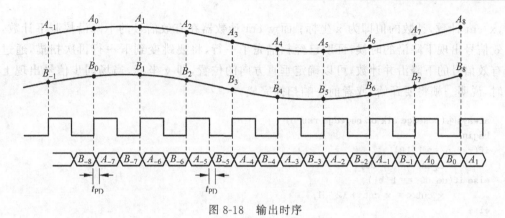

图 8-18　输出时序

8.3.3　程序解读

本实验的显示部分基于前面的实验,在彩条上叠加网格线和波形。如图 8-19 所示为模数转换(A/D)采集实现框图。

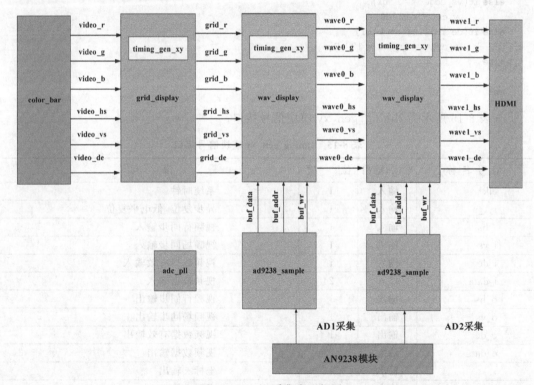

图 8-19　A/D 采集实现框图

timing_gen_xy 模块完成视频图像的坐标生成,x 坐标从左到右增大,y 坐标从上到下增大。由 VGA 的时序可知,有效信号为显示屏的有效像素显示区域,当有效信号(de)为 1

时，x_cnt 计数，计数的值即为 x 坐标；而 y_cnt 计数器在有效信号的下降沿控制下计数，当有效信号出现下降沿的时候，证明已经扫描完了一行，将要跳变到下一行再次扫描，通过检测有效信号的下降沿并计数，可以确定垂直方向的位置，即 y 坐标，当场同步信号出现上升沿时，说明一帧将要开始，或者前一帧扫描完成。

```verilog
always@(posedge clk or negedge rst_n)
begin
if(rst_n == 1'b0)
        x_cnt <= 12'd0;
else if(de_d0 == 1'b1)
        x_cnt <= x_cnt + 12'd1;
else
        x_cnt <= 12'd0;
end
always@(posedge clk or negedge rst_n)
begin
if(rst_n == 1'b0)
        y_cnt <= 12'd0;
else if(vs_edge == 1'b1)
        y_cnt <= 12'd0;
else if(de_falling == 1'b1)
        y_cnt <= y_cnt + 12'd1;
else
        y_cnt <= y_cnt;
end
```

如表 8-15 所示为 timing_gen_xy 模块信号接口。

表 8-15　timing_gen_xy 模块信号接口

信 号 名 称	输入/输出	位　　宽	说　　明
clk	输入	1	系统时钟
rst_n	输入	1	异步复位，低电平复位
i_hs	输入	1	视频行同步输入
i_vs	输入	1	视频场同步输入
i_de	输入	1	视频数据有效输入
i_data	输入	24	视频数据输入
o_hs	输出	1	视频行同步输出
o_vs	输出	1	视频场同步输出
o_de	输出	1	视频数据有效输出
o_data	输出	24	视频数据输出
x	输出	12	坐标 x 输出
y	输出	12	坐标 y 输出

grid_display 模块主要完成视频的网格线叠加，本实验将彩条视频输入，然后叠加一个网格后输出，提供给后面的波形显示模块使用。

通过 timing_gen_xy 模块确定 x、y 的坐标，画出一个需要显示网格的区域，下面第一个 always 模块就产生了一个矩形区域，并且产生一个标志信号（region_active），下面用特定的 RGB 数据（v_data <= {8'd139,8'd129,8'd29}）画出网格线，当标志信号和有效信号为高时，设计一个模 10 计数器（grid_x），在显示区域的水平方向每隔 10 个像素，v_data 数据有效，并且 pos_y[0] == 1'b1 表示在垂直方向上每隔一个像素点 v_data 数据有效，两者同时满足时就产生了水平上每隔 10 个像素点、垂直方向每隔 1 个像素点的虚线。

```verilog
always@(posedge pclk)
begin
if(pos_y >= 12'd9&& pos_y <= 12'd308&& pos_x >= 12'd9&& pos_x <= 12'd1018)
        region_active <= 1'b1;
else
        region_active <= 1'b0;
end

always@(posedge pclk)
begin
if(region_active == 1'b1&& pos_de == 1'b1)
        grid_x <= (grid_x == 9'd9)?9'd0: grid_x + 9'd1;
else
        grid_x <= 9'd0;
end

always@(posedge pclk)
begin
if(region_active == 1'b1)
if(pos_y == 12'd287|| pos_y == 12'd32|| pos_y == 12'd159||(pos_y < 12'd287&& pos_y > 12'd32&&grid_x == 9'd9&& pos_y[0] == 1'b1))
            v_data <= {8'd139,8'd129,8'd29};
else
            v_data <= 24'h000000;
else
        v_data <= pos_data;
end
```

如表 8-16 所示为 grid_display 模块信号接口。

表 8-16 grid_display 模块信号接口

信 号 名 称	输入/输出	位 宽	说 明
pclk	输入	1	像素时钟
rst_n	输入	1	异步复位，低电平复位
i_hs	输入	1	视频行同步输入
i_vs	输入	1	视频场同步输入

续表

信 号 名 称	输入/输出	位　　宽	说　　明
i_de	输入	1	视频数据有效输入
i_data	输入	24	视频数据输入
o_hs	输出	1	带网格视频行同步输出
o_vs	输出	1	带网格视频场同步输出
o_de	输出	1	带网格视频数据有效输出
o_data	输出	24	带网格视频数据输出

　　ad9238_sample 模块主要完成 AD9238 的 A/D 数据采集和转换。首先把 A/D 模块采集到的数据进行有符号数转换(偏移二进制码转换成原码的方法为:最高位取反,得到其补码,再将补码转为原码),最后的数据只取 8 位数据(取高 8 位),数据宽度转换到 8 位(为了与其他 8 位的 A/D 模块程序兼容)。另外,每次采集 1024 个数据,然后等待一段时间再继续采集 1024 个数据。

```
always@(posedge adc_clk or posedge rst)
begin
if(rst == 1'b1)
        adc_data_d0 <= 12'd0;
else
        adc_data_d0 <= {~adc_data[11],adc_data[10:0]};
end

always@(posedge adc_clk or posedge rst)
begin
if(rst == 1'b1)
        adc_data_offset <= 13'd0;
else
        adc_data_offset <= adc_data_d0 + 13'd2048;
end

always@(posedge adc_clk or posedge rst)
begin
if(rst == 1'b1)
        adc_data_narrow <= 8'd0;
else
        adc_data_narrow <= adc_data_offset[11:4];
end
```

　　如表 8-17 所示为 ad9238_sample 模块信号接口。

表 8-17　ad9238_sample 模块信号接口

信 号 名 称	输入/输出	位　　宽	说　　明
adc_clk	输入	1	adc 系统时钟
rst	输入	1	异步复位,高复位

续表

信 号 名 称	输入/输出	位 宽	说 明
adc_data	输入	12	ADC 数据输入
adc_buf_wr	输出	1	ADC 数据写使能
adc_buf_addr	输出	12	ADC 数据写地址
adc_buf_data	输出	8	无符号 8 位 ADC 数据

wav_display 显示模块主要是完成波形数据的叠加显示,模块内含有一个双口 ram,写端口是由 A/D 模块(ad9238_sample)写入,读端口是显示模块。显示模块和 grid_display 模块的原理是一样的,此处不再赘述。如表 8-18 所示为 wav_display 模块信号接口。

表 8-18　wav_display 模块信号接口

信 号 名 称	输入/输出	位 宽	说 明
pclk	输入	1	像素时钟
rst_n	输入	1	异步复位,低电平复位
wave_color	输入	24	波形颜色,RGB
adc_clk	输入	1	ADC 模块时钟
adc_buf_wr	输入	1	ADC 数据写使能
adc_buf_addr	输入	12	ADC 数据写地址
adc_buf_data	输入	8	ADC 数据,无符号数
i_hs	输入	1	视频行同步输入
i_vs	输入	1	视频场同步输入
i_de	输入	1	视频数据有效输入
i_data	输入	24	视频数据输入
o_hs	输出	1	带网格视频行同步输出
o_vs	输出	1	带网格视频场同步输出
o_de	输出	1	带网格视频数据有效输出
o_data	输出	24	带网格视频数据输出

8.4　千兆以太网通信设计

8.4.1　简介

视频讲解

本实验将在 FPGA 芯片和 PC 之间实现千兆以太网数据通信,通信协议采用 Ethernet UDP。FPGA 通过 RGMII(Reduced Gigabit Media Independent Interface)总线和开发板上的 Gigabit PHY 芯片通信,Gigabit PHY 芯片将数据通过网线发给 PC,程序中实现了 ARP、UDP 及 PING 功能。

8.4.2　实验原理

1. 硬件介绍

在开发板上有 1 片 KSZ9031RNX 芯片,KSZ9031RNX 是一种完全集成的三速

（10BASE-T/100BASE-TX/1000BASE-T）以太网物理层收发器，用于通过标准 CAT-5 非屏蔽双绞线（Unshielded Twisted Pair，UTP）电缆发送和接收数据。

KSZ9031RNX 提供了简化的千兆位介质独立接口，可直接连接到千兆以太网处理器和交换机中的 RGMII MAC，实现 10Mbps/100Mbps/1000Mbps 的数据传输。硬件电路设计如图 8-20 所示。

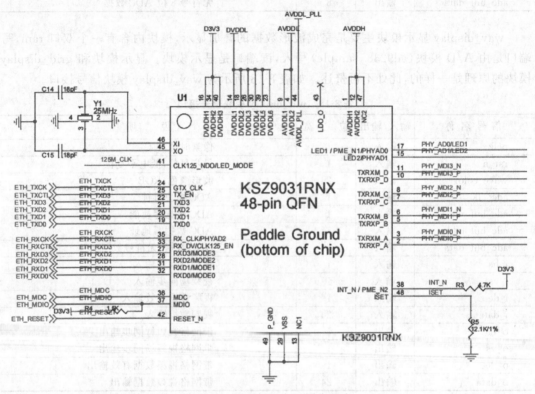

图 8-20   开发板以太网部分电路

2. 以太网帧

如图 8-21 所示为以太网的帧格式。

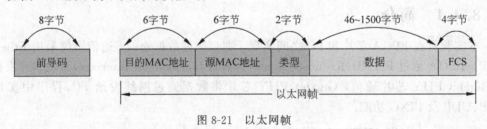

图 8-21   以太网帧

（1）前导码（Preamble）：8 字节，连续 7 个 8'h55 加 1 个 8'hd5，表示一个帧的开始，用于双方设备数据的同步。

（2）目的 MAC 地址：6 字节，存放目的设备的物理地址，即 MAC 地址。

（3）源 MAC 地址：6 字节，存放发送端设备的物理地址。

（4）类型：2 字节，用于指定协议类型，常用的有 0800 表示 IP 协议，0806 表示 ARP 协议，8035 表示 RARP 协议。

（5）数据：46~1500 字节，最少 46 字节，不足时需补全 46 字节，例如 IP 协议层就包含在数据部分，包括其 IP 头及数据。

（6）FCS：帧尾，4 字节，称为帧校验序列，采用 32 位 CRC 校验，对目的 MAC 地址字段到数据字段进行校验。

以 UDP 协议为例进一步扩展，可以看到其结构如图 8-22 所示，除了以太网首部的 14 字节，数据部分包含 IP 首部、UDP 首部和应用数据，共 46~1500 字节。

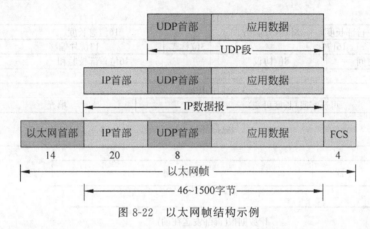

图 8-22　以太网帧结构示例

3. ARP 数据报格式

ARP(Address Resolution Protocol，地址解析协议)根据 IP 地址获取物理地址。主机发送包含目的 IP 地址的 ARP 请求广播（MAC 地址为 48'hff_ff_ff_ff_ff_ff）到网络上的主机，并接收返回消息，以此确定目标的物理地址，收到返回消息后将 IP 地址和物理地址保存到缓存中，并保留一段时间，下次请求时直接查询 ARP 缓存以节约资源。如图 8-23 所示为 ARP 数据报格式。

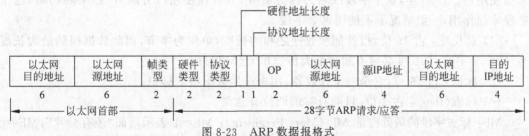

图 8-23　ARP 数据报格式

（1）帧类型：ARP 帧类型为两字节 0x0806。

（2）硬件类型：指链路层网络类型，1 为以太网。

（3）协议类型：指要转换的地址类型，采用 0x0800 IP 类型，之后的硬件地址长度和协议地址长度分别对应 6 和 4。

（4）OP 字段中 1 表示 ARP 请求，2 表示 ARP 应答。

例如，|ff ff ff ff ff ff|00 0a 35 01 fe c0|08 06|00 01|08 00|06|04|00 01|00 0a 35 01 fe c0|c0 a8 00 02| ff ff ff ff ff ff|c0 a8 00 03| 表示 192.168.0.3 地址发送 ARP 请求。

|00 0a 35 01 fe c0 | 60 ab c1 a2 d5 15 |08 06|00 01|08 00|06|04|00 02| 60 ab c1 a2 d5 15|c0 a8 00 03|00 0a 35 01 fe c0|c0 a8 00 02|表示向 192.168.0.2 地址发送 ARP 应答。

4. IP 数据报格式

如图 8-24 所示为 IP 分组的报文头格式，报文头的前 20 字节是固定的，后面为可变部分。

图 8-24　IP 分组的报文头格式

（1）版本号：占 4 位，指 IP 协议的版本，目前的 IP 协议版本号为 4（即 IPv4）。

（2）首部长度：占 4 位，可表示的最大数值是 15 个单位（一个单位为 4 字节），因此 IP 首部长度的最大值是 60 字节。

（3）区分服务：占 8 位，用来获得更好的服务，在旧标准中叫作服务类型，但实际上一直未被使用过。1998 年，这个字段改名为区分服务，只有在使用区分服务（DiffServ）时，这个字段才起作用，一般情况下不使用这个字段。

（4）总长度：占 16 位，指首部和数据之和的长度，单位为字节，因此数据报的最大长度为 65 535 字节，总长度必须不超过最大传送单元（MTU）。

（5）标识：占 16 位，它是一个计数器，用来产生数据报的标识。

（6）标志（flag）：占 3 位，目前只有前两位有意义。

MF：标志字段的最低位是 MF（More Fragment）；MF＝1 表示后面"还有分片"，MF＝0 表示最后一个分片；

DF：标志字段中间的一位是 DF（Don't Fragment），只有当 DF＝0 时才允许分片；最高位不使用。

(7) 片偏移：占 13 位，指的是较长的分组在分片后，某片在原分组中的相对位置，片偏移以 8 字节为偏移单位。

(8) 生存时间：占 8 位，记为 TTL (Time To Live) 数据报在网络中可通过的路由器数的最大值，TTL 字段是由发送端初始设置一个 8 位字段。推荐的初始值由 RFC 指定，当前值为 64。发送 ICMP 回显应答时经常把 TTL 设为最大值 255。

(9) 协议：占 8 位，指出此数据报携带的数据使用何种协议以便目的主机的 IP 层将数据部分上交给哪个处理过程，1 表示 ICMP 协议，2 表示 IGMP 协议，6 表示 TCP 协议，17 表示 UDP 协议。

(10) 首部校验和：占 16 位，只检验数据报的首部，不检验数据部分，采用二进制反码求和，即将 16 位数据相加后，再将进位与最低位相加，直到进位为 0，最后将 16 位数据取反。

(11) 源地址和目的地址：都各占 4 字节，分别记录源地址和目的地址。

5. UDP

UDP(User Datagram Protocol，用户数据报协议)只提供一种基本的、低延迟的被称为数据报的通信。所谓数据报，就是一种自带寻址信息，从发送端到接收端的数据包。UDP 经常用于图像传输、网络监控数据交换等数据传输速度要求比较高的场合。UDP 的报头由 4 个域组成，其中每个域各占用 2 字节，如图 8-25 所示。

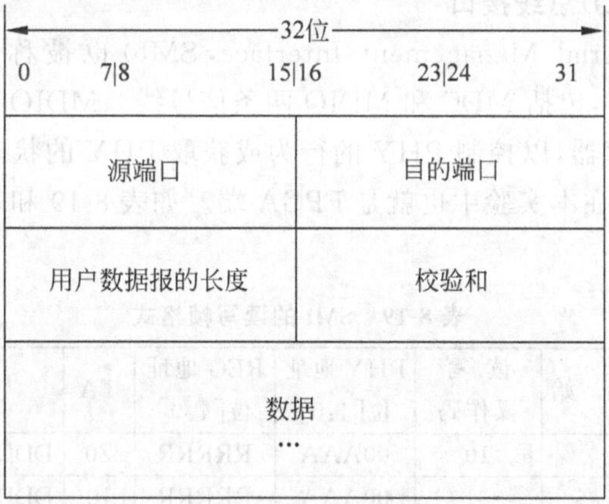

图 8-25　UDP 报文

UDP 使用端口号为不同的应用保留其各自的数据传输通道。数据发送方将 UDP 数据报通过源端口发送出去，而数据接收方则通过目标端口接收数据。数据报的长度是指包括报头和数据部分在内的总字节数。因为报头的长度是固定的，所以该域主要被用来计算可变长度的数据部分(又称为数据负载)。数据报的最大长度根据操作环境的不同而不同。从理论上说，包含报头在内的数据报的最大长度为 65 535 字节。不过，一些实际应用往往会限制数据报的大小，有时会降低到 8192 字节。

UDP 使用报头中的校验和来保证数据的安全。校验和首先在数据发送方通过特殊的算法计算得出，在传递到接收方之后，还需要重新计算。如果某个数据报在传输过程中被第三方篡改或者由于线路噪声等原因受到损坏,那么发送方和接收方的校验和将不会相符,由此 UDP 可以检测是否出错。虽然 UDP 提供了错误检测,但当检测到错误时,只是简单地把损坏的消息段扔掉,或者给应用程序提供警告信息。

6. Ping 功能

ICMP 是 TCP/IP 协议族的一个 IP 层子协议,包含在 IP 数据报中,用于在 IP 主机、路由器之间传递控制消息。控制消息是指网络是否连通、主机是否可达等。如图 8-26 所示为 ICMP 报文格式;如图 8-27 所示为 ICMP 的报文类型,Ping 功能采用回送请求和回答报文,回送请求报文类型为 8'h08,回答报文类型为 8'h00。

<table>
<tr><td>1</td><td>1</td><td>2</td></tr>
<tr><td>类型</td><td>代码</td><td>校验和</td></tr>
<tr><td colspan="3">此4字节取决于ICMP报文类型</td></tr>
<tr><td colspan="3">ICMP数据部分
(长度取决于类型)</td></tr>
</table>

图 8-26 ICMP 报文

类型值(十进制)	ICMP报文类型
0	回送应答
3	终点不可达
4	源点抑制
5	改变路由
8	回送请求
11	时间超时

图 8-27 报文类型

7. SMI(MDC/MDIO)总线接口

串行管理接口(Serial Management Interface,SMI)也被称作 MII 管理接口(MII Management Interface),包括 MDC 和 MDIO 两条信号线。MDIO 是一个 PHY 管理接口,用来读/写 PHY 的寄存器,以控制 PHY 的行为或获取 PHY 的状态;MDC 为 MDIO 提供时钟,由 MAC 端提供,在本实验中也就是 FPGA 端。如表 8-19 和表 8-20 所示为 SMI 的读写帧格式以及格式说明。

表 8-19 SMI 的读写帧格式

	前导码	帧起始	读/写操作码	PHY 地址位[4:0]	REG 地址位[4:0]	TA	数据位[15:0]	空闲
读取	32 1'S	01	10	00AAA	RRRRR	Z0	DDDDDDDD_DDDDDDDD	Z
写入	32 1'S	01	01	00AAA	RRRRR	10	DDDDDDDD_DDDDDDDD	Z

表 8-20 SMI 格式说明

名　称	说　明
前导码	由 MAC 发送 32 个连续的逻辑 1,同步于 MDC 信号,用于 MAC 与 PHY 之间的同步
帧起始	帧开始位,固定为 01
读/写操作码	操作码,10 表示读,01 表示写
物理地址[4:0]	PHY 的地址,5 位
寄存器地址[4:0]	寄存器地址,5 位

续表

名　　称	说　　明
转向	MDIO 方向转换。在写状态下,不需要转换方向,值为 10;在读状态下,MAC 输出端为高阻态,在第二个周期,PHY 将 MDIO 拉低
数据位[15:0]	共 16 位数据
空闲	空闲状态,此状态下 MDIO 为高阻态,由外部上拉电阻拉高

如图 8-28 所示为 SMI 读时序,可以看到,在 Turn Around 状态下,第一个周期 MDIO 为高阻态,第二个周期由 PHY 端拉低。

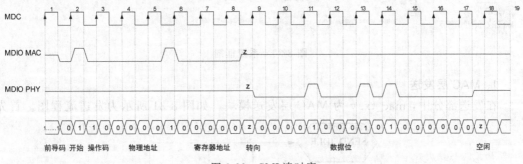

图 8-28　SMI 读时序

如图 8-29 所示为 SMI 写时序,为了能够正确采集到数据,在 MDC 上升沿之前就需要把数据准备好,在本实验中为下降沿发送数据,上升沿接收数据。

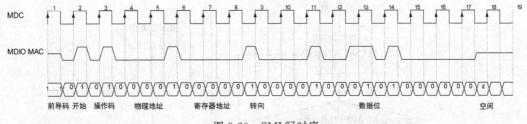

图 8-29　SMI 写时序

8.4.3　程序解读

本实验以千兆以太网 RGMII 通信为例来设计 Verilog 程序,先发送预设的 UDP 数据到网络,每秒发送一次,如果 FPGA 检测网口发来的 UDP 的数据包,会把接收到的数据包存储在 FPGA 内部的 RAM 中,再不断地将 RAM 中的数据包通过网口发回到以太网中。程序分为发送和接收两部分,实现了 ARP、UDP、Ping 功能。系统框图如图 8-30 所示。

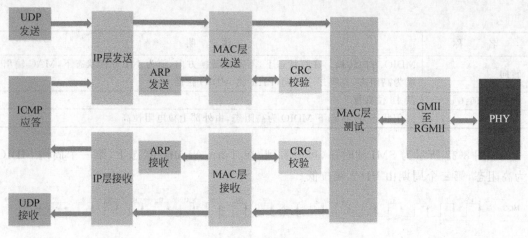

图 8-30　系统框图

1. MAC 层发送

在发送部分中，mac_tx.v 为 MAC 层发送模块。如图 8-31 所示为发送流程图。首先

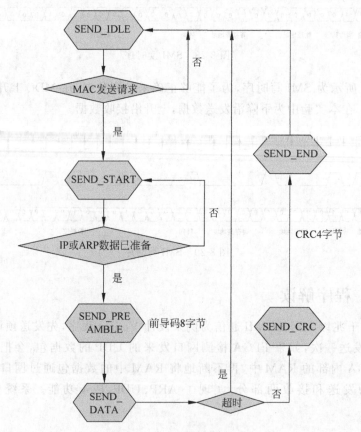

图 8-31　发送流程图

在 SEND_IDLE 状态,等待 mac_tx_req 信号(MAC 请求发送数据)。mac_tx_req 为高时进入开始发送状态(SEND_START),如果 mac_tx_ready 信号为高,则表明 IP 或 ARP 数据已准备好,进入发送前导码状态(SEND_PREAMBLE),结束时发送 mac_data_req,请求 IP 或 ARP 的数据,之后进入发送数据状态,最后进入发送 CRC 状态。在发送数据的过程中,需要同时进行 CRC 校验。如表 8-21 所示为 mac_tx.v 模块信号接口。

表 8-21 mac_tx.v 模块信号接口

信 号 名 称	输入/输出	位　宽	说　明
clk	输入	1	系统时钟
rst_n	输入	1	异步复位,低电平复位
crc_result	输入	32	CRC32 结果
crcen	输出	1	CRC 使能信号
crcre	输出	1	CRC 复位信号
crc_din	输出	8	CRC 模块输入信号
mac_frame_data	输入	8	从 IP 或 ARP 来的数据
mac_tx_req	输入	1	MAC 的发送请求
mac_tx_ready	输入	1	IP 或 ARP 数据已准备好
mac_tx_end	输入	1	IP 或 ARP 数据已经传输完毕
mac_tx_data	输出	8	向 PHY 发送数据
mac_send_end	输出	1	MAC 数据发送结束
mac_data_valid	输出	1	MAC 数据有效信号,即 gmii_tx_en
mac_data_req	输出	1	MAC 层向 IP 或 ARP 请求数据

2. MAC 发送模式

工程中的 mac_tx_mode.v 用于发送模式选择,根据发送模式是 IP 或 ARP 选择相应的信号与数据。程序中用到了一个状态机,主要是判断 arp_tx_req 和 ip_tx_req 哪一个信号为高,以进入相应的状态,最后选择 IP 数据或者 ARP 数据。

```
always@(posedge clk or negedge rst_n)
begin
if(~rst_n)begin
        mac_tx_ready   <= 1'b0;
        mac_tx_data    <= 8'h00;
        mac_tx_end     <= 1'b0;end
    else if(state == ARP)begin
        mac_tx_ready   <= arp_tx_ready ;
        mac_tx_data    <= arp_tx_data ;
        mac_tx_end     <= arp_tx_end ;end
    else if(state == IP)begin
        mac_tx_ready   <= ip_tx_ready ;
        mac_tx_data    <= ip_tx_data ;
        mac_tx_end     <= ip_tx_end ;end
```

```
    else begin
        mac_tx_ready    <= 1'b0;
        mac_tx_data     <= 8'h00;
        mac_tx_end      <= 1'b0;end
    end
```

如表 8-22 所示为 mac_tx_mode 模块信号接口。

表 8-22　mac_tx_mode 模块信号接口

信 号 名 称	输入/输出	位 宽	说　　明
clk	输入	1	系统时钟
rst_n	输入	1	异步复位,低电平复位
mac_send_end	输入	1	MAC 发送结束
arp_tx_req	输入	1	ARP 发送请求
arp_tx_ready	输入	1	ARP 数据已准备好
arp_tx_data	输入	8	ARP 数据
arp_tx_end	输入	1	ARP 数据发送到 MAC 层结束
arp_tx_ack	输入	1	ARP 发送响应信号
ip_tx_req	输入	1	IP 发送请求
ip_tx_ready	输入	1	IP 数据已准备好
ip_tx_data	输入	8	IP 数据
ip_tx_end	输入	1	IP 数据发送到 MAC 层结束
ip_tx_ack	输出	1	IP 发送响应信号
mac_tx_ready	输出	1	MAC 数据已准备好信号
mac_tx_ack	输入	1	MAC 发送响应信号
mac_tx_req	输出	1	MAC 发送请求
mac_tx_data	输出	8	MAC 发送数据
mac_tx_end	输出	1	MAC 数据发送结束

3. ARP 发送

在发送部分中,arp_tx.v 为 ARP 发送模块。如图 8-32 所示为 ARP 发送流程图,在 IDLE 状态下,等待 ARP 发送请求或 ARP 应答请求信号,之后进入 ARP 发送请求等待或者 ARP 应答等待状态,并通知 MAC 层数据已经准备好。等待过程中接收到 mac_data_req 信号为高时,进入 ARP 请求或 ARP 应答数据发送状态。由于数据不足 46 字节,所以需要补全 46 字节发送(以太网帧中数据为 46~1500 字节,至少 46 字节,而 ARP 只有 28 字节)。如表 8-23 所示为 arp_tx 模块信号接口。

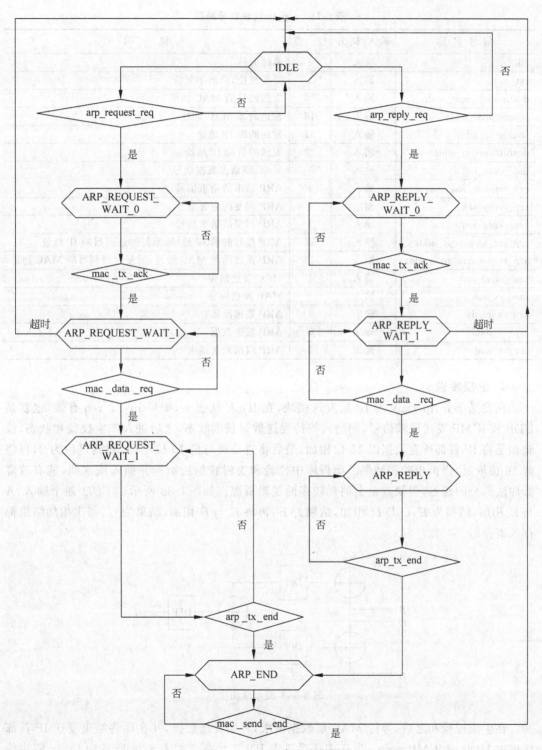

图 8-32 ARP 发送流程图

表 8-23 arp_tx 模块信号接口

信 号 名 称	输入/输出	位 宽	说 明
clk	输入	1	系统时钟
rst_n	输入	1	异步复位，低电平复位
destination_mac_addr	输入	48	发送的目的 MAC 地址
source_mac_addr	输入	48	发送的源 MAC 地址
source_ip_addr	输入	32	发送的源 IP 地址
destination_ip_addr	输入	32	发送的目的 IP 地址
mac_data_req	输入	1	MAC 层请求数据信号
arp_request_req	输入	1	ARP 请求的请求信号
arp_reply_ack	输出	1	ARP 回复的应答信号
arp_reply_req	输入	1	ARP 回复的请求信号
arp_rec_source_ip_addr	输入	32	ARP 接收的源 IP 地址，回复时放到目的 IP 地址
arp_rec_source_mac_addr	输入	48	ARP 接收的源 MAC 地址，回复时放到目的 MAC 地址
mac_send_end	输入	1	MAC 发送结束
mac_tx_ack	输入	1	MAC 发送应答
arp_tx_ready	输出	1	ARP 数据准备好
arp_tx_data	输出	8	ARP 发送数据
arp_tx_end	输出	1	ARP 数据发送结束

4. IP 层发送

在发送部分，ip_tx.v 为 IP 层发送模块，在 IDLE 状态下，如果 ip_tx_req 有效，也就是 UDP 或 ICMP 发送请求信号，则进入等待发送数据长度状态，之后进入产生校验和状态，校验和是将 IP 首部所有数据以 16 位相加，最后将进位再与低 16 位相加，直到进位为 0，再将低 16 位取反，得出校验和结果。此程序中校验和为树状加法结构并插入流水线，能有效降低加法部分的延迟，但缺点是会消耗较多的逻辑资源。如图 8-33 所示，ABCD 四个输入，A 与 B 相加，结果为 E，C 与 D 相加，结果为 F，再将 E 与 F 相加，结果为 G，每次相加结果都存入寄存器。

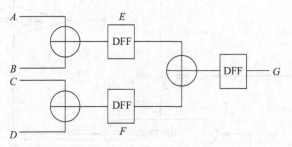

图 8-33 流水线加法

在生成校验和之后，等待 MAC 层数据请求，开始发送数据，并在即将结束发送 IP 首部后请求 UDP 或 ICMP 数据。发送完成后进入 IDLE 状态。如表 8-24 所示为 ip_tx 模块信号接口。

表 8-24　ip_tx 模块信号接口

信 号 名 称	输入/输出	位 宽	说 　 明
clk	输入	1	系统时钟
rst_n	输入	1	异步复位,低电平复位
destination_mac_addr	输入	48	发送的目的 MAC 地址
source_mac_addr	输入	48	发送的源 MAC 地址
source_ip_addr	输入	32	发送的源 IP 地址
destination_ip_addr	输入	32	发送的目的 IP 地址
TTL	输入	8	生存时间
ip_send_type	输入	8	上层协议号,如 UDP,ICMP
upper_layer_data	输入	8	从 UDP 或 ICMP 过来的数据
upper_data_req	输出	1	向上层请求数据
mac_tx_ack	输入	1	MAC 发送应答
mac_send_end	输入	1	MAC 发送结束信号
mac_data_req	输入	1	MAC 层请求数据信号
upper_tx_ready	输入	1	上层 UDP 或 ICMP 数据准备好
ip_tx_req	输入	1	发送请求,从上层过来
ip_send_data_length	输入	16	发送数据总长度
ip_tx_ack	输出	1	产生 IP 发送应答
ip_tx_busy	输出	1	IP 发送忙信号
ip_tx_ready	输出	1	IP 数据已准备好
ip_tx_data	输出	8	IP 数据
ip_tx_end	输出	1	IP 数据发送到 MAC 层结束

5. IP 发送模式

工程中的 ip_tx_mode.v 为发送模式选择,根据发送模式是 UDP 或 ICMP 选择相应的信号与数据。这里的原理和 MAC 层发送 ARP 或 IP 的原理类似。

```
always@(posedge clk or negedge rst_n)
begin
if(~rst_n)begin
        ip_tx_ready    <= 1'b0;
        ip_tx_data     <= 8'h00;
        ip_send_type   <= ip_udp_type ;end
else if(state == UDP)begin
        ip_tx_ready    <= udp_tx_ready ;
        ip_tx_data     <= udp_tx_data ;
```

```
                 ip_send_type      <= ip_udp_type ;end
       else if(state == ICMP)begin
                 ip_tx_ready       <= icmp_tx_ready ;
                 ip_tx_data        <= icmp_tx_data ;
                 ip_send_type      <= ip_icmp_type ;end
       else begin
                 ip_tx_ready       <= 1'b0;
                 ip_tx_data        <= 8'h00;
                 ip_send_type      <= ip_udp_type ;end
       end
```

如表 8-25 所示为 ip_tx_mode 模块信号接口。

表 8-25　ip_tx_mode 模块信号接口

信 号 名 称	输入/输出	位　宽	说　　明
clk	输入	1	系统时钟
rst_n	输入	1	异步复位,低电平复位
mac_send_end	输入	1	MAC 数据发送结束
udp_tx_req	输入	1	UDP 发送请求
udp_tx_ready	输入	1	UDP 数据准备好
udp_tx_data	输入	8	UDP 发送数据
udp_send_data_length	输入	16	UDP 发送数据长度
udp_tx_ack	输出	1	输出 UDP 发送应答
icmp_tx_req	输入	1	ICMP 发送请求
icmp_tx_ready	输入	1	ICMP 数据准备好
icmp_tx_data	输入	8	ICMP 发送数据
icmp_send_data_length	输入	16	ICMP 发送数据长度
icmp_tx_ack	输出	1	ICMP 发送应答
ip_tx_ack	输入	1	IP 发送应答
ip_tx_req	输入	1	IP 发送请求
ip_tx_ready	输出	1	IP 数据已准备好
ip_tx_data	输出	8	IP 数据
ip_send_type	输出	8	上层协议号,如 UDP、ICMP
ip_send_data_length	输出	16	发送数据总长度

6. UDP 发送

在发送部分中,udp_tx.v 为 UDP 发送模块,第一步将数据写入 UDP 发送 RAM,同时计算校验和,第二步将 RAM 中数据发送出去。UDP 校验和与 IP 校验和的计算方法一致。在计算时需要将伪首部加上,伪首部包括目的 IP 地址、源 IP 地址、网络类型、UDP 数据长度。如表 8-26 所示为 udp_tx 模块信号接口。

表 8-26 udp_tx 模块信号接口

信号名称	输入/输出	位宽	说明
clk	输入	1	系统时钟
rst_n	输入	1	异步复位,低电平复位
source_ip_addr	输入	32	发送的源 IP 地址
destination_ip_addr	输入	32	发送的目的 IP 地址
udp_send_source_port	输入	16	源端口号
udp_send_destination_port	输入	16	目的端口号
udp_send_data_length	输入	16	UDP 发送数据长度,用需给出其值
ram_wr_data	输入	8	写 UDP 的 RAM 数据
ram_wr_en	输入	1	写 RAM 使能
udp_ram_data_req	输出	1	请求写 RAM 数据
mac_send_end	输入	1	MAC 发送结束信号
udp_tx_req	输入	1	UDP 发送请求
ip_tx_req	输出	1	IP 发送请求
ip_tx_ack	输入	1	IP 应答
udp_data_req	输入	1	IP 层请求数据
udp_tx_ready	输出	1	UDP 数据准备好
udp_tx_data	输出	8	UDP 数据
udp_tx_end	输出	1	UDP 发送结束(未使用)
almost_full	输出	1	FIFO 接近满标志

7. MAC 层接收

在接收部分,其中 mac_rx.v 为 MAC 层接收文件。如图 8-34 所示为接收流程图,首先在 IDLE 状态下需要判断 rx_dv 信号是否为高,在 REC_PREAMBLE 状态下,接收前导码。之后进入接收 MAC 头部状态,包括目的 MAC 地址、源 MAC 地址、类型,将它们缓存起来,并在此状态判断前导码是否正确,若错误则进入 REC_ERROR 错误状态,在 REC_IDENTIFY 状态判断类型是 IP(8'h0800)或 ARP(8'h0806)。然后进入接收数据状态,将数据传送到 IP 或 ARP 模块,等待 IP 或 ARP 数据接收完毕,再接收 CRC 数据。并在接收数据的过程中对接收的数据进行 CRC 处理,将结果与接收到的 CRC 数据进行对比,判断数据是否接收正确,正确则结束,错误则进入 ERROR 状态。如表 8-27 所示为 mac_rx 模块信号接口。

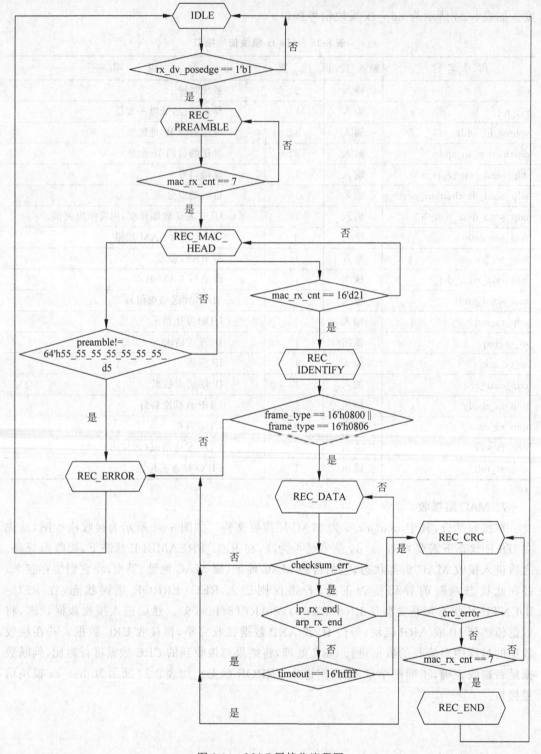

图 8-34　MAC 层接收流程图

表 8-27　mac_rx 模块信号接口

信 号 名 称	输入/输出	位　　宽	说　　明
clk	输入	1	系统时钟
rst_n	输入	1	异步复位,低电平复位
crc_result	输入	32	CRC32 结果
crcen	输出	1	CRC 使能信号
crcre	输出	1	CRC 复位信号
crc_din	输出	8	CRC 模块输入信号
rx_dv	输入	1	从 PHY 层过来的 rx_dv 信号
mac_rx_datain	输入	8	从 PHY 层接收的数据
checksum_err	输入	1	IP 层校验和错误
ip_rx_end	输入	1	IP 层接收结束
arp_rx_end	输入	1	ARP 层接收结束
ip_rx_req	输出	1	请求 IP 层接收
arp_rx_req	输出	1	请求 ARP 接收
mac_rx_dataout	输出	8	MAC 层接收数据输出给 IP 或 ARP
mac_rec_error	输出	1	MAC 层接收错误
mac_rx_destination_mac_addr	输出	48	MAC 接收的目的 IP 地址
mac_rx_source_mac_addr	输出	48	MAC 接收的源 IP 地址

8. ARP 接收

工程中的 arp_rx.v 为 ARP 接收模块,实现 ARP 数据接收。如图 8-35 所示为 ARP 接收流程图。在 IDLE 状态下,接收到从 MAC 层发来的 arp_rx_req 信号,进入 ARP 接收状态(ARP_REC_DATA),在此状态下,通过 arp_rx_cnt 字节计数器,提取出目的 MAC 地址、源 MAC 地址、目的 IP 地址、源 IP 地址,并判断操作码 OP 是请求还是应答。

如果是请求,则判断接收到的目的 IP 地址是否为本机地址,如果是,则发送应答信号 arp_reply_req; 如果不是,则忽略。

```
always@(posedge clk or negedge rst_n)
begin
if(~rst_n)
    arp_reply_req <= 1'b0;
else if(arp_rx_req)
    arp_reply_req <= 1'b0;
else if(arp_reply_ack)
    arp_reply_req <= 1'b0;
else if(state == ARP_END)
begin
if(arp_rec_op == ARP_REQUEST_CODE && arp_rec_destination_ip_addr == local_ip_addr)
        arp_reply_req <= 1'b1;end
end
```

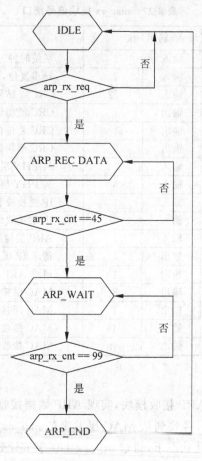

图 8-35 ARP 接收流程图

如果 OP 是应答，则判断接收到的目的 IP 地址及目的 MAC 地址是否与本机一致，如果是，则拉高 arp_found 信号，表明接收到了对方的地址，并将对方的 MAC 地址及 IP 地址存入 ARP 缓存中。

```verilog
always@(posedge clk or negedge rst_n)begin
if(~rst_n)
    arp_found <= 1'b0;
else if(state == ARP_END)begin
if(arp_rec_op == ARP_REPLY_CODE && arp_rec_destination_ip_addr == local_ip_addr && arp_rec_
destination_mac_addr == local_mac_addr)
        arp_found <= 1'b1;end
else
    arp_found <= 1'b0;
end
```

如表 8-28 所示为 arp_rx 模块信号接口。

表 8-28　arp_rx 模块信号接口

信 号 名 称	输入/输出	位　宽	说　　　明
clk	输入	1	系统时钟
rst_n	输入	1	异步复位,低电平复位
local_ip_addr	输入	32	本地 IP 地址
local_mac_addr	输入	48	本地 MAC 地址
arp_rx_data	输入	8	ARP 接收数据
arp_rx_req	输入	1	ARP 接收请求
arp_rx_end	输出	1	ARP 接收完成
arp_reply_ack	输入	1	ARP 回复应答
arp_reply_req	输出	1	ARP 回复请求
arp_rec_source_ip_addr	输入	32	ARP 接收的源 IP 地址
arp_rec_source_mac_addr	输入	48	ARP 接收的源 MAC 地址
arp_found	输出	1	ARP 接收到请求应答正确

9. IP 层接收模块

在工程中,ip_rx 为 IP 层接收模块,实现 IP 层的数据接收,信息提取,并进行校验和检查。如图 8-36 所示为 IP 层接收流程图。首先在 IDLE 状态下,判断从 MAC 层发过来的 ip_rx_req 信号,进入接收 IP 首部状态,在 REC_HEADER0 提取出首部长度及 IP 总长度。

```
                                             //ip 头部长度
always@(posedge clk or negedge rst_n)begin
if(~rst_n)
    header_length_buf <= 4'd0;
else if(state == REC_HEADER0 && ip_rx_cnt == 16'd0)
    header_length_buf <= ip_rx_data[3:0];
end
                                             //ip 数据总长度
always@(posedge clk or negedge rst_n)begin
if(~rst_n)
    ip_rec_data_length <= 16'd0;
else if(state == REC_HEADER0 && ip_rx_cnt == 16'd2)
    ip_rec_data_length[15:8]<= ip_rx_data ;
else if(state == REC_HEADER0 && ip_rx_cnt == 16'd3)
    ip_rec_data_length[7:0]<= ip_rx_data ;
end
```

进入 REC_HEADER1 状态后,提取出目的 IP 地址、源 IP 地址、协议类型,根据协议类型发送 udp_rx_req 或 icmp_rx_req。

```
always@(posedge clk or negedge rst_n)begin
if(~rst_n)
    net_protocol <= 8'd0;
else if(state == REC_HEADER1 && ip_rx_cnt == 16'd9)
```

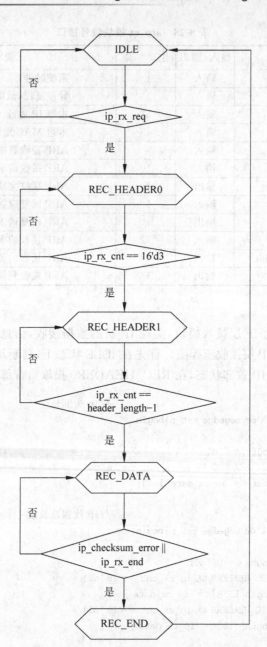

图 8-36 IP 层接收流程图

```
    net_protocol <= ip_rx_data ;
end
                                        //ip 源地址
always@(posedge clk or negedge rst_n)begin
if(~rst_n)
    ip_rec_source_addr <= 32'd0;
```

```
else if(state == REC_HEADER1 && ip_rx_cnt == 16'd12)
    ip_rec_source_addr[31:24]<= ip_rx_data ;
else if(state == REC_HEADER1 && ip_rx_cnt == 16'd13)
    ip_rec_source_addr[23:16]<= ip_rx_data ;
else if(state == REC_HEADER1 && ip_rx_cnt == 16'd14)
    ip_rec_source_addr[15:8]<= ip_rx_data ;
else if(state == REC_HEADER1 && ip_rx_cnt == 16'd15)
    ip_rec_source_addr[7:0]<= ip_rx_data ;
end
                                        //ip 目的地址
always@(posedge clk or negedge rst_n)begin
if(~rst_n)
    ip_rec_destination_addr <= 32'd0;
else if(state == REC_HEADER1 && ip_rx_cnt == 16'd16)
    ip_rec_destination_addr[31:24]<= ip_rx_data ;
else if(state == REC_HEADER1 && ip_rx_cnt == 16'd17)
    ip_rec_destination_addr[23:16]<= ip_rx_data ;
else if(state == REC_HEADER1 && ip_rx_cnt == 16'd18)
    ip_rec_destination_addr[15:8]<= ip_rx_data ;
else if(state == REC_HEADER1 && ip_rx_cnt == 16'd19)
    ip_rec_destination_addr[7:0]<= ip_rx_data ;
end
```

在接收首部的同时进行校验和检查,将首部接收的所有数据相加,存入 32 位寄存器,再将高 16 位与低 16 位相加,直到高 16 位为 0,再将低 16 位取反,判断其是否为 0,如果是 0,则检验正确;否则错误,进入 IDLE 状态,丢弃此帧数据,等待下次接收。

如表 8-29 所示为 ip_rx 模块信号接口。

表 8-29　ip_rx 模块信号接口

信 号 名 称	输入/输出	位 宽	说 明
clk	输入	1	系统时钟
rst_n	输入	1	异步复位,低电平复位
local_ip_addr	输入	32	本地 IP 地址
local_mac_addr	输入	48	本地 MAC 地址
ip_rx_data	输入	8	从 MAC 层接收的数据
ip_rx_req	输入	1	MAC 层发送的 IP 接收请求信号
mac_rx_destination_mac_addr	输入	48	MAC 层接收的目的 MAC 地址
udp_rx_req	输出	1	UDP 接收请求信号
icmp_rx_req	输出	1	ICMP 接收请求信号
ip_addr_check_error	输出	1	地址检查错误信号
upper_layer_data_length	输出	16	上层协议的数据长度
ip_total_data_length	输出	16	数据总长度
net_protocol	输出	8	网络协议号

续表

信 号 名 称	输入/输出	位　宽	说　　明
ip_rec_source_addr	输出	32	IP 层接收的源 IP 地址
ip_rec_destination_addr	输出	32	IP 层接收的目的 IP 地址
ip_rx_end	输出	1	IP 层接收结束
ip_checksum_error	输出	1	IP 层校验和检查错误信号

10. UDP 接收

在工程中，udp_rx.v 为 UDP 接收模块。此模块首先接收 UDP 首部，再接收数据部分，并将数据部分存入 RAM 中，在接收的同时进行 UDP 校验和检查，如果 UDP 数据是奇数个字节，那么在计算校验和时，在最后一字节后加上 8'h00，并进行校验和计算。校验方法与 IP 校验和一样，如果校验正确，则拉高 udp_rec_data_valid 信号，表明接收的 UDP 数据有效；否则无效，等待下次接收。如表 8-30 所示为 udp_rx 模块信号接口。

表 8-30　udp_rx 模块信号接口

信 号 名 称	输入/输出	位　宽	说　　明
clk	输入	1	系统时钟
rst_n	输入	1	异步复位，低电平复位
udp_rx_data	输入	8	UDP 接收数据
udp_rx_req	输入	1	UDP 接收请求
mac_rec_error	输入	1	MAC 层接收错误
net_protocol	输入	8	网络协议号
ip_rec_source_addr	输入	32	IP 层接收的源 IP 地址
ip_rec_destination_addr	输入	32	IP 层接收的目的 IP 地址
ip_checksum_error	输入	1	IP 层校验和检查错误信号
ip_addr_check_error	输入	1	地址检查错误信号
upper_layer_data_length	输入	16	上层协议的数据长度
udp_rec_ram_rdata	输出	8	UDP 接收 RAM 读数据
udp_rec_ram_read_addr	输入	11	UDP 接收 RAM 读地址
udp_rec_data_length	输出	16	UDP 接收数据长度
udp_rec_data_valid	输出	1	UDP 接收数据有效

11. ICMP 应答

在工程中，icmp_reply.v 实现 Ping 功能。首先接收其他设备发过来的 icmp 数据，判断类型是否是回送请求（ECHO REQUEST），如果是，则将数据存入 RAM，并计算校验和，判断校验和是否正确，如果正确则进入发送状态，将数据发送出去。如表 8-31 所示为 icmp_reply 模块信号接口。

表 8-31　icmp_reply 模块信号接口

信 号 名 称	输入/输出	位　宽	说　明
clk	输入	1	系统时钟
rst_n	输入	1	异步复位,低电平复位
mac_send_end	输入	1	MAC 发送结束信号
ip_tx_ack	输入	1	IP 发送应答
icmp_rx_data	输入	8	ICMP 接收数据
icmp_rx_req	输入	1	ICMP 接收请求
icmp_rev_error	输入	1	接收错误信号
upper_layer_data_length	输入	16	上层协议长度
icmp_data_req	输入	1	发送请求 ICMP 数据
icmp_tx_ready	输出	1	ICMP 发送准备好
icmp_tx_data	输出	8	ICMP 发送数据
icmp_tx_end	输出	1	ICMP 发送结束
icmp_tx_req	输出	1	ICMP 发送请求

12. ARP 缓存

在工程中,arp_cache.v 为 arp 缓存模块。首先将接收到的其他设备 IP 地址和 MAC 地址缓存,在发送数据之前,查询目的地址是否存在,如果不存在,则向目的地址发送 ARP 请求,等待应答。在设计文件中,只开辟了一个缓存空间,如果有需要,可扩展。如表 8-32 所示为 arp_cache 模块信号接口。

表 8-32　arp_cache 模块信号接口

信 号 名 称	输入/输出	位　宽	说　明
clk	输入	1	系统时钟
rst_n	输入	1	异步复位,低电平复位
arp_found	输入	1	ARP 接收到回复正确
arp_rec_source_ip_addr	输入	32	ARP 接收的源 IP 地址
arp_rec_source_mac_addr	输入	48	ARP 接收的源 MAC 地址
destination_ip_addr	输入	32	目的 IP 地址
destination_mac_addr	输出	48	目的 MAC 地址
mac_not_exist	输出	1	目的地址对应的 MAC 地址不存在

13. CRC 校验模块

一个 IP 数据包的 CRC32 校验是在目标 MAC 地址开始计算的,一直计算到一个包的最后一个数据为止。以太网的 CRC32 的 Verilog 的算法和多项式可以在网站 http://www.easics.com/webtools/crctool 中直接生成。如图 8-37 所示为 CRC 工具界面。

14. 以太网测试模块

测试模块实现数据流的控制,首先在按下 Key2 按键后发送 ARP 请求信号,直到对方

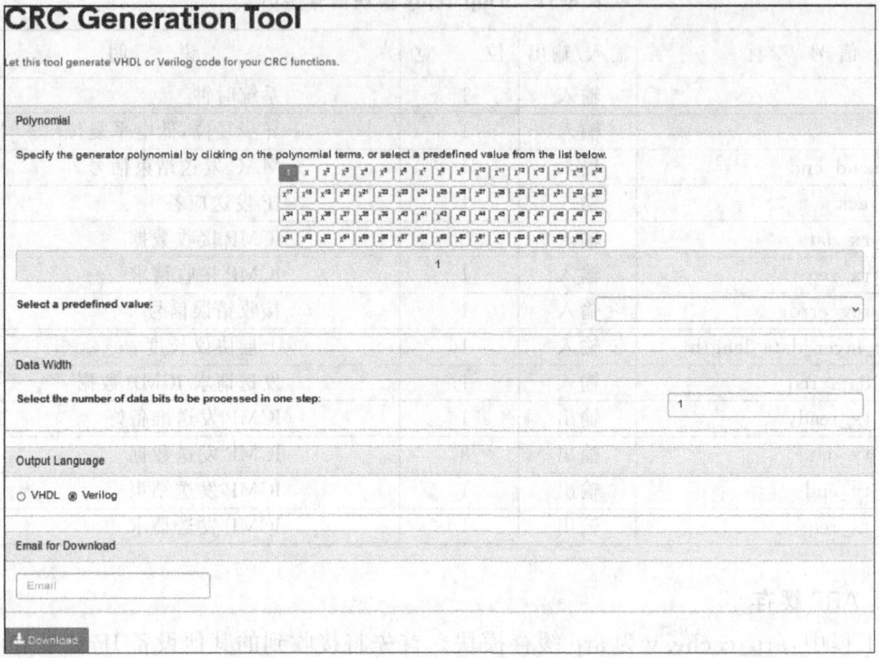

图 8-37 CRC 工具界面

回应，进入发送 UDP 数据状态，如果在 WAIT 状态时发现 UDP 接收数据有效，则将接收的数据发送出去。循环 1s 发送，在每次发送前需要检查目的 IP 地址是否能在 ARP 缓存里找到，如果没有，则发送 ARP 请求。如表 8-33 所示为 mac_test 模块信号接口。

表 8-33　mac_test 模块信号接口

信 号 名 称	输入/输出	位 宽	说 明
clk_50m	输入	1	系统时钟
rst_n	输入	1	异步复位，低电平复位
pack_total_len	输入	32	包长度
push_button	输入	1	按键信号
gmii_tx_clk	输入	1	GMII 发送时钟
gmii_rx_clk	输入	1	GMII 接收时钟
gmii_rx_dv	输入	1	接收数据有效信号
gmii_rxd	输入	8	接收数据
gmii_tx_en	输出	1	发送数据有效信号
gmii_txd	输出	8	发送数据

15. RGMII 转 GMII 模块

util_gmii_to_rgmii.v 文件是将 RGMII 信号转换成 GMII 信号，提取出控制信号与数据信号。与 PHY 连接的是 RGMII 接口。如图 8-38 和图 8-39 所示分别为 GMII 接口和

RGMII 接口示意图。

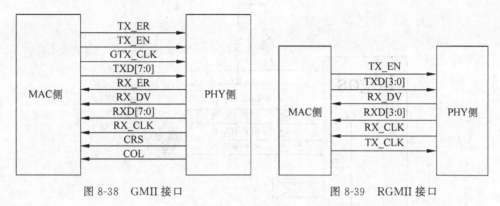

图 8-38　GMII 接口　　　　　　　　　图 8-39　RGMII 接口

RGMII 接口是 GMII 接口的简化版,在时钟的上升沿及下降沿都采样数据,上升沿发送 TXD[3:0]/RXD[3:0],下降沿发送 TXD[7:4]/RXD[7:4],TX_EN 传送 TX_EN(上升沿)和 TX_ER(下降沿)两种信息,RX_DV 传送 RX_DV(上升沿)和 RX_ER(下降沿)两种信息。

8.5　HSST 通信设计

8.5.1　简介

Pango 的 Logos 系列 FPGA 集成了串行高速收发器 HSST,可以实现高速串行数据通信。在 AXP50 开发板上,FPGA 的 HSST 的 2 个收发器通道已经连接到 2 路 SFP 光模块接口,只需要另外购买 SPF 的光模块就可以实现光纤的数据传输。本实验将介绍通过光纤连接实现光模块之间的数据收发测试。为了便于理解,本实验采用官方 HSST IP 自生成的 DEMO 来进行讲解。

8.5.2　实验原理

1. 硬件介绍

HSST IP 的内容在 6.7 章节中已讲述过,此处不再赘述。这里主要说明硬件设计,在开发板上有 2 个收发器通道连接到光模块接口 SFP1 和 SFP2 上,线速率范围 0.6~6.375Gb/s。FPGA 和光纤连接的设计示意图如图 8-40 所示。

硬件电路设计如图 8-41 所示,其中,SFP1 光模块接口 SFP1_TX_P、SFP1_TX_N、SFP1_RX_P 和 SFP1_RX_N 最终连接到 HSST 的 Lane0 上,SFP2 的 SFP2_TX_P、SFP2_TX_N、SFP2_RX_P 和 SFP2_RX_N 最终与 HSST 的 Lane1 相连。光模块的 LOSS 信号和 TX_Disable 信号连接到 FPGA 的普通 I/O 上。LOSS 信号用来检测光模块的光接收是否丢失,如果没有插入光纤或者连接上,则 LOSS 信号为高,否则为低。TX_Disable 信号用来使能或

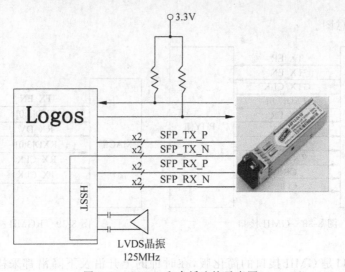

图 8-40　FPGA 和光纤连接示意图

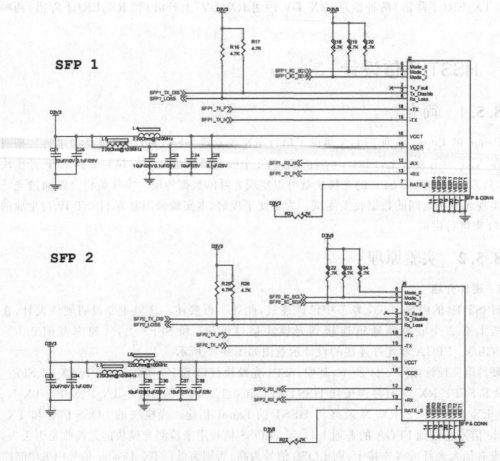

图 8-41　光纤部分原理图

者不使能光模块的光发射,如果 TX_Disable 信号为高,则光发射关闭,否则光发射使能。正常使用的时候需要拉低此信号。

2. HSST 程序

在测试 HSST 模块的工作是否正常之前,先要对 HSST IP 参数进行配置。新建一个工程 hsst_core,工程主界面选择 Tools→IP Compiler→HSST IP,完成后如图 8-42 所示选中 HSST IP。ipml_hsst_v1_2.iar 是一个独立 IP,没有集成到软件开发环境中,需自行添加 IP。添加 IP 到软件中的方法在 6.5 节中已讲过,此处不再赘述。

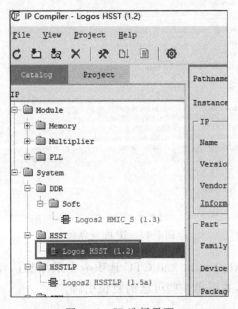

图 8-42　IP 选择界面

如图 8-43 所示,新建 HSST IP 并命名为 hsst_core,再单击 Customize 按钮。

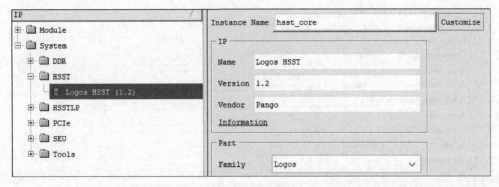

图 8-43　IP 命名

如图 8-44 所示,在弹出界面的 Protocol and Rate 选项卡中设置如下:Channel 0、

Channel 1、Channel 2、Channel 3 为 Fullduplex，通道数由硬件电路决定。其他参数设置分别为线速率 1.25Gbps，数据位宽 32 位，选择 8B10B 编解码，参考时钟 Diff_REFCK0，频率 125MHz，Protocol 选择 CUSTOMERIZEDX4。

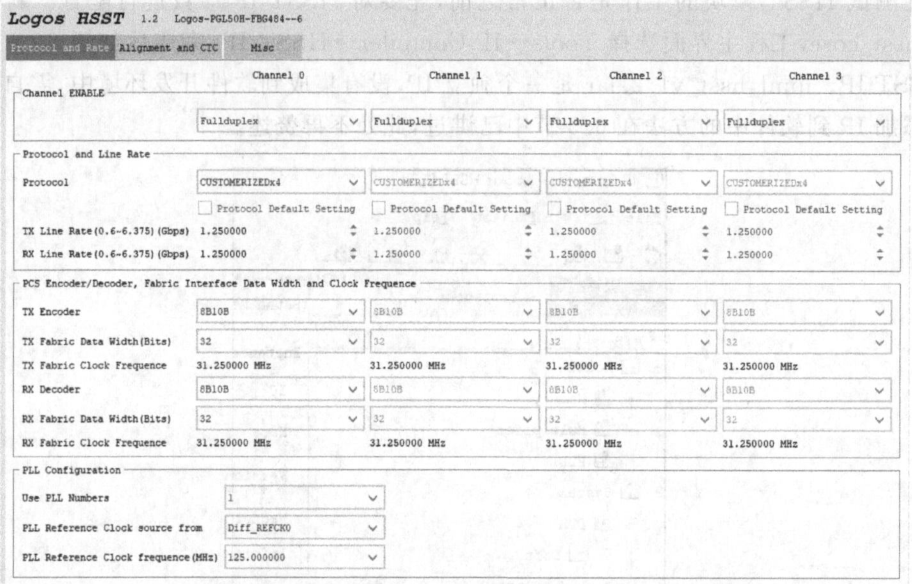

图 8-44　IP 配置界面 1

如图 8-45 所示，在 Alignment and CTC 选项卡中采用默认设置。在 Misc 选项卡中采用设置输入时钟 50MHz，并引出一些可选的复位引脚。

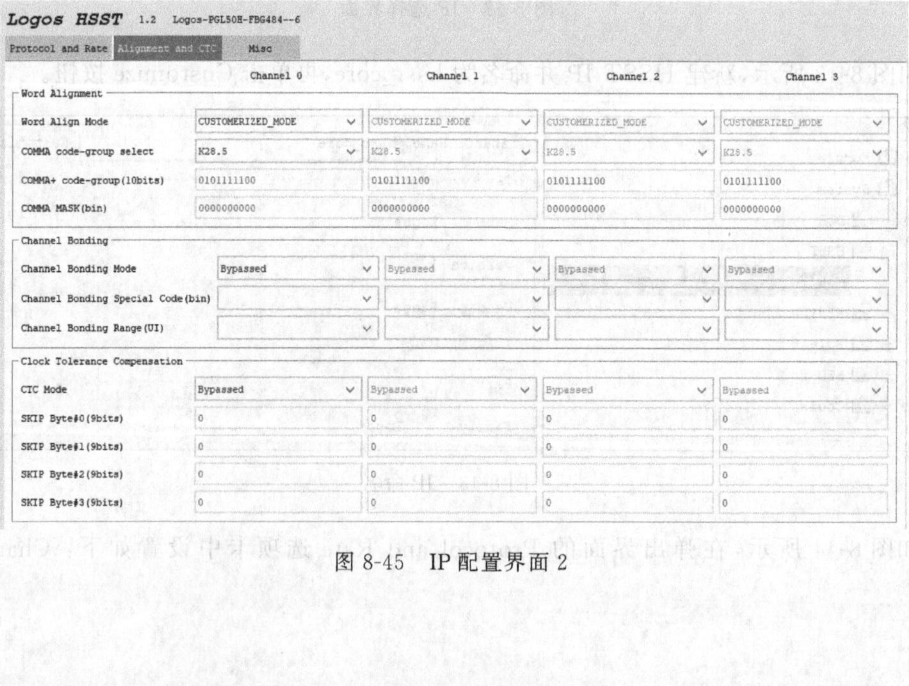

图 8-45　IP 配置界面 2

单击 Generate 按钮产生 IP 即可,软件会自动生成 DEMO。打开软件生成的 DEMO,其路径如图 8-46 所示。

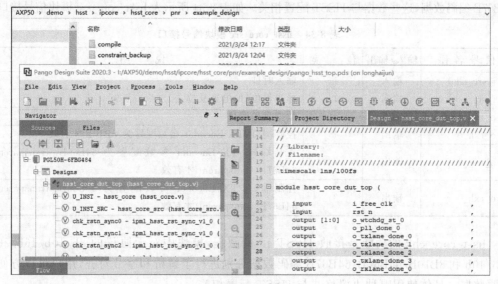

图 8-46　生成 IP 文件

自动生成的 DEMO 基本的功能都有,用户只需修改与硬件相对应的引脚分配及约束即可通信。

8.5.3　程序解读

程序系统框图如图 8-47 所示。

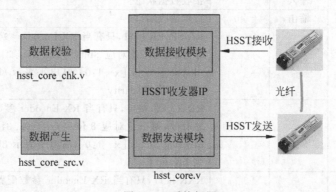

图 8-47　系统框图

hsst_core_src 模块产生测试数据,测试数据的格式会随 IP 的参数配置变化而变化,然后通过 HSST 收发器的发送接口把测试数据发送出去,例程中接收端口与发送端口采用回环方式(发送端口与接收端口对接)。收发器数据接收模块接收到回环的数据后传给数据校验模块,进行数据解析和校验。

hsst_core_src 产生如下数据:无协议的 8b/10b/16b/20b/32b/40b 和 8B10B/64B66B/64B67B 编码数据,这些数据与 HSST 配置相关。如表 8-34 所示为 hsst_core_src 模块信号接口。

表 8-34   hsst_core_src 模块信号接口

信 号 名 称	输入/输出	位　宽	说　明
i_src_clk0	输入	1	输入时钟
i_src_rstn	输入	1	异步复位,低电平复位
o_txd_0	输出	40	数据发送端口
o_txk_0	输出	4	控制端口,TX Encoder 参数配置为 8B10B 才有效
o_txq_0	输出	7	控制端口,TX Encoder 参数配置为 64B66B_transparent、64B67B_transparent 才有效
o_txh_0	输出	3	控制端口,TX Encoder 参数配置为 64B66B_transparent、64B67B_transparent 才有效

hsst_core_chk 的功能是接收 HSST IP 的数据,模块中对无协议的 8b/10b/16b/20b/32b/40b 和 8B10B/64B66B/64B67B 编码数据分别进行了解析和字节对齐,用户可以方便地还原数据。具体使用哪种协议格式与 HSST 配置相关。

如表 8-35 所示为 hsst_core_chk 模块信号接口。

表 8-35   hsst_core_chk 模块信号接口

信 号 名 称	输入/输出	位　宽	说　明
i_chk_clk0	输入	1	输入吋钟
i_chk_rstn	输入	1	异步复位,低电平复位
i_rxstatus_0	输入	3	接收数据状态
i_rxd_0	输出	40	数据接收端口
i_rdisper_0	输入	4	RDISP_ER 接口,只有当 RX Encoder 参数配置为 8B10B 时才有效,每一位对应 8bits i_rxd_{0..3},对应关系参见 i_tdispsel_{0..3}[x-1:0],高电平表示 8b10b Decoder 检测到 Invalid Disparity
i_rdecer_0	输入	4	RDEC_ER 接口,只有当 RX Encoder 参数配置为 8B10B 时才有效,每一位对应 8 位 i_rxd_{0..3},对应关系参见 i_tdispsel_{0..3}[x-1:0],高电平表示 8b10b Decoder 检测到 Invalid Code
i_rxk_0	输出	4	RXK 接口,只有当 RX Encoder 参数配置为 8B10B 时才有效,每一位对应 8 位 i_rxd_{0..3},对应关系参见 i_tdispsel_{0..3}[x-1:0]：1 表示 RXD 为 IEEE 802.3 1000BASE-X Specification 的 8b10b Special Code-Groups；0 表示 RXD 为 IEEE 802.3 1000BASE-X Specification 的 8b10b Data Code-Groups

信号名称	输入/输出	位　宽	说　　明
i_rxq_start_0	输入	1	RXQ_START 接口,只有当 RX Decoder 参数配置为 64B66B_transparent、64B67B_transparent 时才有效。1 表示 RXD 数据对应的 Sequence counter 为 0 的时刻;0 表示 RXD 数据对应的 Sequence counter 不为 0 的时刻
i_rxh_0	输入	3	RXH 接口,只有当 RX Decoder 参数配置 64B66B_transparent、64B67B_transparent 时才有效,每一位对应的 16 位或 32 位 i_rxd_{0..3},表示同步字输出;其中,[1:0] 对应 64B66B_transparent,[2:0] 对应 64B67B_transparent
i_rxh_vld_0	输入	1	RXH_VLD 接口,只有当 RX Decoder 参数配置为 64B66B_transparent、64B67B_transparent 时才有效,每一位对应 3bit o_rxh_{0..3},1 表示 RXH 数据有效;0 表示 RXH 数据无效
o_p_rxgear_slip_0	输出	1	控制端口,TX Encoder 参数配置为 64B66B_transparent 64B67B_transparent 时才有效
o_pl_err	输出	4	数据错误显示

hsst_core 为 HSST IP 的核文件,用户在应用时不用修改它。各端口的功能见 6.7 节介绍。

第 9 章

综合实验

视频讲解

9.1 基于 FPGA 的逻辑分析仪设计

9.1.1 简介

本实验设计基于 FPGA 的 16 通道逻辑分析仪,通过 HDMI 显示。逻辑分析仪是一种常用的数据信号测试仪器。应用在各种数字系统软硬件的调试测试、检查故障以及性能分析中。它可以用于检测数字电路工作中的逻辑信号,并在存储后用波形等方式直观地表示出来,以便于设计人员进行逻辑时序的检测,从而分析电路设计中出现的错误。在数字电路的调试中,通常需要同时测试多路信号的波形,分析它们之间的逻辑关系。

9.1.2 实验原理

1. 采样

逻辑分析仪是利用时钟从被测系统中采集和显示数字信号的仪器,主要作用在于时序判定和分析。逻辑分析仪不像示波器那样有许多电压等级,而是只显示两个电压(逻辑 1 和 0)。设定了参考电压后,逻辑分析仪将被测信号通过比较器进行判定,高于参考电压为逻辑 1,低于参考电压为逻辑 0,在 1 与 0 之间形成数字波形。在针对单片机、嵌入式、FPGA、DSP 等数字系统的测量测试时,相比于示波器,逻辑分析仪可以提供更好的时序精确度、更强大的逻辑分析手段以及大得多的数据采集量。如图 9-1 所示,一个待测信号使用 1Mb/s 采样率的逻辑分析仪进行采样,当参考电压(阈值电压)设定为 1.5V 时,逻辑分析仪每隔 1μs 将当前电压与 1.5V 相比较,超过 1.5V 判定为高电平(逻辑 1),低于 1.5V 判定为低电平(逻辑 0),从而生成一个采样点,然后将所有采集到的采样点(逻辑 1 和 0)连接形成一个波形,用户便可以从中观察和分析实际信号的时序、逻辑错误、相互关系等。

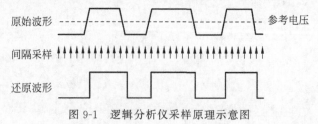

图 9-1 逻辑分析仪采样原理示意图

在本实验中,为了方便,16 通道输入的都是数字信号,如果是模拟信号,则需要电压比较器等硬件电路,在实验设计中采样原理如前所述,都是通过 1 个高频率信号采样,如在 200MHz 信号的上升沿判断输入信号的逻辑 0 或 1,这样就获得了一个采样点,多次采样后,将采样点连接成一条线,就可以显示出波形了。当然,采样频率越高,采样的精度就越高。

2. 触发

所谓触发,就是设置一定的条件,当被测信号满足该条件时,才开始采集数据,而所设定的条件就叫作触发条件。触发条件包括信号的跳变沿、高低电平或二者的组合等。触发条件要根据被测信号的特点来设置,比如在 UART 串口通信中,在空闲状态,即没有通信数据传送时,信号线上是高电平,而每一帧 UART 数据都是由空闲高电平到起始位低电平的变化开始的,所以就将触发条件设定为该通道上的下降沿。本逻辑分析仪主要支持以下几种触发方式:

(1) 电平触发——低电平触发、高电平触发。

(2) 边沿触发——上升沿触发、下降沿触发、边沿触发(上升沿或下降沿触发)。

(3) 立即触发——实时触发。

3. 触发通道

对于逻辑分析仪的触发,需要设定触发条件和对应的触发通道。逻辑分析仪会根据测量信号的设定状态进行采样。图 9-2 所示为 I²C 通信时序,在使用时一般以时钟信号 SCL 的上升沿或下降沿作为触发条件。数据信号 SDA 接入的通道设置为触发通道。对于是否需要存储采样数据,可依据设定触发通道是否满足触发条件进行判断。

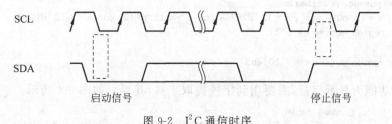

图 9-2 I²C 通信时序

9.1.3 程序解读

基于 FPGA 的逻辑分析仪设计实现框图如图 9-3 所示。

本实验和第 8 章中 A/D 采集数据的设计是类似的,下面讲解不一样的地方。

grid_display 模块用于绘制栅格和字符。采集的波形数据存储在 FPGA 内部定义的双口 RAM 中,存储深度为 1024 位,数据宽度为 16 位,这样数据的每一位就会对应每一个通道的数据波形,采样到高电平就存 1,采样到低电平就存 0。例如,其中一个波形数据为 16 位的 0000_0000_0011_1110,则表示第 1~5 通道采样为高电平,第 0、6~15 通道采样为低电平。

在水平部分显示栅格网络(栅格线用虚线显示),水平方向前 44 个像素点用来显示字符(ch_1、ch_2 等),水平方向上每隔 10 个像素点、垂直方向上每隔 2 个像素点形成虚线。显

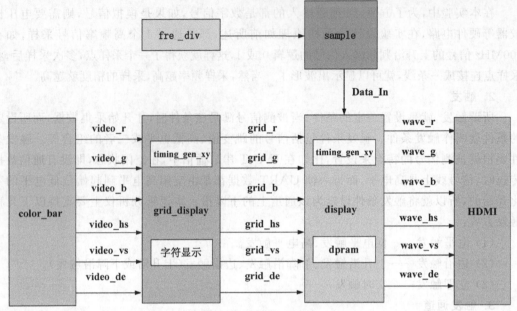

图 9-3　设计实现框图

示虚线的方式在前面已经讲过,在这里只需要改变标志信号就可以得到新的栅格。改变参数如下:

```
always@(posedge pclk)begin
if(pos_y >= 12'd0&& pos_y <= 12'd767&& pos_x >= 12'd44&& pos_x <= 12'd1023)
        region_active <= 1'b1;
else
        region_active <= 1'b0;end
```

其中新加的功能为显示字符,需要用到字模提取工具,其界面如图 9-4 所示。

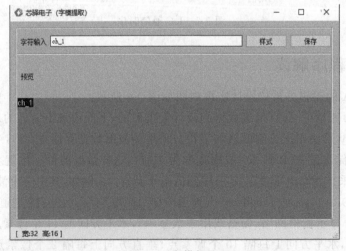

图 9-4　字模提取

在"字符输入"文本框输入所需要的字符(通过单击"样式"按钮更改字体和大小),设计好字符后单击"保存"按钮,保存格式为.dat文件,一定要记住左下角宽和高的值([宽:32、高:16]),这在代码中会体现出来。

```verilog
always@(posedge pclk)begin
if(region_active == 1'b1)begin
if(pos_y == 12'd767|| pos_y == 12'd0||(pos_y < 12'd1014&& pos_y > 12'd0&&grid_x == 9'd9&&
pos_y[1] == 1'b1))
            v_data <= {8'd139,8'd129,8'd29};
else
            v_data <= 24'h000000;end
else if(region_active1 == 1'b1)begin
if(q[osd_x[2:0]] == 1'b1)
            v_data <= 24'hff0000;
else
            v_data <= pos_data;end
else
        v_data <= pos_data;
end
/********************* ch_1 *********************/
always@(posedge pclk)begin
if(region_active1 == 1'b1)
        osd_x <= osd_x + 12'd1;
else
        osd_x <= 12'd0;end

always@(posedge pclk)begin
if(pos_vs_d1 == 1'b1&& pos_vs_d0 == 1'b0)
        osd_ram_addr <= 16'd0;
else if(region_active1 == 1'b1)
        osd_ram_addr <= osd_ram_addr + 16'd1;
end

always@(posedge pclk)begin
if(pos_y >= 12'd15&& pos_y <= 12'd30&& pos_x >= 12'd6&& pos_x <= 12'd37)
        region_active1 <= 1'b1;
else
        region_active1 <= 1'b0;end
ch_1 ch1_1 (
.addr(osd_ram_addr[15:3]),
.clk(pclk),
.rst(1'b0),
.rd_data(q)
);
```

同样地,我们也产生了一个标志信号(region_active1),但是区别在于它的大小是要根据字模提取器的宽和高的值来设定的。如宽为32,起始位置pos_x为6,那么它所在的区域就定了,为6+32-1=37,就是它截止的地方;高也是同理。如图9-5所示,调用ROM IP,

将刚才的.dat文件放入其中,然后再在有效区域内读出ROM中初始化文件的十六进制数,这样就可以在HDMI上显示字符(ch_1、ch_2等)。至于栅格颜色、字符颜色,都是通过改变v_data24位的值设置的,v_data就是RGB各8位,如 v_data <= 24'hff0000,就是 R 为 8'hff,G 和 B 都为 8'h00,所以显示红色字符。

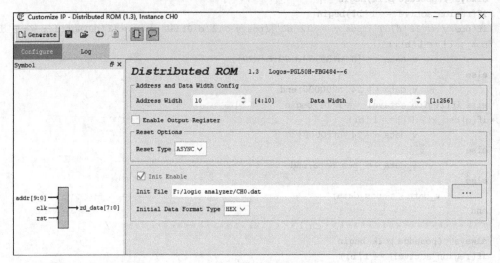

图 9-5　ROM配置界面

display模块的作用是划分16通道的显示区域,并且将输入数据的波形显示出来。显示器的分辨率为1024×768像素,因为总共有16个通道,所以垂直方向上分为16行,每行48个像素点,波形显示的范围为32个像素点,剩余的上、下各8个像素点作为各个通道的隔离部分。各通道的显示范围如表9-1所示。

表 9-1　通道显示范围

通　　道	范　　围	通　　道	范　　围
ch_1	8～40	ch_9	392～424
ch_2	56～88	ch_10	440～472
ch_3	104～136	ch_11	488～520
ch_4	152～184	ch_12	536～568
ch_5	200～232	ch_13	584～616
ch_6	248～280	ch_14	680～712
ch_7	296～328	ch_15	632～664
ch_8	344～376	ch_16	728～760

16通道可以看作由通道1、通道2、…、通道16组成的16位二进制数,然后存储在16个不同的地址中,每一通道的值可能持续为0和为1,也可能时刻变化。表9-2为一组16通道的波形数据,图9-6绘制了通道1和通道2的波形图。

表 9-2　16 通道波形数据

	ch_1	1	0	1	1	0	0	1	0	0	1	1	1	0	1	0	1
寄存器数据	ch_2	0	1	1	1	1	1	0	0	1	0	0	1	1	0	1	1
	…	…	…	…	…	…	…	…	…	…	…	…	…	…	…	…	…
	ch_15	0	1	1	0	1	0	1	0	1	0	1	1	1	0	0	0
	ch_16	1	0	0	1	0	1	1	0	1	0	0	0	1	1	1	0
寄存器地址		0	1	2	3	4	5	6	7	8	9	10	11	12	13	14	15

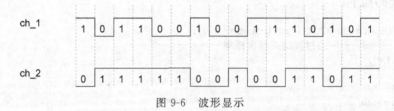

图 9-6　波形显示

display 模块中包括了 timing_gen_xy 和双口 RAM 模块,timing_gen_xy 模块前面已经讲过,主要作用是输出 x,y 的坐标;双口 RAM 模块用于存储采集的数据,程序设计时需保证双口 RAM 模块的读取端地址与行扫描计数器同步,RAM 地址加 1 的同时扫描一个像素点。若 RAM 中的数据不变,则显示区域每列读出的数据都是相同的。各通道对应的显示区域位置与对应通道的波形数据有如下关系。以通道 1 为例,当场扫描计数器计数值为 8 时,判断通道 1 ch_1 的值,若为 1,则输出数据(显示波形的颜色数据)显示;若为 0,则输出背景色或栅格;当场扫描计数器计数值为 40 时,判断通道 1 ch_1 的值,若为 0,则输出数据;若为 1,则输出背景色或栅格。这样波形就能显示出来,其他各通道的波形显示的方法相同。

```verilog
parameter CH0_HIGH = 10'd8, CH0_LOW = 10'd40,
CH1_HIGH = 10'd56, CH1_LOW = 10'd88,
CH2_HIGH = 10'd104, CH2_LOW = 10'd136,
CH3_HIGH = 10'd152, CH3_LOW = 10'd184,
…
CH14_HIGH = 10'd680, CH14_LOW = 10'd712,
CH15_HIGH = 10'd728, CH15_LOW = 10'd760;
always@(posedge clk or negedge rst_n)begin
if(~rst_n)begin wave_r <= 16'd0; end
else begin wave_r <= wave;
end
assign
wave[15] = ((pos_y == CH0_HIGH)&&rd_data_r[15])||((pos_y == CH0_LOW)&&~rd_data_r[15])||
((pos_y >= CH0_HIGH)&&(pos_y <= CH0_LOW)&&wave_edge[15]);
assign
wave[14] = ((pos_y == CH1_HIGH)&&rd_data_r[14])||((pos_y == CH1_LOW)&&~rd_data_r[14])||
((pos_y >= CH1_HIGH)&&(pos_y <= CH1_LOW)&&wave_edge[14]);
```

```
assign
wave[13] = ((pos_y == CH2_HIGH)&&rd_data_r[13])||((pos_y == CH2_LOW)&&~rd_data_r[13])||
((pos_y >= CH2_HIGH)&&(pos_y <= CH2_LOW)&&wave_edge[13]);
…
assign
wave[1] = ((pos_y == CH14_HIGH)&&rd_data_r[1])||((pos_y == CH14_LOW)&&~rd_data_r[1])||
((pos_y > CH14_HIGH)&&(pos_y <= CH14_LOW)&&wave_edge[1]);
assign
wave[0] = ((pos_y == CH15_HIGH)&&rd_data_r[0])||((pos_y == CH15_LOW)&&~rd_data_r[0])||
((pos_y > CH15_HIGH)&&(pos_y <= CH15_LOW)&&wave_edge[0]);
```

sample 模块的作用是采集 16 通道的数据。fre_div 用于控制采样频率。fre_div 相当于分频器，代码如下：

```
assign clk_en = clk_100M?1'b1:(count == div);
//------------- 通过按键选择采样率 -------------
always@( * )
begin
case(sel)
4'h0: div = 20'd0;                  //100MHz
4'h1: div = 20'd1;                  //50MHz
4'h2: div = 20'd4;                  //20MHz
4'h3: div = 20'd9;                  //10MHz
4'h4: div = 20'd19;                 //5MHz
4'h5: div = 20'd49;                 //2MHz
4'h6: div = 20'd99;                 //1MHz
4'h7: div = 20'd199;                //500kHz
4'h8: div = 20'd499;                //200kHz
4'h9: div = 20'd999;                //100kHz
4'ha: div = 20'd1999;               //50kHz
4'hb: div = 20'd9999;               //10kHz
4'hc: div = 20'd19999;              //5kHz
4'hd: div = 20'd99999;              //1kHz
4'he: div = 20'd199999;             //500Hz
4'hf: div = 20'd999999;             //100Hz
endcase
end
```

首先设置一个计数器，当计数器计数到设定的值时（设定的值通过按键更改）会产生一个时钟使能信号（clk_en 等效于采样脉冲），时钟使能信号控制采样模块的采样脉冲。

当 sample 模块接收到的 clk_en 信号为高时，缓存两个周期的数据，对数据进行上升沿、下降沿和边沿检测，以判断通道是否满足触发条件，最终判断是否需要存储数据。

```
always@(posedge clk or negedge rst_n)begin
if(~rst_n)begin
    data_r1 <= 16'd0;
    data_r2 <= 16'd0;
end
else if(clk_en)begin
    data_r1 <= data_in;                 //一级寄存器赋值
    data_r2 <= data_r1;                 //二级寄存器赋值
```

```
end
end
assign posedge_test = data_r1&~data_r2;        //上升沿检测
assign negedge_test = ~data_r1&data_r2;        //下降沿检测
assign edge_test = data_r1^data_r2;            //边沿检测
```

　　触发条件通常和触发通道配合使用,这是因为在存储设备资源有限的情况下,精准判断是否需要采集数据是很有必要的。数据传输中经常使用到使能信号,使能信号高电平时有效。为了只采集使能信号为高电平时的数据,可以将触发条件设置为"使能信号"的这个通道检测到上升沿时开始采集数据。程序中设计了多种触发条件,如表 9-3 所示。程序中通过 16 位数据 trigger_data 存储 16 个通道的触发条件,并且通过 channel_sel 来设置触发通道,trigger_data[channel_sel]则表示触发条件和触发通道都满足时,才会产生"开始采集"的标志信号 trigger_flag。

表 9-3　触发条件

model_sel	0	1	2	3	4	5
触发条件	低电平	高电平	上升沿	下降沿	双边沿	立即触发

```
always@( * ("ctrl + 8"   乘))
begin
case(mode_sel)
3'd0:trigger_data = ~data_r2;                  //低电平触发
3'd1:trigger_data = data_r2;                   //高电平触发
3'd2:trigger_data = posedge_test;              //上升沿触发
3'd3:trigger_data = negedge_test;              //下降沿触发
3'd4:trigger_data = edge_test;                 //边沿触发
3'd5:trigger_data = 16'hffff;
default:trigger_data = 16'hffff;
endcase
end
//----------------- 通道触发 -----------------
always@(posedge clk or negedge rst_n)begin
if(!rst_n) trigger_flag <= 0;
else if(trigger_data[channel_sel]&&clk_en) trigger_flag <= 1;
else trigger_flag <= 0;end
```

　　当通道内的数据满足触发条件时,就可以开始采集数据。一次采样 1024 个点,即设置为 1K 的采样深度,也可以根据 FPGA 资源设置更大的采样深度,在这里使用双口 RAM 来存储数据,写入双口 RAM 时需要写使能、写地址和写数据 3 个信号,程序实现如下所示。当写入数据达到设置的采样深度时,则复位写使能,停止采样。

　　最后 display 模块产生读使能和读地址 2 个控制信号来读取双口 RAM 中的采样数据,并在 HDMI 上显示波形数据。至此使用 FPGA 实现了逻辑分析仪的基本功能。

```
//----------------- 产生写 RAM 地址 -----------------
always@(posedge clk or negedge rst_n)begin
```

```
if(!rst_n)
    wr_addr <= 10'd0;
else if(clk_en && wr_en)
    wr_addr <= wr_addr + 1'b1;
else if(~wr_en)
    wr_addr <= 10'd0;
end
assign ram_full = (wr_addr == 10'h3ff);      //写 RAM 满标志

// ----------------- 检查写 RAM 条件是否满足 -----------------
always@(posedge clk or negedge rst_n)begin
if(!rst_n)
    wr_en <= 1'b0;
else if(trigger_flag)
    wr_en <= 1'b1;
else if(ram_full)
    wr_en <= 1'b0;
end
```

9.2　摄像头采集传输显示系统设计

9.2.1　简介

本实验将介绍通过光纤实现视频图像的传输。视频图像由双目摄像头模块 AN5642 采集，再通过开发板上两路光模块进行视频信号的光纤发送和接收，然后在 HDMI 显示器上显示出来，例程中涉及图像采集、高速传输、图像缓存及显示等模块的应用，具有比较高的实用价值。

9.2.2　实验原理

1. HSST 设计

硬件设计采用的是 8.5 节 HSST 通信设计中的硬件，这里不再介绍。重点介绍 HSST 的设计，HSST IP 的产生在 8.5 节中已有介绍，由于通信数据是以 5Gb/s 的速率进行收发的，所以这里可以直接在前面例程中对线速率 5Gb/s 进行修改。注意，当 IP 设置不变时，如图 9-7 所示的与 IP 相关的文件可不用修改，直接引用。

2. 程序设计

视频图像 HSST 传输的 FPGA 程序设计的逻辑框图如图 9-8 所示。

视频图像从双目摄像头 AN5642 传入 FPGA 后，先通过摄像头切换模块来选择其中的一路，切换使用开发板上的按键来实现。视频图像先转换成 16 位的数据宽度，再存入一个 16 位进、32 位出的 FIFO 中。当 FIFO 中的数据达到一定量的时候（1 行视频数据），从 FIFO 中取出数据，通过 HSST IP 发送给外部的光模块 1，光模块 1 把电信号转换成光信号通过光纤传输到光模块 2，光模块 2 又把光信号转换成电信号输入到 FPGA 的 HSST，

名称	修改日期	类型	大小
example_design	2021/6/25 14:23	文件夹	
pnr	2021/6/25 14:23	文件夹	
rtl	2021/6/25 14:23	文件夹	
sim	2021/6/25 14:23	文件夹	
sim_lib	2021/6/25 14:23	文件夹	
.last_generated	2021/6/25 14:23	LAST_GENERATE...	1 KB
generate	2021/6/25 14:23	文本文档	3 KB
hsst_core.idf	2021/6/25 14:23	IDF 文件	77 KB
hsst_core.v	2021/6/25 14:23	V 文件	224 KB
hsst_core_tmpl.v	2021/6/25 14:23	V 文件	6 KB
hsst_core_tmpl.vhdl	2021/6/25 14:23	VHDL 文件	7 KB
readme	2021/4/22 11:47	文本文档	2 KB

图 9-7　HSST IP 文件

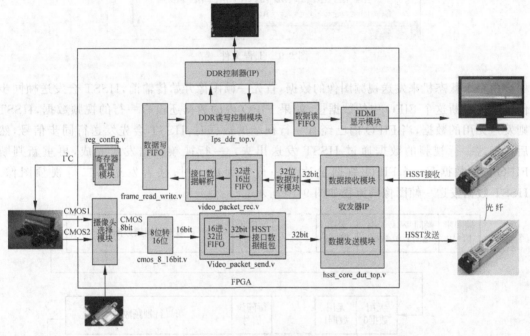

图 9-8　逻辑框图

HSST 接收到的数据需要进行 32 位数据对齐之后,解析出视频图像部分的数据,再把数据存入 FIFO。最后将图像传到 DDR 的缓存中,在 HDMI 显示器上显示。

9.2.3　程序解读

视频图像光纤传输设计好的工程文件如图 9-9 所示。

因为程序中的大部分摄像头采集、HDMI 显示、DDR 读写在前面章节都已有介绍,这里只对增加的部分模块做以下功能说明。

1. 视频数据包准备模块 video_packet_send.v

接收到的视频图像数据存放在 16 位进、32 位出的 FIFO 中。在 video_packet_send.v

图 9-9　工程文件

中会由一个状态机来发送视频图像的数据，首先一帧图像开始传输前，HSST 会发送帧同步信号。再判断这个 FIFO 中的数据量，如果 FIFO 内的数据还没有一行的视频数据，HSST 则发送无用的数据，当 FIFO 内已经有一行视频的数据时，HSST 会先发送行同步信号，然后再把这一行视频的数据通过 HSST 发送出去。一行视频数据发送完成，再重新判断 FIFO 内的数据量，当 FIFO 数据量达到一行视频数据时，接着发送第二行视频图像。HSST 数据发送一帧图像的流程如图 9-10 所示。

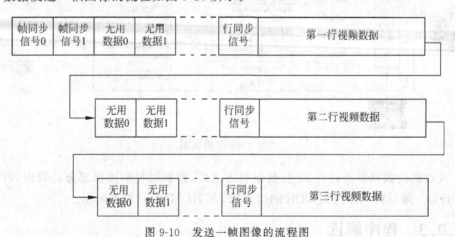

图 9-10　发送一帧图像的流程图

所有的 HSST 发送的数据位数为 32 位，帧同步信号、行同步信号、无用数据定义如下：

(1) 图像帧同步信号 0——定义为 32 位的 ff_00_00_bc。

(2) 图像帧同步信号 1——定义为 32 位的 ff_00_01_bc。

(3) 插入的无用数据 0——定义为 32 位的 ff_55_55_bc。

(4) 插入的无用数据 1——定义为 32 位的 ff_aa_aa_bc。

(5) 图像行同步信号——定义为 32 位的 ff_00_02_bc。

这些同步信号和无用数据的高 24 位数据是自己定义的,低 8 位 bc 是 K28.5 码控制字符。

向 HSST 发送 K28.5 码控制字符时,需要拉高 gt_tx_ctrl 信号的对应位,标示发送数据中的某字节位为 K 码控制字。所以这里在向 HSST 发送同步信号和无用数据时,gt_tx_ctrl 信号设置为 0001,发送视频数据时则设置为 0000。

```
          SEND_FRAME_SYNC0:                            //发送视频的帧同步信号 0
begin
              state <= SEND_FRAME_SYNC1;
              gt_tx_data <= 32'hff_00_00_bc;           //帧同步信号 0
              gt_tx_ctrl <= 4'b0001;
end
          SEND_FRAME_SYNC1;                            //发送视频的帧同步信号 1
begin
              state <= SEND_OTHER0;
              gt_tx_data <= 32'hff_00_01_bc;           //帧同步信号 1
              gt_tx_ctrl <= 4'b0001;
end
          SEND_OTHER0:                                 //发送视频的无用信号 ff_55_55_bc
begin
if(seq_length_cnt == 16'd1249)begin
              state <= SEND_SEQ;
              gt_tx_data <= 32'hf7_f7_f7_f7;           //01 发送太多,即 fifo 没有 1 行数据
              gt_tx_ctrl <= 4'b1111;
              seq_length_cnt <= 16'd0;
end
else begin
              gt_tx_data <= 32'hff_55_55_bc;           //GTX 插入无用数据 0
              gt_tx_ctrl <= 4'b0001;end
              state <= SEND_OTHER1;
              seq_length_cnt <= seq_length_cnt + 1'b1;
end
```

2. 位数据对齐模块 word_align.v

收发器外部用户数据接口的宽度为 32 位,内部数据宽度为 20 位(8b/10b 转换)。在实际测试过程中发现,发送的 32 位数据会有可能出现 16 位的数据移位,也就是说,发送的数据和接收的数据会有 16 位的错位。表 9-4 演示了发送数据和接收数据移位的情况。

表 9-4 数据错位

HSST 发送的数据		HSST 接收的数据	
数据 1	11111111	数据 1	11112222
数据 2	22222222	数据 2	22223333
数据 3	33333333	数据 3	33334444
数据 4	44444444	数据 4	44445555
数据 5	55555555	数据 5	55555555
...	...	...	...

因为在发送同步信号和无用数据时加入了 K 码控制字，并且设置 gt_tx_ctrl 信号为0001，如果出现 16 位数据移位的情况，那么在接收到的同步信号和无用数据时，K 码控制字也会跟着移位，gt_tx_ctrl 的信号就会变成 0100。所以程序可以通过判断 gt_tx_ctrl 信号的值来判断接收到的数据是否移位，如果接收到的 gt_tx_ctrl 为 0001，跟发送的时候一样，则说明数据没有移位；如果接收到的 gt_tx_ctrl 为 0100，则说明接收到的数据移位，需要重新组合，在 word_align.v 模块中完成。

3. 视频数据解析模块 video_packet_rec.v

因为接收到的 32 位数据中只有一部分是视频图像的数据，其他的是帧同步、行同步和无用数据，所以在 video_packet_rec.v 模块中需要把视频图像的数据解析出来并存入一个32 位进、8 位出的 FIFO 中。

程序的一个功能是检测 HSST 数据中的行同步信号（数据为 ff_00_02_bc），如果接收到行同步信号，就把后面接收的一行视频数据存放到 FIFO 中。

```
//解析行同步信号
always@(posedge rx_clk or posedge rst)begin
if(rst)
        wr_en <= 1'b0;
else if(gt_rx_ctrl == 4'b0001&& gt_rx_data == 32'hff_00_02_bc)//并且去除无用数据
        wr_en <= 1'b1;
else if(wr_cnt == ({1'b0,vout_width[15:1]} - 16'd1))
        wr_en <= 1'b0;
end
```

程序的另一个功能是恢复视频图像的帧同步信号（数据为 ff_00_00_bc），如果接收到帧同步信号，则对视频图像的帧信号 vs 置位。

```
//恢复帧同步信号
always@(posedge rx_clk or posedge rst)begin
if(rst)
        vs_r <= 1'b0;
else if(gt_rx_ctrl == 4'b0001&& gt_rx_data == 32'hff_00_00_bc)
        vs_r <= 1'b1;
else if(vs_cnt > 16'd100)
        vs_r <= 1'b0;
end
```

另外，模块中会判断 FIFO 中存入的视频数据，如果 FIFO 内的数据量大于一行视频的数据，则产生 FIFO 的读使能信号，把 FIFO 的一行视频数据输出给外部接口模块。

接上光纤、摄像头及 HDMI 显示器，下载好程序，在显示器上就可以看到光纤传输摄像头采集到的图像了。

第 10 章 基于 Pango Cortex-M1 软核的程序开发

10.1 Cortex-M1 软核简介

在讲解 Cortex-M1 之前,先了解一下 ARM 的产品。ARM 处理器可以分类成 3 个系列。

(1) Application Processors(应用处理器):面向移动计算、智能手机、服务器等高端处理器。这类处理器运行在很高的时钟频率(超过 1GHz)下,支持 Linux、Android、MS Windows 和移动操作系统等完整操作系统所需要的内存管理单元(MMU)。

(2) Real-time Processors(实时处理器):面向实时应用的高性能处理器系列,例如硬盘控制器、汽车传动系统和无线通信的基带控制。多数实时处理器不支持 MMU,不过通常具有 MPU、Cache 和其他针对工业应用设计的存储器功能。实时处理器运行在比较高的时钟频率(例如 200MHz~1GHz)下,响应延迟非常低。虽然实时处理器不能运行完整版本的 Linux 和 Windows 操作系统,但是支持大量的实时操作系统(RTOS)。

(3) Microcontroller Processors(微控制器处理器):微控制器处理器通常面积很小,能效比很高,并且这些处理器的流水线很短,最高时钟频率很低(虽然市场上有此类的处理器可以运行在 200MHz 之上)。新的 Cortex-M1 处理器产品非常容易使用。因此,ARM 微控制器处理器在单片机和深度嵌入式系统市场非常受欢迎。

10.2 Pango Cortex-M1 软核设计

10.2.1 简介

本设计硬件平台选用的是含 PGL50H6IFBG84 芯片的 AXP50 DEMO 板卡、Pango Design Studio 2020.3 开发工具和 ModelSim 仿真工具。

Cortex-M1 所组成的单核片上系统支持的主要功能如下:

(1) 支持 32 位 Thumb-2 BL、MRS、MSR、ISB、DSB 和 DMB 指令集。

(2) 三级流水线与哈佛结构。

视频讲解

（3）SoC 主频 125MHz。

（4）支持 AHB 系统总线，AHB 转 APB 总线桥。

（5）支持 FreeROTS 操作系统。

（6）支持 1、8、16、32 个外部中断与 NMI 异常处理。

（7）支持 ModelSim 的通用加速仿真平台。

（8）支持 16 个 GPIO（含 16 个 GPIO 输入中断）、2 个串口（UART，含接收中断）、2 个定时器（TIMER，含中断）、1 个看门狗（WATCHDOG，含中断）、1 个 Master SPI（8 个片选）、1 个 Master I^{2}C（含中断）、1 个存储器（MEM，软核可挂 16 个最大 16MB 的 RAM）、1 个 Systick（系统定时器）。

（9）支持可配置的指令传输总线（ITCM）与数据传输总线（DTCM），默认 4KB，最大 1MB（当不使用 CACHE 时，应根据实际工程需求配置合适的 ITCM 与 DTCM 空间）。

（10）支持指令高速缓存（ICACHE），固定值 8KB，DDR 颗粒映射范围为 0x00000000～0x00FFFFFF，解决 ICACHE 一致性问题。

（11）支持指令高速缓存（DCACHE），固定值 8KB，DDR 颗粒映射范围为 0x01000000～0x0FFFFFFF，解决 DCACHE 一致性问题。

（12）支持千兆以太网的 RGMII 通信，实现裸机 Lwip 与 FreeROTS Lwip 协议栈。

支持千兆以太网 MAC 层的发送加速功能，发送最高速率为 990Mb/s，用户数据长度固定为 1460 字节（帧总长为 42+1460 字节）。

（13）支持 Bootloader，系统上电后指令从 SPI-FLASH 加载至 DDR 颗粒中。

（14）支持用户挂载 AHB/APB 外设或用户直接与软核外部寄存器/RAM 交互。

10.2.2 功能描述

Cortex-M1 SoC 设计架构如图 10-1 所示。

1. Cortex-M1 软核模块

该模块主要包括调试（Debug）、软核（Core）、中断控制器（NVIC）等模块组成，如图 10-1 所示。

2. GPIO 模块

该模块规划了 16 个普通 GPIO，其中 GPIO0～GPIO15 均可作为外部输入去触发中断，具体可参考官方文档"FPGA Cortex-M1 软核编程应用指南"。

3. UART 模块

该模块由分频系数和数据收发控制组成，主要用于 C 代码调试中的字符打印，其逻辑部分完全遵循 UART 协议，支持输入中断，具体可参考官方文档"FPGA Cortex-M1 软核编程应用指南"。

4. TIMER 模块

该模块是一个独立的可编程的 32 位计数器，当计数到 0 时产生独立的中断，具体可参考官方文档"FPGA Cortex-M1 软核编程应用指南"。

Cortex-M1软核

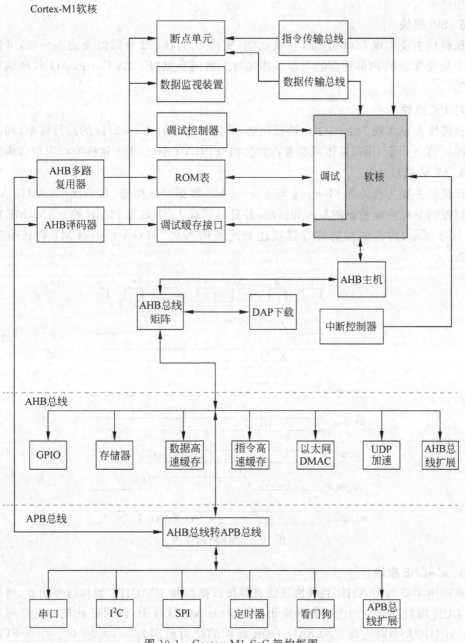

图 10-1　Cortex-M1 SoC 架构框图

5. WATCHDOG 模块

该模块是"看门狗"模块,防止程序发生死循环或者程序跑飞等错误情形,WATCHDOG 中断触发为 NMI 异常类型,具体可参考官方文档"FPGA Cortex-M1 软核编程应用指南"。

6. SPI 模块

该模块主要实现 Master SPI 协议功能,支持 4、8、16、32 分频以及动态分频,可同时挂载 8 个从设备,SPI 内部详细的寄存器描述与配置请参见"FPGA Cortex-M1 软核编程应用指南"。

7. I²C 模块

该模块主要实现 Master I²C 协议功能,支持 100kHz 与 400kHz 的运行频率,同时当总线空闲时将会产生中断,具体可参考官方文档"FPGA Cortex-M1 软核编程应用指南"。

8. MEM 模块

该模块主要实现外部 Memory 与 Cortex-M1 数据交互功能,在系统 100MHz AHB 总线协议控制下可实现数据的写入和读出,并且可挂载 16 个最大 16MB 的 RAM,MEM 时序如图 10-2 所示,内部详细的寄存器描述与配置请参见"FPGA Cortex-M1 软核编程应用指南"。

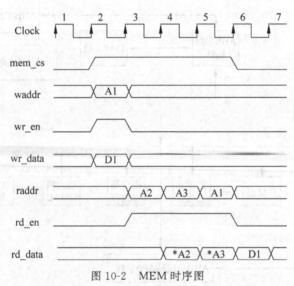

图 10-2　MEM 时序图

9. ICACHE 模块

该模块主要利用 AHB 总线协议的有等待读操作和 ICACHE 缓存指令功能,将指令从片外 DDR 颗粒存储空间内提取并输出至 Cortex-M1 软核中,以保证软核的正常运行。其中,ICACHE 大小固定配置为 8KB,DDR 颗粒的映射范围为 0x00000000～0x00FFFFFF。同时,解决 ICACHE 指令一致性问题,即 Cortex-M1 软核和软核外部逻辑共同访问 DDR 相同空间时,所引起的指令不一致性问题。当软核所需指令未在 ICACHE 空间(即未命中)时,ICACHE 将会自动从 DDR 颗粒中提取所需指令并存储至对应位置,之后软核将会把该指令送入软核中,完成指令的提取操作。注意,ICACHE 同时支持 DDR 颗粒的写操作,因此在系统进行启动加载时,可利用 ICACHE 将 SPI-FLASH 中的指令写进 DDR 颗粒中。

10. DCACHE 模块

该模块主要利用 AHB 总线协议的有等待读/写操作和 DCACHE 缓存数据功能,将数据从片外 DDR 颗粒存储空间内提取并输出至 Cortex-M1 软核中或将软核产生的数据存入 DDR 颗粒中。其中,DCACHE 大小固定配置为 8KB,DDR 颗粒的映射范围为 0x01000000～0x0FFFFFFF。同时,解决 DCACHE 指令一致性问题,即 Cortex-M1 软核和软核外部逻辑共同访问 DDR 相同空间时,所引起的数据不一致性问题。当软核所需指令未在 ICACHE 空间(即未命中)时,ICACHE 将会自动从 DDR 颗粒中提取所需指令并存储至对应位置,之后软核将会把该指令送入软核中,完成指令的提取操作。注意,DCACHE 支持 AXI4 读写操作 DDR 颗粒,可访问除 ICACHE 映射空间外的所有 DDR 颗粒的片上空间,但只支持单字节的突发读写操作。

11. Ethernet DMAC 模块

该模块支持千兆以太网的 RGMII 通信,利用 DMA 使 Ethernet MAC 与 DDR 不通过 Cortex-M1 而直接进行数据的传输,同时配合"CACHE 一致性功能"实现以太网数据的更新和 Cortex-M1 数据的回写,其 Ethernet DMAC 系统结构图如图 10-3 所示。

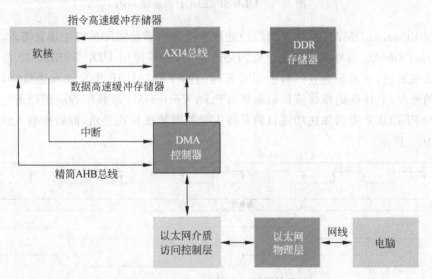

图 10-3 Ethernet DMAC 系统结构图

注意,该模块利用紫光同创的 TSMAC IP 实现了接收包过滤和发送包补零功能。其中,接收包过滤是将与目的 MAC 不匹配的包过滤掉,减少无用数据包的接收,以减轻嵌入式软核的数据处理压力,如用户需要修改目的 MAC,可在..\pgr_ARM_Cortex_M1\src\tsmac_phy\config_reg.v 中修改第 142 和第 165 行,默认目的 MAC 为 0x102030405060。发送包补零是将不足 64 字节的发送包自动补零且重新计算 CRC 值,以满足交换机的应用需求。

12. UDP SPEEDUP 模块

该模块支持千兆以太网的发送加速功能，利用 FPGA 硬件逻辑实现 FPGA 芯片与外部客户端的 UDP 快速通信，其 UDP 发送速率最高为 990Mb/s（即源数据输入速率最高为990Mb/s），用户数据长度固定为 1460 字节（帧总长为 42 字节＋1460 字节），UDP SPEEDUP 系统结构如图 10-4 所示。

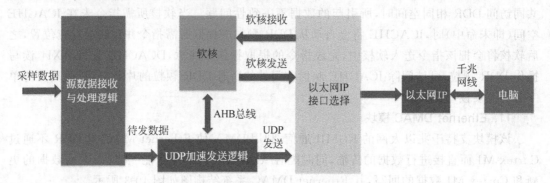

图 10-4 UDP SPEEDUP 系统结构图

由于 Ethernet DMAC 模块发送端的处理速度无法满足实际的应用场景需求，因此在使用 Ethernet DMAC 与外部客户端建立网络连接后，需要使用 UDP SPEEDUP 模块大幅度提升发送端网速，两者配合且分时占用紫光同创的 TSMAC IP 用户侧发送接口，以实现网络数据的外发，其详细的操作流程请参见"FPGA Cortex-M1 软核编程应用指南"。注意，使用 UDP SPEEDUP 发送加速功能目的是将大量的源数据快速发送，源数据输入该模块的时序如图 10-5 所示。

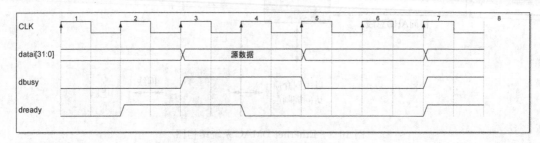

图 10-5 源数据输入时序

13. 其他模块

PLL、双口 RAM、软复位、按键复位、外部按键中断等均较为普通，故不做介绍。在使用软核或客户扩展外设时，请注意以下几点：

（1）驱动 AHB 和 APB 外设的时钟均为 Cortex-M1 软核的系统时钟。

（2）Cortex-M1 所有的复位操作至少要持续 3 个时钟周期。

（3）Systick 系统定时器精度可由软件设置，默认为 1μs。

10.2.3 接口列表

如表 10-1 所示为 Cortex-M1 的信号接口。

表 10-1 Cortex-M1 信号接口

信 号 名 称	输入/输出	位　　宽	描　　述
顶层信号			
ex_clk_50m	输入	1	晶振 50MHz
rst_key	输入	1	按键复位,低有效
gpio_in0	输入	1	GPIO0 按键中断
gpio_in1	输入	1	GPIO1 按键中断
LED	输出	8	GPIO[7:0]
gpio_out	输出	8	GPIO[15:8]
RX	输入	1	UART 数据接收
TX	输出	1	UART 数据发送
spi0_clk	输出	1	SPI 时钟
spi0_cs	输出	1	SPI 片选
spi_mosi	输出	1	SPI 输出
spi_miso	输入	1	SPI 输入
i2c_sck	双向	1	I^2C 时钟线
i2c_sda	双向	1	I^2C 数据线
mem_rst_n	输出	1	存储器复位
mem_ck	输出	1	存储器差分时钟正端
mem_ck_n	输出	1	存储器差分时钟负端
mem_cke	输出	1	存储器差分时钟使能
mem_cs_n	输出	1	存储器片选
mem_ras_n	输出	1	行地址选通
mem_cas_n	输出	1	列地址选通
mem_we_n	输出	1	存储器写使能
mem_odt	输出	1	存储器 ODT 信号
mem_a	输出	15	存储器地址总线
mem_ba	输出	3	块地址总线
mem_dqs	双向	2	数据时钟正端
mem_dqs_n	双向	2	数据时钟负端
mem_dq	双向	16	存储器数据线
mem_dm	输出	2	数据掩码
phy_rst_n	输出	1	物理层复位
rx_clki	输入	1	RGMII 接收时钟
phy_rx_dv	输入	1	RGMII 接收数使能
phy_rxd0	输入	1	RGMII 接收数据 0

续表

信 号 名 称	输入/输出	位　　宽	描　　述
顶层信号			
phy_rxd1	输入	1	RGMII 接收数据 1
phy_rxd2	输入	1	RGMII 接收数据 2
phy_rxd3	输入	1	RGMII 接收数据 3
l0_sgmii_clk_shft	输出	1	RGMII 发送时钟
phy_tx_en	输出	1	RGMII 发送使能
phy_txd0	输出	1	RGMII 发送数据 0
phy_txd1	输出	1	RGMII 发送数据 1
phy_txd2	输出	1	RGMII 发送数据 2
phy_txd3	输出	1	RGMII 发送数据 3
AHB(Advanced High-performance Bus)总线时钟为 HCLK 时钟			
HTRANS	输出	2	传输类型 2'b00：空闲 2'b01：忙 2'b10：忽略 2'b11：按顺序
HWRITE	输出	1	读写控制。1'b1：写；1'b0：读
HADDR	输出	32	总线读写地址
HSIZE	输出	3	数据位宽 3'b000：8 位 3'b001：16 位 3'b010：32 位
HBURST	输出	3	保留
HMASTLOCK	输出	1	保留
HWDATA	输出	32	总线输出数据
HPROT	输出	4	保留
HRDATA	输入	32	总线输入数据
HRESP	输入	2	系统设置为 2'b00,从机反馈 okay
HREADY	输出	1	系统设置为 1'b1,总线处于准备状态
APB(Advanced Peripheral Bus)总线时钟为 PCLK 时钟			
PADDR	输出	12	总线读写地址
PWRITE	输出	1	读写使能。1'b1 ：写；1'b0：读
PWDATA	输出	32	写数据
PENABLE	输出	1	使能
PSEL	输出	1	片选
PRDATA	输入	32	读数据
PREADY	输入	1	系统设置为 1'b1,总线一直处于准备状态
PSLVERR	输入	1	系统设置为 1'b0,总线无错误

续表

信 号 名 称	输入/输出	位　　宽	描　　述
Source Data Bus(SDB)——源数据总线			
DATAI	输入	8	源数据
DBUSY	输入	1	源数据有效信号
DREADY	输出	1	源数据准备信号

Cortex-M1 软核包含较多宏文件,但 CM1_OPTION_DEFS 为关键宏文件,涉及系统参数与功能块的使能配置,因此重点介绍,如表 10-2 所示。其余宏文件保持默认配置即可。

表 10-2　功能模块使能宏说明

CM1_OPTION_DEFS 宏文件		
英文参数	中文说明	默 认 值
CM1_NUM_IRQ	中断数量配置 可配置为 1、8、16、32 个	16
CM1_OS	操作系统扩展使能配置。0:不支持操作系统扩展; 1:支持操作系统扩展。 注:使用 Systick,配置为 1	1
CM1_SMALL_MUL	乘法器类型选择配置。0:快速乘法器,3 周期完成乘法操作;1:最小面积乘法器,周期数大于 3	0
CM1_BE8	大小端模式选择配置。0:小端模式;1:大端模式	0
CM1_ITCMSIZE	数据存储空间大小配置 (1) 4'b0000 0KB,(2) 4'b0001 1 KB (3) 4'b0010 2KB,(4) 4'b0011 4 KB (5) 4'b0100 8KB,(6) 4'b0101 16 KB (7) 4'b0110 32KB,(8) 4'b0111 64 KB (9) 4'b1000 128KB,(10) 4'b1001 256 KB (11) 4'b1010 512KB,(12) 4'b1011 1 MB	4'b0011
CM1_DTCMSIZE	数据存储空间大小配置 (1) 4'b0000 0KB,(2) 4'b0001 1 KB (3) 4'b0010 2KB,(4) 4'b0011 4 KB (5) 4'b0100 8KB,(6) 4'b0101 16 KB (7) 4'b0110 32KB,(8) 4'b0111 64 KB (9) 4'b1000 128KB,(10) 4'b1001 256 KB (11) 4'b1010 512KB,(12) 4'b1011 1 MB	4'b0011
CM1_ITCM_INIT	指令存储空间使能配置。0:关闭;1:打开	1
CM1_DTCM_INIT	数据存储空间使能配置。0:关闭;1:打开	2
CM1_ITCM_LA_EN	低地址段 ITCM 使能配置。0:关闭;1:打开	1
CM1_ITCM_UA_EN	高地址段 ITCM 使能配置。0:关闭;1:打开	0
CM1_SMALL_DEBUG	在线调试功能最小配置。0:精简版;1:全功能版	0

续表

英 文 参 数	中 文 说 明	默 认 值
CM1_OPTION_DEFS 宏文件		
CM1_JTAG	JTAG 在线调试接口使能配置。0：关闭；1：打开	1
CM1_SW	SW 在线调试接口使能配置。0：关闭；1：打开	1
CORTEXM1_DEBUG_ENABLE	在线调试模块使能配置。0：关闭；1：打开	1
CORTEXM1_AHB_GPIO0	GPIO 模块使能配置。0：关闭；1：打开	1
CORTEXM1_AHB_MEM0	MEM 模块使能配置。0：关闭；1：打开	1
CORTEXM1_AHB_ICACHE	ICACHE 模块使能配置。0：关闭；1：打开	1
CORTEXM1_AHB_DCACHE	DCACHE 模块使能配置。0：关闭；1：打开	1
CORTEXM1_AHB_ETHERNET	ETHERNET 模块使能配置。0：关闭；1：打开	1
CORTEXM1_APB_TIMER0	TIMER0 外设使能配置。0：关闭；1：打开	1
CORTEXM1_APB_TIMER1	TIMER1 外设使能配置。0：关闭；1：打开	1
CORTEXM1_APB_UART0	UART0 外设使能配置。0：关闭；1：打开	1
CORTEXM1_APB_UART1	UART1 外设使能配置。0：关闭；1：打开	1
CORTEXM1_APB_WATCHDOG	看门狗外设使能配置。0：关闭；1：打开	1
CORTEXM1_APB_SPI0	SPI 外设使能配置。0：关闭；1：打开	1
CORTEXM1_APB_I2C0	SPI 外设使能配置。0：关闭；1：打开	1
CORTEXM1_APB_PERIP	用户外设使能配置。0：关闭；1：打开	1
CORTEXM1_AHB_UDP	UDO 加速模块使能配置。0：关闭；1：打开	1
UNCACHE	系统时钟切换配置。注释：使用 DDR 时钟；未注释：使用 PLL 时钟	注释

如表 10-3 所示为 Cortex M1 标准外设的地址映射。

表 10-3　FPGA Cortex-M1 标准外设地址映射

标 准 外 设	基 地 址	描　　述
ITCM	0x00000000	片上指令存储空间
DTCM	0x20000000	片上数据存储空间
GPIO0	0x40000000	通用输入输出端口
TIMER0	0x50000000	定时器 0
TIMER1	0x50001000	定时器 1
UART0	0x50004000	串口 0
UART1	0x50005000	串口 1
WATCH DOG	0x50008000	看门狗
I^2C0	0x5000A000	SPI 外设接口 0
SPI0	0x5000B000	I^2C 外设接口 0
MEM0	0x60000000～0x60FFFFFF	第 0 个存储器
	0x61000000～0x61FFFFFF	第 1 个存储器
	0x62000000～0x62FFFFFF	第 2 个存储器
	0x63000000～0x63FFFFFF	第 3 个存储器
	0x64000000～0x64FFFFFF	第 4 个存储器

续表

标 准 外 设	基 地 址	描 述
MEM0	0x65000000～0x65FFFFFF	第 5 个存储器
	0x66000000～0x66FFFFFF	第 6 个存储器
	0x67000000～0x67FFFFFF	第 7 个存储器
	0x68000000～0x68FFFFFF	第 8 个存储器
	0x69000000～0x69FFFFFF	第 9 个存储器
	0x6A000000～0x6AFFFFFF	第 10 个存储器
	0x6B000000～0x6BFFFFFF	第 11 个存储器
	0x6C000000～0x6CFFFFFF	第 12 个存储器
	0x6D000000～0x6DFFFFFF	第 13 个存储器
	0x6E000000～0x6EFFFFFF	第 14 个存储器
	0x6F000000～0x6FFFFFFF	第 15 个存储器
ICACHE		ICACHE 指令寻址空间。DDR 颗粒映射空间为 0x00000000～0x00FFFFFF
DCACHE		DCACHE 指令寻址空间。DDR 颗粒映射空间为 0x01000000～0x0FFFFFFF
Ethernet DMAC	0x49000000～0x49FFFFFF	Ethernet DMAC 寻址空间
UDP SPEEDUP	0x70000000～0x70000020	UDP SPEEDUP 寻址空间
外部寄存器或 RAM	剩余地址为外部寄存器或 RAM 所用	写出 0x80000000 地址处数据(* (uint32_t *)(0x80000000))＝0x00000001

10.2.4 接口时序

此处仅介绍用户可使用的 Cortex-M1 软核顶层 AHB 和 APB 接口时序,其余封装的 UART、DDR 等为标准接口,故不再赘述。

本设计只涉及 AHB 基本传输类型与有等待传输类型,其基本读写时序如图 10-6 与图 10-7 所示,有等待传输类型时序如图 10-8 与图 10-9 所示。

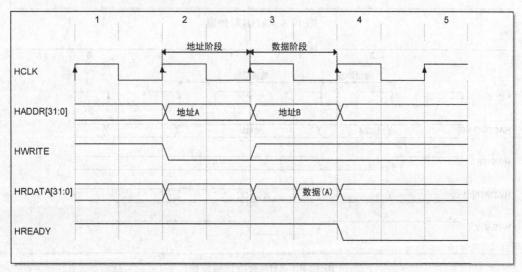

图 10-6　AHB 读取传输

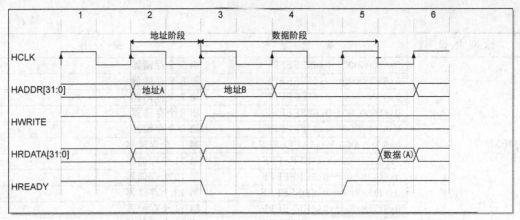

图 10-7 AHB 有等待读传输

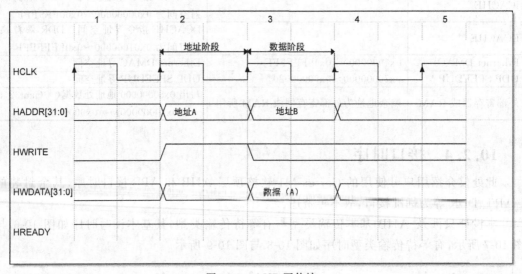

图 10-8 AHB 写传输

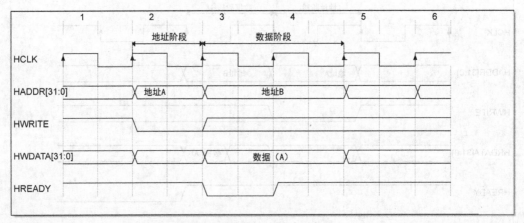

图 10-9 AHB 有等待写传输

本设计只涉及 APB 无等待传输类型,其无等待读写时序如图 10-10 与图 10-11 所示。更为详尽的 APB 总线协议介绍请参见 AMBA 3 APB Protocol Specification。

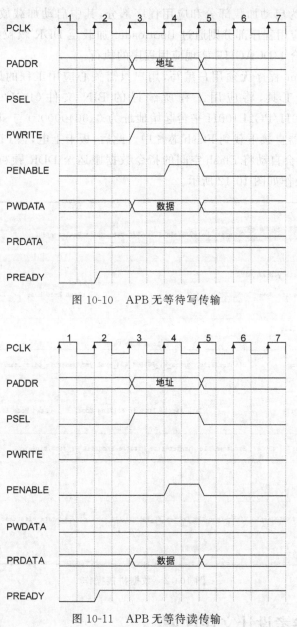

图 10-10　APB 无等待写传输

图 10-11　APB 无等待读传输

10.2.5　参考设计

Cortex-M1 SoC 设计如图 10-1 所示,系统时钟为 125MHz,内置软复位功能以及使用

I/DCACHE 加载指令/数据方式，将所有外设全覆盖使用，包括启动加载在线调试功能。在 Cortex-M1 SoC 设计架构的介绍中，宏参数配置为默认值，寻址空间如表 10-3 所示。

本参考设计分为启动加载部分和应用程序部分，其中启动加载放置在片上 ITCM 中，上电即开始运行；应用程序部分则通过 Bootloader 加载至 DDR 颗粒中，当初始化完成后，Cortex-M1 软核配合 I/DCACHE 实现应用程序的执行。

注意，Bootloader 程序无须用户编写，用户只需关心应用工程的设计即可。通过 PDS Configuration 插件工具，将应用工程所编译的 BIN 文件（PGL22 平台起始地址为 0x000C0000，PGL50H/PG2L100H 平台起始地址为 0x00400000）与 sbit 数据流文件拼接，并利用同创的下载器直接下载到 Flash 芯片中。此后，板卡上电，当 FPGA 数据流文件加载完毕后，Bootloader 会自动将 Flash 空间的指令数据搬运至 DDR 颗粒中，完成指令初始化操作，其数据拼接操作如图 10-12 所示。

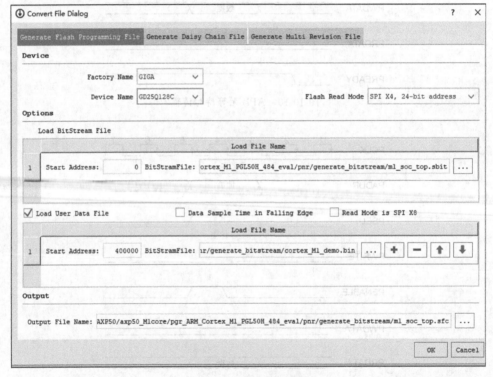

图 10-12　数据拼接操作

10.2.6　参考设计文件目录

pgr_ARM_Cortex_M1 设计实例目录结构如图 10-13 所示。

```
├──bench                              //仿真 test bench
├──docs                              //设计文档 - PDS 工程使用手册
├──ip                                //设计调用相关 IP
├──pnr                               //工程目录
│  ├──generate_bitstream             //.sbit
│  ├──ipcore                         //IP 中用到的 IP
│  ├──source                         //fdc 文件
│  ├──ARM_M1_SoC_Top.pds             //工程文件
│  ├──itcm0                          //机器码文件 0
│  ├──itcm1                          //机器码文件 1
│  ├──itcm2                          //机器码文件 2
│  ├──itcm3                          //机器码文件 3
├──simulation                        //仿真工程目录
├──src                               //设计实例包含的 RTL 文件
│  ├──ahb                            //AHB 代码
│  │  ├──ahb_decoder                 //AHB_LITE 从设备选择
│  │  ├──ahb_def_slave               //AHB_LITE 默认从设备
│  │  ├──ahb_mux                     //AHB_LITE 从设备相关接口配置
│  ├──logic                          //外设
│  │  ├──cmsdk_ahb_dcache            //DCACHE
│  │  ├──cmsdk_ahb_ethernet_dmac     //Ethernet_DMAC
│  │  ├──cmsdk_ahb_gpio              //GPIO
│  │  ├──cmsdk_ahb_icache            //ICACHE
│  │  ├──cmsdk_ahb_to_apb            //AHB 转 APB 桥
│  │  ├──cmsdk_apb_i2c               //I2C
│  │  ├──cmsdk_apb_mem               //MEM
│  │  ├──cmsdk_apb_slave_mux         //APB 从设备接口配置
│  │  ├──cmsdk_apb_spi               //SPI
│  │  ├──cmsdk_apb_subsystem         //APB 外设顶层
│  │  ├──cmsdk_apb_timer             //TIMER
│  │  ├──cmsdk_apb_uart              //UART
│  │  ├──cmsdk_apb_watchdog          //看门狗
│  │  ├──cmsdk_iop_gpio              //GPIO 子模块
│  ├──m1_core                        //Cortex - M1 相关文件
│  ├──tsmac_phy                      //PANGO TSMAC IP
│  ├──M1_soc_top                     //Demo 顶层
│  ├──rst_gen                        //系统复位
```

图 10-13　目录结构图

10.2.7　参考设计仿真

当进行加密文件仿真时,需要将..\pgr_ARM_Cortex_M1_eval\simulation 目录下自带的 itcm0、itcm1、itcm2、itcm3、LRU0.dat、LRU1.dat,以及用户自己设计的应用工程编译后生成的 memory.dat、memory_used.dat、address.dat 三个文件放置在..\pgr_ARM_Cortex_M1_eval\simulation 工程目录下,之后单击 sim.bat 即可运行,实现基于 ModelSim 的快速仿真。

10.2.8　参考设计上板验证

当需要上板实测参考设计功能时，需要将 Bootloader 工程编译生成的 4 个可执行机器码，即 itcm0、itcm1、itcm2、itcm3，与 LRU0. dat、LRU1. dat 放置在 ..\pgr_ARM_Cortex_M1_eval\pnr 工程目录下，同时将 CM1_OPTION_DEFS 宏文件中的 CM1_ITCMSIZE、CM1_DTCMSIZE 配置成工程需要的大小，并打开 CM1_ITCM_INIT 与 CM1_DTCM_INIT。之后，将数据拼接后的 .sfc 文件烧入 Flash 中。上述操作均完成后，板卡上电即可运行用户设计的应用程序。

视频讲解

10.3　Cortex-M1 应用工程设计

10.3.1　简介

本应用工程设计平台是 Keil，Keil 是美国 Keil Software 公司出品的单片机 C 语言软件开发系统，通过一个集成开发环境（μVision）将 C 编译器、宏汇编、连接器、库管理和仿真调试器组合在一起。

Keil 软件的安装请参考 ARM Keil MDK 官网提供的 MDK Getting Started 和 μVision User's Guide，也可上网查阅 Keil 的安装教程。DEMO 工程使用的 Keil 版本为 Keil V5.34.0。

10.3.2　工程模板

首先选择菜单命令 Project→New μVision Project，创建工程，并设置工程路径和工程名称。工程创建成功后，会自动弹出元器件选择窗口，其中会显示 ARM 系列和 STM 系列，在 ARM 系列下单击 ARMCortex-M1 前的"＋"会展开 ARMCM1 选项，选中 ARMCM1，单击 OK 按钮，进入运行环境设置界面，保持默认设置即可，单击 OK 按钮。

选择菜单命令 Project→Options for Target，会弹出器件设置窗口。如图 10-14 所示，配置 RAM 和 ROM。

（1）在不使用 CACHE 的 Cortex-M1 中，ITCM 作为 ROM（起始地址为 0x00000000），DTCM 作为 RAM（起始地址为 0x20000000），大小根据用户的实际需求进行设置。

（2）在使用 CACHE 的 Cortex-M1 中，ICACHE 作为 ROM（起始地址为 0x10000000），DCACHE 作为 RAM（起始地址为 0x30000000），大小根据用户的实际需求进行设置。

如图 10-15 所示，配置输出 .bin 文件，Cortex-M1 软件编程设计通过 Run ♯1 操作，将 .axf 文件转换为 .bin 文件格式并输出；通过 Run ♯2 操作，使用 make_hex.exe 工具将 .bin 文件转换为 4 个 ITCM 格式的文件并输出。

如图 10-16 所示，配置头文件路径如下：

..\CORE；..\PERIPHERAL\inc；..\STARTUP；..\SYSTEM；..\USER

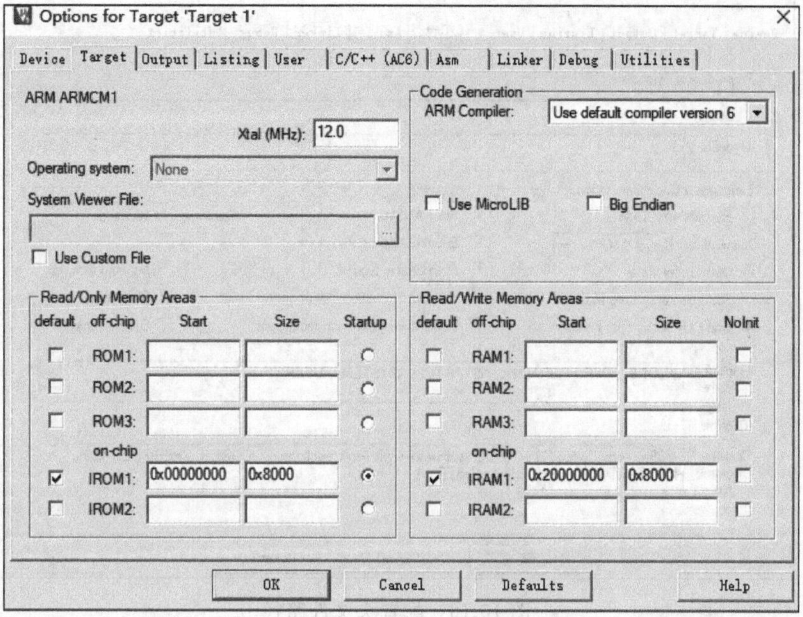

图 10-14　配置 ROM 和 RAM

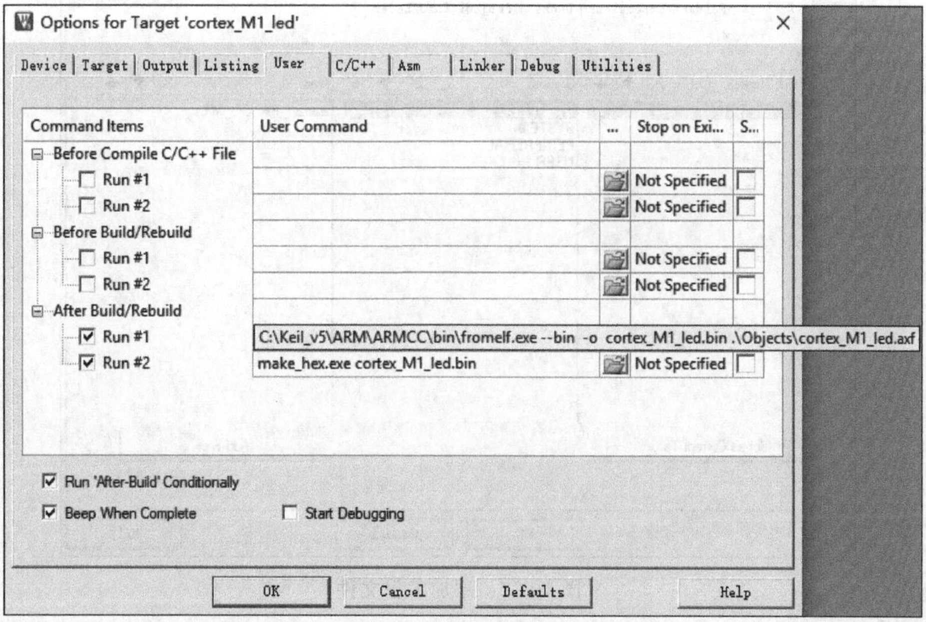

图 10-15　配置 .bin 文件

　　如图 10-17 所示，选择菜单命令 Project→Manage→Project Items，添加工程文件列表，在创建工程和相关配置完成后，需要添加工程文件列表（即添加需要编译的 ＊.c 文件）。

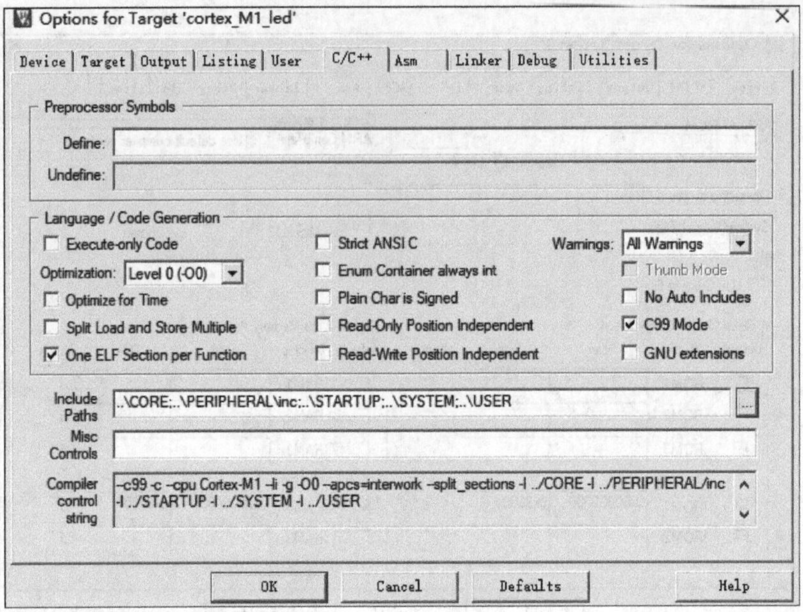

图 10-16　配置头文件路径

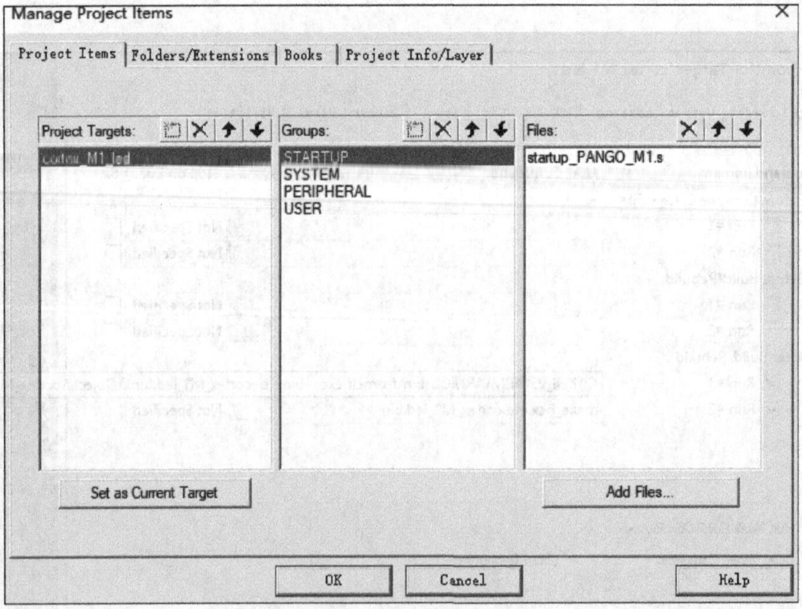

图 10-17　添加工程文件

　　如图 10-18 所示，编译工程文件，完成工程配置和导入工程文件后，编译输出 .bin 文件和 4 个十六进制格式的文件：itcm0、itcm1、itcm2 和 itcm3。

图 10-18　编译工程文件

视频讲解

10.4 Hello World

10.4.1 简介

本节实验介绍在不使用 CACHE 的 Cortex-M1 的情况下,通过串口显示出"Hello World"字样,并固化在开发板上。

10.4.2 实验原理

实验中使用了外设串口 UART0,在输出字符串时使用了系统打印函数 printf()。首先调用 SystemInit()函数完成系统时钟及 GPIO 初始化,然后初始化串口外设,在 while 循环中调用 DEBUG_P(printf)即可完成 Hello World 输出。串口初始化代码如下:

```
void UartInit(void)
{
    UART_InitTypeDef UART_InitStruct;

    UART_InitStruct.UART_Mode.UARTMode_Tx = ENABLE;        //打开串口发送模式
    UART_InitStruct.UART_Mode.UARTMode_Rx = ENABLE;        //打开串口接收模式
    UART_InitStruct.UART_Int.UARTInt_Tx = DISABLE;         //关闭串口发送中断
    UART_InitStruct.UART_Int.UARTInt_Rx = DISABLE;         //关闭串口接收中断
    UART_InitStruct.UART_Ovr.UARTOvr_Tx = DISABLE;         //关闭串口发送溢出
    UART_InitStruct.UART_Ovr.UARTOvr_Rx = DISABLE;         //关闭串口接收溢出中断
    UART_InitStruct.UART_Hstm = DISABLE;                   //关闭串口快速模式
    UART_InitStruct.UART_BaudRate = UART0_Baud;            //设置串口波特率

    UART_Init(UART0,&UART_InitStruct);
}


int main(void)
{
    SystemInit();
    UartInit();
    while(1)
    {
        Delay(DELAY_CNT);
        DEBUG_P("Hello World\r\n");
    }
}
```

在 UartInit()中打开串口发送与接收使能,关闭发送与接收中断及溢出中断,接着设置好串口波特率即可完成串口的初始化工作。其他代码比较简单,这里不做介绍。

固化程序的步骤如下:如图 10-19 所示,Keil 编译完成后,会生成 itcm0、itcm1、itcm2、itcm3 四个文件。

software_design › module_design › Cortex-M1_uart0_printf › PROJECT

名称 ^	修改日期	类型
Listings	2021/6/16 18:10	文件夹
Objects	2021/6/16 18:51	文件夹
cortex_M1_uart.bin	2021/6/16 18:51	BIN 文件
cortex_M1_uart.uvguix.lhj	2021/6/16 19:34	LHJ 文件
cortex_M1_uart.uvguix.user	2020/1/20 21:12	USER 文件
cortex_M1_uart.uvoptx	2019/12/13 15:33	UVOPTX 文件
cortex_M1_uart.uvprojx	2019/11/14 9:10	礴ision5 Project
itcm0	2021/6/16 18:51	文件
itcm1	2021/6/16 18:51	文件
itcm2	2021/6/16 18:51	文件
itcm3	2021/6/16 18:51	文件
make_hex.exe	2019/7/26 10:40	应用程序

图 10-19　itcm 文件

如图 10-20 所示，将工程下的 itcm0、itcm1、itcm2、itcm3 这四个文件复制到 FPGA 工程下的 pnr 目录中，然后重新编译 FPGA 工程，生成.sbit 文件并转换成.sfc 文件，再下载到 Flash 中即可。

pgr_ARM_Cortex_M1_PGL50H › pnr

名称 ^	修改日期	类型	大小
compile	2021/6/17 14:51	文件夹	
device_map	2021/6/17 14:53	文件夹	
generate_bitstream	2021/6/17 14:58	文件夹	
ipcore	2021/6/1 15:38	文件夹	
log	2021/6/1 15:38	文件夹	
logbackup	2021/6/17 11:20	文件夹	
place_route	2021/6/17 14:57	文件夹	
report_timing	2021/6/17 14:57	文件夹	
source	2021/6/1 15:38	文件夹	
synthesize	2021/6/17 14:53	文件夹	
ARM_M1_SoC_Top.pds	2021/6/17 14:58	PDS 文件	39 KB
cortex_M1_bootloader.bin	2021/5/27 12:12	BIN 文件	3 KB
cortex_M1_demo.bin	2021/5/27 15:42	BIN 文件	8 KB
data.wf	2021/6/1 15:08	WF 文件	51 KB
impl.tcl	2021/6/17 14:58	TCL 文件	33 KB
itcm0	2021/6/17 14:48	文件	1 KB
itcm1	2021/6/17 14:48	文件	1 KB
itcm2	2021/6/17 14:48	文件	1 KB
itcm3	2021/6/17 14:48	文件	1 KB

图 10-20　itcm 放在工程目录下

10.5　LED 流水灯实验

10.5.1　简介

本实验利用 Cortex-M1 的外设 GPIO 实现输出功能，并输出到板上的 8 个 LED 灯上进

视频讲解

行流水实验。

10.5.2 实验原理

设置 GPIO 口为输出模式,调用 GPIO 的相关输出函数,实现每隔 500ms 对 GPIO 的 DATAOUT 寄存器赋值,使 LED 灯出现流水效果。程序中先调用 SystemInit()函数完成系统时钟及所有 GPIO 初始化,然后在 GpioInit 中对相应的 GPIO 功能引脚使能,在 while 循环中实现 GPIO 赋值即可。GPIO 外设有如下特性:

(1) 提供一组 16 个 I/O 的通用输入输出;

(2) 每个 I/O 均可以直接受软件编程的可配置寄存器控制;

(3) 目前 GPIO_Pin_0~GPIO_Pin_15 支持中断。

用到的寄存器如表 10-4 所示。

表 10-4 GPIO 寄存器列表

寄存器名称	地 址 偏 移	类 型	位 宽	初 始 值	描 述
DATA	0x0000	RW	16	0x--	数据值在引脚处读取采样数,写入数据输出寄存器。读回值通过双触发器,双周期延迟同步逻辑
DATAOUT	0x0004	RW	16	0x0000	数据输出寄存器值,读取数据输出寄存器的当前值,写入数据输出寄存器
RESERVED	0x0008~0x000C	Reserved			
OUTENSET	0x0010	RW	16	0x0000	输出使能设置。写入 1 以设置输出启用位;写入 0 无效;读回 0 表示信号方向为输入;1 表示信号方向为输出
OUTENCLR	0x0014	RW	16	0x0000	输出使能清除。写入 1 以清除输出启用位。写入 0 无效;读回 0 表示信号方向为输入

DATA:数据输入寄存器,接收外部输入采样数据,I/O 中数据输入。

DATAOUT:数据输出寄存器,输入内部数据到 I/O 输出端口。

OUTENSET:I/O 输出模式设置寄存器,相应位置 1 即可配置成输出模式。

OUTENCLR:I/O 输入模式设置寄存器,相应位置 1 即可配置成输入模式。

代码如下:

```
void GpioInit(void)
{
    GPIO_InitTypeDef GPIO_0_1;
```

```
        GPIO_0_1.GPIO_Pin = LED_PIN;
        GPIO_0_1.GPIO_Mode = GPIO_Mode_OUT;        //设置 GPIO_Pin_1 为输出模式
        GPIO_0_1.GPIO_Int = GPIO_Int_Disable;      //设置 GPIO_Pin_1 为普通 I/O,不设置中断模式
        GPIO_Init(GPIO0,&GPIO_0_1);
}

int main(void)
{
uint8_t i,leddata;
    SystemInit();
    GpioInit();
    leddata = 128;
while(1)
{
for(i = 0;i < 8;i++)
{
        GPIO_SetBit(GPIO0,leddata);
        Delay(DELAY_CNT);
        GPIO_ResetBit(GPIO0,leddata);
        leddata = leddata >> 1;
}
        leddata = 128;
}
}
```

main()函数比较简单,首先对系统和 GPIO 端口进行初始化后,调用 GPIO_SetBit()与 GPIO_ResetBit()函数来实现 LED 流水灯操作。

GpioInit(void)：初始化 GPIO 结构体的各个参数,对应引脚位、输出模式、禁止中断设置；void GPIO_SetBit(GPIO_TypeDef * GPIOx,uint32_t GPIO_Pin)：函数体中对 DATAOUT 的相应位置 1,从而输出高电平；void GPIO_ResetBit(GPIO_TypeDef * GPIOx,uint32_t GPIO_Pin)：函数体中对 DATAOUT 的相应位置 1,从而输出低电平。

视频讲解

10.6　用户中断实验

10.6.1　简介

实验中通过按键产生中断,然后通过串口打印中断信息。

10.6.2　实验原理

Pango Cortex-M1 提供最多 32 个用户可用的中断处理信号,用户可配置 1、8、16、32 个外部中断处理信号。支持 0～3 级可编程优先级（0 表示最高优先级）。Pango Cortex-M1 中断控制器如表 10-5 所示。

表 10-5　Pango Cortex-M1 中断控制器

地　　址	中断名称	中　断　号	描　　述
0x00000000	__initial_sp	Top of Stack	
0x00000004	Reset_Handler	Reset Handler	
0x00000008	NMI_Handler	−14	NMI 处理器
0x0000000C	HardFault_Handler	−13	硬件故障处理器
0x00000010	0	Reserved	
0x00000014	0	Reserved	
0x00000018	0	Reserved	
0x0000001C	0	Reserved	
0x00000020	0	Reserved	
0x00000024	0	Reserved	
0x00000028	0	Reserved	
0x0000002C	SVC_Handler	−5	SVCall 处理程序
0x00000030	0	Reserved	
0x00000034	0	Reserved	
0x00000038	PendSV_Handler	−2	PendSV 处理程序
0x0000003C	SysTick_Handler	−1	SysTick 处理程序
0x00000040	UART0_Handler	0	UART0 中断处理
0x00000044	UART1_Handler	1	UART1 中断处理
0x00000048	TIMER0_Handler	2	TIMER0 中断处理
0x0000004C	TIMER1_Handler	3	TIMER1 中断处理
0x00000050	GPIO0_Handler	4	GPIO0 中断处理
0x00000054	UARTOVF_Handler	5	UART0、UART1 溢出中断处理
0x00000058	ENT_Handler	6	Ethernet 中断处理
0x0000005C	I2C_Handler	7	I^2C 中断处理
0x00000060	CAN_Handler	8	CAN 中断处理
0x00000064	RTC_Handler	9	RTC 中断处理
0x00000068	Interrupt10_Handler	10	中断 10
0x0000006C	DTimer_Handler	11	双定时器中断处理
0x00000070	TRNG_Handler	12	TRNG 中断处理
0x00000074	Interrupt13_Handler	13	中断 13
0x00000078	Interrupt14_Handler	14	中断 14
0x0000007C	Interrupt15_Handler	15	中断 15
0x00000080	Interrupt16_Handler	16	中断 16
0x00000084	Interrupt17_Handler	17	中断 17
0x00000088	Interrupt18_Handler	18	中断 18
0x0000008C	Interrupt19_Handler	19	中断 19
0x00000090	Interrupt20_Handler	20	中断 20
0x00000094	Interrupt21_Handler	21	中断 21
0x00000098	Interrupt22_Handler	22	中断 22

地　　址	中断名称	中断号	描　　述
0x0000009C	Interrupt23_Handler	23	中断 23
0x000000A0	Interrupt24_Handler	24	中断 24
0x000000A4	Interrupt25_Handler	25	中断 25
0x000000A8	Interrupt26_Handler	26	中断 26
0x000000AC	Interrupt27_Handler	27	中断 27
0x000000B0	Interrupt28_Handler	28	中断 28
0x000000B4	Interrupt29_Handler	29	中断 29
0x000000B8	Interrupt30_Handler	30	中断 30

从表 10-5 可知，我们用到的按键中断属于 GPIO 中断，中断入口为 0x00000050，中断号为 4。代码如下：

```
void GpioInit(void)
{
    GPIO_InitTypeDef GPIO_0_0;
    GPIO_0_0.GPIO_Pin = KEY_PIN;
    GPIO_0_0.GPIO_Mode = GPIO_Mode_IN;             //设置 GPIO_Pin_0 为输入模式
    GPIO_0_0.GPIO_Int = GPIO_Int_Falling_Edge;     //设置 GPIO_Pin_0 为下降沿触发
    GPIO_Init(GPIO0,&GPIO_0_0);
    NVIC_EnableIRQ(GPIO0_IRQn);
}


/ ***********************************************************************
** 函数名称:GPIO0_Handler
** 函数功能:GPIO 中断函数
** 输入参数:无
** 输出参数:无
** 返回参数:无
   ********************************************************************* /
void GPIO0_Handler(void)
{
    gpio_irq_status = GPIO_GetIntStatus(GPIO0);
    GPIO_IntClear(GPIO0, KEY_PIN);                 //清除 GPIO 中断
    key_flag = true;
}


int main(void)
{
    SystemInit();
    UartInit();
    GpioInit();
    DEBUG_P("PANGO Cortex-M1 Start Run...\r\n");
while(1)
```

```
{
if(key_flag)
{
        Delay(1000);
if(!(GPIO_ReadBits(GPIO0)&0x0001))
{
            DEBUG_P("Key interrupt OK...gpio_irq_status = 0x%x\r\n",gpio_irq_
status);
}
        key_flag = false;
}
}
}
```

main()函数中对系统时钟、串口、GPIO 模式进行初始化设置后，不断读取按键中断响应并打印信息。

GpioInit(void)：设置 GPIO 中断引脚、输入模式、中断触发方式及中断使能，具体配置见程序；uint32_t GPIO_ReadBits(GPIO_TypeDef * GPIOx)：函数体中读取 DATA 寄存器中的值，即按键按下后的状态值；GPIO0_Handler(void)：中断响应入口函数，获取中断状态寄存器的值，清除按键已触发的中断，设置按键中断标志 flag。

10.7 SPI 接口读写实验

10.7.1 简介

实验中通过 Cortex-M1 的外设 SPI 接口实现对 Flash 的读写操作，用户读写数据与FPGA 固化程序共用 Flash。

10.7.2 实验原理

SPI(Serial Peripheral Interface，串行外设接口)是 MCU 中常用的接口模块。SPI 的通信原理很简单，它以主从方式工作(目前 Pango Cortex-M1 只支持主模式)，通常有一个主设备和一个或多个从设备，需要至少四根线，分别是 SDI(数据输入)、SDO(数据输出)、SCK(时钟)、CS(片选)。下面分别介绍。

(1) MOSI：SPI 总线主机输出/从机输入(Master Output/Slave Input)；

(2) MISO：SPI 总线主机输入/从机输出(Master Input/Slave Output)；

(3) SCK：时钟信号，由主设备产生；

(4) CS/SS：从设备是能信号(Chip Select)，由主设备控制。

SPI 内部结构图如图 10-21 所示。

对应的 SPI 寄存器如表 10-6 所示。

视频讲解

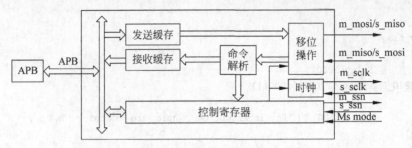

图 10-21　SPI 内部结构图

表 10-6　SPI 寄存器

寄　存　器	地址偏移	类　　型	位　　宽	初　始　值	描　　述
RDATA	0x00	RO	32	0x00000000	读数据寄存器。 [31:8]：保留；[7:0]：读数据
WDATA	0x04	WO	32	0x00000000	写数据寄存器。 [31:8]：保留；[7:0]：写数据
STATUS	0x08	RW	32	0x00000000	[31:1]：保留；[0]：选择和使能从机
SSMASK	0x0C	RW	32	0x00000000	[31:8]：保留；[7]：收到；[6]：接收 就绪状态；[5]：接收就绪状态；[4]： 发送；[3]：传输溢出错误状态；[2]： 接收溢出错误状态；[1:0]：保留
CTRL	0x10	RW	32	0x00000000	[31:16]：保留；[15:8]：CS 选择， CS1～CS8；[7:5]：保留；[4:3]：时 钟选择，CLK 4/8/16/32；[2]：时钟 极性；[1]：时钟相位；[0]：方向，1 是最高位

SPI 库函数的功能描述如表 10-7 所示。

表 10-7　SPI 库函数的功能描述

函　数　名	功　能　描　述
SPI_Init	初始化 SPI
SPI_SetDirection	设置方向
SPI_ClrDirection	清除方向
SPI_GetDirection	返回方向
SPI_SetPhase	设置相位
SPI_ClrPhase	清除相位
SPI_GetPhase	返回相位
SPI_GetPolarity	返回极性
SPI_ClrPolarity	清除极性
SPI_SetPolarity	设置极性
SPI_SetClkSel	设置时钟选择

续表

函 数 名	功 能 描 述
SPI_GetClkSel	返回时钟选择
SPI_GetToeStatus	读取传输溢出错误状态
SPI_GetRoeStatus	读取接收溢出错误状态
SPI_GetTmtStatus	读传输状态
SPI_GetTrdyStatus	读取传输就绪状态
SPI_GetRrdyStatus	读取接收就绪状态
SPI_GetRcvStatus	读取接收状态
SPI_SetRcvStatus	写入接收状态
SPI_ClrToeStatus	清除传输溢出错误状态
SPI_ClrRoeStatus	清除接收溢出错误状态
SPI_ClrErrStatus	清除错误状态
SPI_WriteData	写数据
SPI_ReadData	读数据
SPI_Select_Slave	SPI从机选择
SPI_CS_Enable	SPI_CS使能
SPI_CS_Disable	SPI_CS无效

源代码：

```
void SPIInit0(void)
{
    SPI_InitTypeDef SPI_InitStruct;

    SPI_InitStruct.CLKSEL = CLKSEL_CLK_DIV_4;          //设置SPI时钟频率,系统4分频
    SPI_InitStruct.DIRECTION = DISABLE;
    SPI_InitStruct.PHASE = DISABLE;
    SPI_InitStruct.POLARITY = DISABLE;

    SPI_Init(&SPI_InitStruct);
    SPI_CS_ENABLE;                                      //SPI片选拉高
    DEBUG_P("SPI Initialization.\r\n");
}

int main(void)
{
int j = 0;
    SystemInit();
    UartInit();
    SPIInit0();
    DEBUG_P("PANGO Cortex - M1\r\n");
    DEBUG_P("JEDEC id = 0x%x\n",SFLASH_ReadJEDEC_ID());
for(j = 0;j < DATA_LEN; j++)
{
        send_buf[j] = j + 1;
}
    SFLASH_WriteNByte((uint8_t *)send_buf, SPI_DATA_ADD, DATA_LEN);  //从地址0,
```

```
                  //连续写入 6 字节数据(ABCDEF)
                  SFLASH_ReadNByte((uint8_t *)read_buf, SPI_DATA_ADD, DATA_LEN);    //从地址 0,
                  //连续读出 6 字节数据
if(!strncmp(send_buf, read_buf, DATA_LEN))
{
          DEBUG_P("SPI Read data OK!!!! \n");
}
else
{
          DEBUG_P("SPI Read data ERROR!!!! \n");
}
}
```

对系统时钟、串口、SPI 模式进行初始化设置后，然后读取 Flash ID 并通过串口打印，接着在 Flash 指定地址 0xc000000 写入用户自定义数据，再将数据读出来进行比对，若正确，则在串口中可以看到“SPI Read data OK!!!!”；若错误，则显示“SPI Read data ERROR!!!!”。

SPIInit0(void)：设置 SPI 外设的时钟频率、相位、极性等，具体配置见程序；Flash_FastReadNByte(uint8_t * pBuffer，uint32_t ReadAddr，uint16_t nByte)：向 Flash 起始地址连续写入指定长度数据，最大长度为 64K；SFLASH_ReadNByte(uint8_t * pBuffer，uint32_t ReadAddr，uint16_t nByte)：向 Flash 起始地址连续读出指定长度的数据，最大长度为 64K。

视频讲解

10.8 串口收发实验

10.8.1 简介

Cortex-M1 软核集成了串口外设 UART0 与 UART1，支持通信速率高达 960kb/s。本节主要介绍如何使用串口进行输入与输出。

10.8.2 实验原理

在传输的过程中，UART 发送端将字节数据以串行的方式逐个比特发送出去，UART 接收端逐个比特接收数据，然后将其重新组织为字节数据。常见的传输格式如图 10-22 所示。

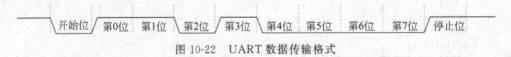

图 10-22　UART 数据传输格式

（1）在空闲时，UART 输出保持高电平。

（2）在发送 1 字节之前，应该先发送一个低电平开始位。

（3）发送起始位之后，通常以低位先发送的方式逐个比特传输完一整个字节的数据位。当然，有些 UART 设备会以高位先发送的方式进行传输。

（4）传输完字节以后，可选择传输一位或者多位的奇偶校验位。

（5）最后传输的是以高电平表征的停止位。

Pango Cortex-M1 包含一个通过 APB 总线访问的通用异步收发器 UART，功能指标如下：

（1）最大波特率 960kb/s。

（2）无奇偶校验位。

（3）8 位数据位。

（4）1 位停止位。

（5）支持两个串口外设：UART0 和 UART1。

UART 结构如图 10-23 所示。

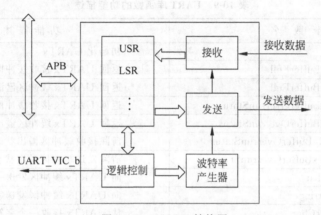

图 10-23　UART 结构图

串口寄存器列表如表 10-8 所示。

表 10-8　串口寄存器列表

寄　存　器	地址偏移	类　型	位　　宽	初　始　值	描　　　述
DATA	0x000	RW	8	0x--	[7:0]：接收、发送数据值
STATE	0x004	RW	4	0x0	[3]：接收缓冲区溢出，写入 1 清除 [2]：发送缓冲区溢出，写入 1 清除 [1]：接收缓冲区已满，只读 [0]：Tx 缓冲区已满，只读
CTRL	0x008	RW	7	0x00	[6]：仅用于 Tx 的高速测试模式 [5]：Rx 超限中断启用 [4]：发送超限中断启用 [3]：接收中断启用 [2]：发送中断启用 [1]：接收使能 [0]：发送使能

续表

寄 存 器	地址偏移	类 型	位 宽	初 始 值	描 述
INTSTATUS/ INTCLEAR	0x00C	RW	4	0x0	[3]：收溢出中断入 1 清除 [2]：收溢出中断入 1 清除 [1]：收中断入 1 清除 [0]：收中断入 1 清除
BAUDDIV	0x010	RW	20	0x00000	[19:0]：波特率除法器，最小数字 为 16

UART 库函数的功能描述如表 10-9 所示。

表 10-9　UART 库函数的功能描述

函 数 名	功 能 描 述
UART_Init	初始化 UARTx
UART_GetRxBufferFull	返回 UARTx 接收缓冲区已满状态
UART_GetTxBufferFull	返回 UARTx 缓冲区已满状态
UART_GetRxBufferOverrunStatus	返回 UARTx 接收缓冲区溢出状态
UART_GetTxBufferOverrunStatus	返回 UARTx 缓冲区溢出状态
UART_ClearRxBufferOverrunStatus	清除接收缓冲区溢出状态
UART_ClearTxBufferOverrunStatus	清除发送缓冲区溢出状态
UART_SendChar	向 UARTx 缓冲区发送一个字符
UART_SendString	向 UARTx 缓冲区发送字符串
UART_ReceiveChar	从 UARTx 接收一个字符
UART_GetBaudDivider	返回 UARTx 波特率除法器值
UART_GetTxIRQStatus	返回 UARTx 中断状态
UART_GetRxIRQStatus	返回 UARTx 接收中断状态
UART_ClearTxIRQ	清除 UARTx 中断状态
UART_ClearRxIRQ	清除 UARTx 接收中断状态
UART_GetTxOverrunIRQStatus	返回 UARTx 超限中断状态
UART_GetRxOverrunIRQStatus	返回 UARTx 接收超限中断状态
UART_ClearTxOverrunIRQ	清除 UARTx 超限中断请求
UART_ClearRxOverrunIRQ	清除 UARTx 接收超限中断请求
UART_SetHSTM	设置 UARTx 高速测试模式
UART_ClrHSTM	清除 UARTx 高速测试模式

源代码：

```
/ *******************************************************************
 ** 函数名称:UartInit
 ** 函数功能:串口初始化函数
 ** 输入参数:无
 ** 输出参数:无
```

```
** 返回参数:无
*************************************************************************/
void UartInit(void)
{
    UART_InitTypeDef UART_InitStruct;

    UART_InitStruct.UART_Mode.UARTMode_Tx = ENABLE;        //打开串口发送模式
    UART_InitStruct.UART_Mode.UARTMode_Rx = ENABLE;        //打开串口接收模式
    UART_InitStruct.UART_Int.UARTInt_Tx = DISABLE;         //关闭串口发送中断
    UART_InitStruct.UART_Int.UARTInt_Rx = ENABLE;          //使能串口接收中断
    UART_InitStruct.UART_Ovr.UARTOvr_Tx = DISABLE;         //关闭串口发送溢出
    UART_InitStruct.UART_Ovr.UARTOvr_Rx = ENABLE;          //打开串口接收溢出中断
    UART_InitStruct.UART_Hstm = DISABLE;                   //关闭串口快速模式
    UART_InitStruct.UART_BaudRate = UART0_Baud;            //设置串口波特率

    UART_Init(UART0,&UART_InitStruct);
    NVIC_EnableIRQ(UART0_IRQn);                            //初始化串口中断
}

/*************************************************************************
** 函数名称:UART0_Handler
** 函数功能:串口中断函数
** 输入参数:无
** 输出参数:无
** 返回参数:无
*************************************************************************/
void UART0_Handler(void)
{
if(UART_GetRxIRQStatus(UART0)!= RESET)
{
    UART_ClearRxIRQ(UART0);                               //清除串口中断
    UART_SendChar(UART0, UART_ReceiveChar(UART0));        //打印接收到的数据
}
}

int main(void)
{
    SystemInit();
    UartInit();
    DEBUG_P("PANGO Cortex - M1 Start Run...\r\n");
while(1)
{
    Delay(100);
}
}
```

main()函数中对系统时钟、串口初始化设置后,在 FPGA 串口发送端 Tx 可以看到"PANGO Cortex-M1 Start Run...",同时接收端 Rx 接收到数据后会返回到发送端 Tx 进行发送。

DEBUG_P()：系统打印函数。UartInit(void)：设置串口发送接收模式和波特率，禁止发送中断，使能接收中断等。

视频讲解

10.9 I²C 实验

10.9.1 简介

Cortex-M1 集成了一个 I²C 外设模块。可用于连接标准的 I²C 设备，实验板卡上集成了 I²C 接口设备 EEPROM 24LC04B，用户可通过读写 EEPROM 中的数据来了解 I²C 的读写操作时序。

10.9.2 实验原理

I²C(Inter-Integrated Circuit，集成电路互联在线)是 MCU 中常用的接口模块。I²C 总线只有两条总线：一条串行数据总线(SDA)和一条串行时钟线(SCL)。SDA 和 SCL 都是双向 I/O 线。接口电平为开漏输出，需要通过上拉电阻接电源。当总线空闲时，两根线都是高电平。每个连接总线的设备都可以使用唯一的地址来识别。

Pango Cortex-M1 包含一个通用 APB 总线访问的 I²C 接口：

（1）APB 总线接口。

（2）符合业界标准的 I²C 总线协议。

（3）总线仲裁及仲裁丢失检测。

（4）总线忙状态检测。

（5）支持产生发送或接收中断标志（建议中断优先级设置为 0）。

（6）产生起始、终止、重复起始应答信息。

（7）支持起始、终止和重复起始检测。

（8）支持 7 位寻址模式。

（9）支持 SCL 频率配置[标准速度（最高速率 100kHz）、快速（最高 400kHz）]。

（10）支持主模式。

I²C 结构图如图 10-24 所示。

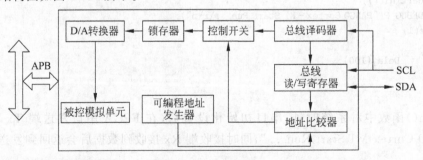

图 10-24　I²C 结构图

I^2C 寄存器如表 10-10 所示。

表 10-10　I^2C 寄存器

寄 存 器	地址偏移	类　　型	位　　宽	初　始　值	描　　　述
PRER	0x00	RW	32	0x0000ffff	时钟预刻度寄存器。[31:16]：保留；[15:0]：预刻度值 = sys_clk/(5 * SCL)-1
CTR	0x04	RW	32	0x00000000	[31:8]：保留；[7]：使能 I^2C 功能；[6]：使能 I^2C 中断
RXR	0x0c	RO	32	0x00000000	[31:8]：保留；[7:0]：最后收到的数据
CR	0x10	WO	32	0x00000000	[31:8]：保留；[7]：STA，开始传输状态；[6]：STO，过传输状态；[5]：RD，读取启用，从从机读取数据；[4]：WR，写入启用，将数据写入从机；[3]：确认；[2:1]：保留；[0]：中断确认
SR	0x14	RO	32	0x00000000	[31:8]：保留；[7]：从从机接收确认信号；[6]：I^2C 忙状态；[5]：仲裁；[4:2]：保留；[1]：数据传输状态标志；[0]：中断标志

I^2C 库函数的功能描述如表 10-11 所示。

表 10-11　I^2C 库函数的功能描述

函　数　名	功 能 描 述
I2C_Init	初始化 I^2C
I2C_SendByte	向 I^2C 总线发送一字节
I2C_SendBytes	向 I^2C 总线发送多字节
I2C_ReceiveByte	从 I^2C 总线读取一字节
I2C_ReadBytes	从 I^2C 总线读取多字节
I2C_Rate_Set	设置 I^2C 通信速率
I2C_Enable	启用 I^2C 总线
I2C_UnEnable	禁用 I^2C 总线
I2C_InterruptOpen	开放 I^2C 中断
I2C_InterruptClose	关闭 I^2C 中断

源代码如下：

```
void I2CInit(void)
{
    I2C_Init(I2C, EEPROM_SPEED, EEPROM_IRQ);
```

```
                    NVIC_EnableIRQ(I2C_IRQn);
    }

/ ***********************************************************************
** 函数名称:IIC_Test
** 函数功能:IIC_Test 循环读写测试
** 输入参数:无
** 输出参数:无
** 返回参数:无
    *********************************************************************** /
void IIC_Test(void)
{
for(int j = 0;j < DATA_LEN; j++)
{
        send_buf[j] = j;
        read_buf[j] = 0;
}
    I2C_EE_BufferWrite(I2C,(uint8_t * )send_buf, DATA_ADDRESS, DATA_LEN);
    I2C_EE_BufferRead(I2C,(uint8_t * )read_buf, DATA_ADDRESS, DATA_LEN);
    DEBUG_P("EEPROM irq cnt =  % d!!!! \n",iic_irq_cnt);
    iic_irq_cnt = 0;
    DEBUG_P("EEPROM irq cnt =  % d!!!! \n",iic_irq_cnt);
if(!strncmp(send_buf, read_buf, DATA_LEN))
{
        DEBUG_P("EEPROM Read data OK!!!! \n");
}
else
{for(int i = 0;i < DATA_LEN; i++)
{
            DEBUG_P("\n % d % d",send_buf[i], read_buf[i]);
}
        DEBUG_P("EEPROM Read data ERROR!!!! \n");
}
}


/ ***********************************************************************
** 函数名称:I2C_Handler
** 函数功能:IIC 中断函数(在接收到从机 ack/stop 信号时,触发中断)
** 输入参数:无
** 输出参数:无
** 返回参数:无
    *********************************************************************** /
void I2C_Handler(void)
{
if(~(I2C -> SR &I2C_SR_TIP))              //转化
{
        iic_irq_cnt++;
```

```
    }

        I2C -> CR = I2C_CMD_IACK;              //清除中断标志
    }

int main(void)
{
        SystemInit();
        UartInit();
        I2CInit();
        DEBUG_P("PANGO Cortex - M1 Start Run......\r\n");
        IIC_Test();
while(1)
    {
            Delay(DELAY_CNT);
            IIC_Test();
    }
    }
```

函数 main()对系统时钟、串口及 I^2C 外设完成初始化设置后,在 FPGA 串口发送端 Tx 可以看到"PANGO Cortex-M1 Start Run...",然后会循环打印读写数据信息;读写数据比对成功后,在串口可以看到"EEPROM Read data OK!!!!";错误则显示"EEPROM Read data ERROR!!!!"。

I2C_EE_BufferWrite(I2C_TypeDef * i2c, uint8_t * pBuffer, uint16_t WriteAddr, uint16_t NumByteToWrite):向 EEPROM 起始地址连续写入指定长度的数据。

I2C_EE_BufferRead(I2C_TypeDef * i2c, uint8_t * pBuffer, uint16_t ReadAddr, uint16_t NumByteToRead):向 EEPROM 起始地址连续读出指定长度的数据。

10.10 综合实验

10.10.1 简介

Cortex-M1 预留了一个 AHB 总线扩展接口。用户可根据自己的需求挂载 AHB 外设,本实验将 A/D 采集数据通过 AHB 总线写入软核,在 AHB 总线上读出数据并显示到 HDMI 上,AHB 读写在 Keil 中实现,其读写的基地址为 0x70000000,用户可通过本实验理解 AHB 读写操作时序。

10.10.2 实验原理

在 SoC 设计中,高级微控制器总线结构(Advanced Microcontroller Bus Architecture, AMBA)用于片上系统。AMBA 协议是一个开放标准的片上互连规范,用于 SoC 内功能模块的连接和管理。高级高性能总线(Advanced High-performance Bus, AHB)规范是

AMBA 总线规范的一部分，AHB 可以实现高性能的同步设计、支持多个总线主设备和提供高带宽操作，本实验使用的是 AHB 简化版（Advanced High-performance Bus Lite，AHB-Lite），其特点是只能有一个主设备。

在 Cortex_M1 系统中，通过 AHB-Lite 实现对外设的控制，对于 AHB-Lite 来说，它包含数据总线、控制总线和全局信号。在本实验中，用户只需设计 AHB-Lite 从机信号挂载到主机上。AHB-Lite 主机信号描述如表 10-1 所示，AHB-Lite 从机信号描述如表 10-12 所示。

表 10-12　AHB-Lite 从机信号

信　　号	名　　称	输入/输出	描　　述
HCLK	总线时钟	输入	总线时钟，上升沿采样
HRESETn	复位	输入	总线复位，低电平有效
HSEL	从机选择	输入	从机选择信号
HREADY	传输完成	输入	指示从机上一次传输是否结束
HADDR[31:0]	地址总线	输入	32 位地址总线
HTRANS[1:0]	传输类型	输入	传输类型 2'b00：空闲 2'b01：忙 2'b10：忽略 2'b11：顺序
HWRITE	传输方向	输入	读写控制 1'b1：写 1'b0：读
HSIZE[2:0]	传输大小	输入	数据位宽 3'b000：8 位 3'b001：16 位 3'b010：32 位
HWDATA[31:0]	写数据总线	输入	写数据总线，主机到从机
HRDATA[31:0]	读数据总线	输出	读数据总线，从机到主机
HREADYOUT	传输准备	输出	从机准备好接收主机的传输
HRESP[1:0]	传输响应	输出	系统设置为 2'b00，从机反馈 okay

AHB-Lite 读写时序图和 AHB 一样，如图 10-6～图 10-9 所示。本实验通过 AHB-Lite 读总线读取 A/D 模块采集数据，存储到内存中，再通过 AHB_Lite 写总线读出内存数据，供 HDMI 显示，其设计框图如图 10-25 所示。

从图 10-25 可以看出，本实验与 A/D 采集实验的很多模块都相同，相关模块这里不再过多介绍，具体可参考第 8 章的 A/D 采集数据设计，这里只介绍与 Cortex_M1 软核相连接的 AHB-Lite 模块（ahb_ram 模块）。

ahb_ram 模块主要实现跨时钟域处理和数据交换。HSEL、HREADY 和 HTRANS 信

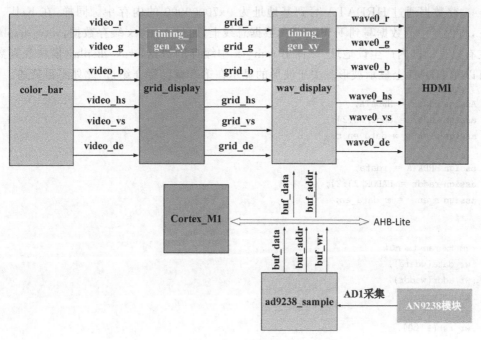

图 10-25　设计框图

号都由主机输出,当它们都为 1 时,表示数据有效,值得注意的是,HSEL 是从机选择信号,HSEL 为 1 时,表示选中此设备,但是 Keil5 控制的读写基地址是 0x70000000,所以 HSEL&&(HADDR[31:28]=4'h7)才是正确的选择信号。

```
wire data_valid;
assign data_valid = HSEL & HREADY & HTRANS[1];
```

从表 10-12 AHB-Lite 从机信号中可以得知 HWRITE 信号为高,则表示写;信号为低,则表示读。当数据有效时,判断 HWRITE 信号,就可以得出读、写使能信号,以便于对外部信号进行控制。

```
wire  w_data_en;
assign w_data_en = data_valid & HWRITE;

wire  r_data_en;
assign r_data_en = data_valid & ~HWRITE;
```

下面将从数据写入和读出两部分来介绍此模块。其实现流程图如图 10-26 所示,AD9238 采集频率为 65MHz,而 AHB-Lite 总线频率为 125MHz,可以使用 RAM 和 FIFO 进行跨时钟域处理,而 AHB 涉及地址的控制,显然使用 RAM 更好,所以选用简单双口 RAM,其 IP 在 6.1 节中已介绍。通过 8.3 节实验了解了 ad9238_sample 模块输出采样数据、数据地址、写使能信号通过 ram_rx 缓存数据,在 Keil5 的控制下(Memory_Read_

Bytes)，将数据通过 HRDATA 写到基地址为 0x70000000 的内存中。同样，在 Keil5 的控制下，将内存中的数据写到 HWDATA 数据总线上，通过 ram_tx 缓存数据，wav_display 模块在有效显示区内产生读地址，以读出 ram_tx 中缓存的数据，wav_display 模块收到数据，就可以在 HDMI 上显示波形。关于波形的显示在第 8 章已经介绍过，此处不再赘述。

```verilog
Assign wdata = HWDATA;
assign waddr = addr[23:2];
assign w_en = w_data_en_t;


assign HRDATA = rdata;
assign raddr = HADDR[23:2];
assign r_en   = r_data_en;


ram_tx ram_tx_m0(
.wr_data(wdata),
.wr_addr(waddr),
.wr_en(w_en),
.wr_clk(HCLK),
.wr_rst(1'b0),


.rd_addr(rd_addr),
.rd_data(rd_data),
.rd_clk(rd_clk),
.rd_rst(1'b0)
);


ram_rx ram_rx_m0 (
.wr_data(wr_data),
.wr_addr(wr_addr),
.wr_en(wr_en),
.wr_clk(wr_clk),
.wr_rst(1'b0),


.rd_addr(raddr),
.rd_data(rdata),
.rd_clk(HCLK),
.rd_rst(1'b0)
);


assign mem_cs[0] = ((addr[27:24] == 4'h0&& w_data_en_t)||(HADDR[27:24] == 4'h0&& r_data_
en));
```

```
assign HREADYOUT = 1'b1;
assign HRESP     = 1'b0;
```

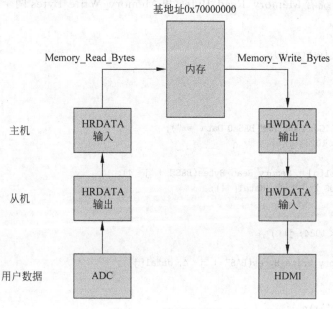

图 10-26　读写流程图

　　自此,FPGA 挂载的外设已经搭建完毕,下一步就是在 Keil5 上进行软件开发,主要包括两个函数:Memory_Write_Bytes()和 Memory_Read_Bytes()。函数定义如下:

```
/*************************************************************
** 函数名称:Memory_Write_Bytes
** 函数功能:写入一个 32 位数据
** 输入参数:address:写数据地址
**         data:写入的 32 位数据
** 输出参数:无
** 返回参数:无
*************************************************************/
void Memory_Write_Bytes(uint32_t address,uint32_t data)
{
( * ( __IO uint32_t * )(address)) = data;
}
/*************************************************************
** 函数名称:Memory_Read_Bytes
** 函数功能:读取一个 32 位数据
** 输入参数:address:读数据地址
** 输出参数:无
** 返回参数:读出的 32 位数据
*************************************************************/
uint32_t Memory_Read_Bytes(uint32_t address)
{
```

```
return( * ( __IO uint32_t * )(address));
}
```

本实验将围绕着 Memory_Read_Bytes 和 Memory_Write_Bytes 两个函数来进行，源码如下：

```
void Smemory_test(void)
{
int j = 0;
int data;

    DEBUG_P("Get BANK_RAM_BASE0 Data = ");
for(j = 0; j < 1024; j++)
{
        data1[j] = Memory_Read_Bytes(BASE + j * 4);
        DEBUG_P(" % d", data1[j]);

}
for(j = 0; j < 1024; j++)
{
        Memory_Write_Bytes(BASE + j * 4, data1[j]);

}
    DEBUG_P("\r\n");
}
#define TEST_ADDR ( * ( __IO uint32_t * )(0x70000000))
int main(void)
{
    SystemInit();
    UartInit();
    DEBUG_P("PANGO Cortex - M1 Start Run......\r\n");
while(1)
{
        Delay(DELAY_CNT * 2);
        Smemory_test();
}
}
```

A/D 模块采集 1024 个采样点，通过数组 data1 将 Memory_Read_Byte() 读到的数据暂时存储起来，以方便串口打印数据，需要注意的是，BASE 就是基地址，32 位的数据，每个地址存储 8 位数据，所以需要 4 个地址，即基地址每次偏移 4，在 FPGA 端选用 HADDR[23:2]，也是对应着基地址偏移 4，这样方便对应 A/D 模块采样地址和 HDMI 读取地址每次加 1，使程序设计更加简单。最后通过 Memory_Write_Bytes 将数组 data1 暂存的数据写到 HWDATA 总线上，读取此暂存数据就可以在 HDMI 显示数据波形。整个读写程序功能循环调用 Smemory_test 函数，每执行一次 Smemory_test，每次 A/D 模块采样 1024 个点，HDMI 显示 1024 个波形点，Delay 延时的时间影响波形刷新时间。

参 考 文 献

[1] 褚振勇. FPGA 设计及应用[M]. 西安：西安电子科技大学出版社，2006.

[2] 杜慧敏，李宥谋，赵全良. 基于 Verilog 的 FPGA 设计基础[M]. 西安：西安电子科技大学出版社，2006.

[3] KILTS S，克里兹，孟宪元. 高级 FPGA 设计：结构、实现和优化[M]. 北京：机械工业出版社，2009.

[4] 王传新. FPGA 设计基础[M]. 北京：高等教育出版社，2007.

[5] 罗朝霞，高书莉. CPLD/FPGA 设计及应用[M]. 北京：人民邮电出版社，2007.

[6] 徐洋，黄智宇，李彦，等. 基于 Verilog HDL 的 FPGA 设计与工程应用[M]. 北京：人民邮电出版社，2009.

[7] 郑友泉. 现场可编程门阵列第二讲 现场可编程门阵列（FPGA）设计[J]. 世界产品与技术，2005(10)：54-57.

[8] 孙富明，李笑盈. 基于多种 EDA 工具的 FPGA 设计[J]. 电子技术应用，2002(01)：70-73.

[9] 李卫，王杉，魏急波. SDRAM 控制器的 FPGA 设计与实现[J]. 信息化研究，2004，030(010)：29-32.

[10] 郭书军，王玉花. 流水线技术在 FPGA 设计中的应用[J]. 北方工业大学学报，2004，016(001)：62-64.

[11] 王亮，李正，宁婷婷，等. VGA 汉字显示的 FPGA 设计与实现[J]. 计算机工程与设计，2009(02)：275-277.

[12] 张友亮，刘志军，马成海，等. 万兆以太网 MAC 层控制器的 FPGA 设计与实现[J]. 计算机工程与应用，2012，48(006)：77-79.

[13] 唐辉艳，李绍胜. FPGA 设计中跨时钟域同步方法的研究[J]. 铁路计算机应用，2011，20(5)：43-44.

[14] 彭保，范婷婷，马建国. 基于 Verilog HDL 语言的 FPGA 设计[J]. 微计算机信息，2004(10)：80-82.

[15] 肖文才，樊丰. 视频实时采集系统的 FPGA 设计[J]. 中国有线电视，2006，000(021)：2104-2108.

[16] 戚新宇. 基于 FPGA 设计的功能仿真和时序仿真[J]. 航空电子技术，2005(3)：51-54.

[17] 李向涛，仵国锋. FPGA 同步设计技术[J]. 无线通信技术，2003(03)：58-61.

[18] 徐思燕. FPGA 器件设计技术发展综述[J]. 通信世界，2015(19)：223.

[19] 曹瑞. EDA 工具如何应对 FPGA 设计中的多重挑战[J]. 半导体技术，2007，32(007)：626-628.

[20] 李同宇，任文平，贾赞. 图像边缘检测电路的 FPGA 设计[J]. 科技信息，2009，000(031)：412-413.

图书资源支持

感谢您一直以来对清华大学出版社图书的支持和爱护。为了配合本书的使用，本书提供配套的资源，有需求的读者请扫描下方的"书圈"微信公众号二维码，在图书专区下载，也可以拨打电话或发送电子邮件咨询。

如果您在使用本书的过程中遇到了什么问题，或者有相关图书出版计划，也请您发邮件告诉我们，以便我们更好地为您服务。

我们的联系方式：

地　　址：北京市海淀区双清路学研大厦 A 座 714

邮　　编：100084

电　　话：010-83470236　010-83470237

资源下载：http://www.tup.com.cn

客服邮箱：tupjsj@vip.163.com

QQ：2301891038（请写明您的单位和姓名）

用微信扫一扫右边的二维码,即可关注清华大学出版社公众号。

教学资源・教学样书・新书信息

人工智能科学与技术
人工智能|电子通信|自动控制

资料下载・样书申请

书圈